Die Reihe Rezeptionsforschung ist ein Forum für aktuelle empirische und theoretische Beiträge zum Thema Medienrezeption. Dazu gehören Untersuchungen der aktiven Auseinandersetzung der Rezipienten mit Medienbotschaften, die von der Selektion von Medienangeboten und ihren Gründen über Rezeptionsqualitäten und Verarbeitungsprozesse bis hin zur Einbettung der Rezeption in den Alltag und den sich daraus ergebenden individuellen und gesellschaftlichen Konsequenzen reicht. Kurz: Es geht um die Frage „Was machen die Menschen mit den Medien?"

Reihe Rezeptionsforschung

Band 44

Anna Sophie Kümpel | Christina Peter
Anna Schnauber-Stockmann | Frank Mangold [Hrsg.]

Nachhaltigkeit als Gegenstand und Zielgröße der Rezeptions- und Wirkungsforschung

Aktuelle Studien und Befunde

Nomos

Die Deutsche Nationalbibliothek verzeichnet diese Publikation in der Deutschen Nationalbibliografie; detaillierte bibliografische Daten sind im Internet über http://dnb.d-nb.de abrufbar.

ISBN 978-3-8487-8221-5 (Print)
ISBN 978-3-7489-2643-6 (ePDF)

Onlineversion
Nomos eLibrary

1. Auflage 2022

Inhalt

Nachhaltigkeit als Gegenstand und Zielgröße der Rezeptions- und Wirkungsforschung 7

Anna Sophie Kümpel, Christina Peter, Anna Schnauber-Stockmann, Frank Mangold

GreenfluencerInnen – eine neue Form der Nachhaltigkeitskommunikation? 19

Isabell Koinig & Sandra Diehl

Sinnfluencer*innen: Der Schlüssel zu mehr Glaubwürdigkeit in Social Media? Ein Experiment zur Wahrnehmung von Nachhaltigkeitskommunikation auf Instagram 41

Jasmin Baake, Mareike Gensich, Theresa Kraus, Carolina Müller, Sophie Przyklenk, Patrick Rössler, Chelsea Walpert, Anne Marie Zang

#Plastikverschmutzung – Ist Nachhaltigkeitskommunikation auf Instagram eine Frage von Nähe und Distanz? 63

Anja Kalch & Tanja Habermeyer

Wirkung nach Werten: Förderung von umweltfreundlichem Verhalten durch die Übereinstimmung von Wertorientierung und Wertappell? 85

Anna Schorn

Extreme Botschaften und die Rolle von Empathie – Analyse der Effektivität der Kommunikation von Tierschutzorganisationen mit extremen furchtinduzierenden Botschaften und Personifizierung 107

Tanja Habermeyer, Janine N. Blessing & Rebecca Hellmeier

Die Stimme der Natur – Eine experimentelle Untersuchung zum Einfluss der moralischen Emotion Schuld bei der Rezeption von Naturdokumentationen auf umweltschützende Verhaltensintentionen 133

Anica Lammers & Anna Freytag

Durch Social Media zu politischem Konsum? Eine Experimentalstudie zur Wirkung von journalistischen und mobilisierenden Hinweisen über die Nachhaltigkeit von Unternehmen 149

Ole Kelm & Marco Dohle

Like a Halloween Horror Show? Das Framing von Ernährung und Nachhaltigkeit in Alltagsdiskussionen auf Facebook-Seiten von Supermärkten in fünf Ländern 169

Imke Hoppe & Katharina Kleinen-von Königslöw

Genderbasierte Diskriminierung in der Klimawandeldebatte auf Twitter 191

Elisabeth Hopfe, Filipa Lessing, Gregor Willenbrock, Marko Bachl & Sabine Reich

Driving Forces in Green Advertisements: A Comparison of Green Advertisements in Ten Countries 209

Jörg Matthes, Carolin Eicher, Brigitte Naderer, Ariadne Neureiter, Desirée Schmuck, Masoumeh Zibarzani

Nachhaltigkeit und die Nutzung und Wirkung von Virtual Reality 231

Felix Reer

Nachhaltigkeit als Gegenstand und Zielgröße der Rezeptions- und Wirkungsforschung

Anna Sophie Kümpel, Christina Peter, Anna Schnauber-Stockmann, Frank Mangold

1. *Einleitung und Forschungsgegenstand*

Auch wenn Nachhaltigkeit bei weitem kein neues Thema ist, beschäftigt es die Welt aktuell in einem bisher nicht dagewesenen Ausmaß. Dies liegt zum einen an den immer stärker sichtbar werdenden Auswirkungen des Klimawandels – etwa durch die Häufung von Naturkatastrophen und Extremwetterereignissen –, zum anderen aber auch an einer Politisierung vor allem jüngerer Bevölkerungsschichten, die nicht zuletzt in sozialen Medien beobachtet werden kann. Für Medien- und Kommunikationswissenschaftler:innen ist dabei nicht nur letzteres ein spannendes Forschungsthema.

Seit geraumer Zeit wird der Untersuchungsgegenstand ‚Nachhaltigkeit' intensiv in verschiedenen Forschungsbereichen und aus verschiedenen Perspektiven beforscht – auch in der deutschsprachigen Kommunikationswissenschaft (Jarolimek & Raupp, 2017, Neverla & Schäfer, 2012; Wederer, Krainer & Karmasin, 2021). Die Unternehmens- und Werbekommunikation etwa beschäftigt sich mit Nachhaltigkeit unter dem Gesichtspunkt der Corporate Social Responsibility von Unternehmen, grüner Werbung, aber auch mit negativen Phänomenen wie dem sog. Greenwashing (Prexl, 2010; Wonneberger & Matthes, 2016). In der politischen Kommunikation stehen indes häufig Fragen danach im Fokus, wie das Thema Nachhaltigkeit den politischen und gesellschaftlichen Diskurs prägt und welche Auswirkungen dies auf individueller wie gesellschaftlicher Ebene nach sich zieht (Haßler, 2017; Heinrichs, Kuhn & Newig, 2011; Schlichting & Schmidt, 2013). Die fortschreitende Digitalisierung sowie die damit einhergehende gesellschaftliche Vernetzung hat dabei nicht nur die Etablierung globaler sozialer Bewegungen wie *Fridays for Future* begünstigt, sondern es auch für uns als Wissenschaftler:innen einfacher gemacht, Kommunikation über Nachhaltigkeit zu beobachten. Die Medien- und Kommunikationswissenschaft hat dabei sowohl die Aufgabe, den medialen Diskurs sowie aktuelle Kommunikationsphänomene zum Thema Nachhaltigkeit zu analysieren als auch zu gelingender Kommunikation und damit letztendlich zu einer Veränderung hin zu einer nachhaltigeren Gesellschaft beizutragen.

Ausgehend von der hohen gesellschaftlichen Relevanz sowie der Zentralität solcher Fragestellungen auch für die Rezeptions- und Wirkungsforschung widmete sich die Jahrestagung der DGPuK-Fachgruppe Rezeptions- und Wirkungsforschung 2021 ebenfalls dem breiten Themenfeld Nachhaltigkeit. Dabei ging es nicht nur um Nachhaltigkeitskommunikation und entsprechende mediale Diskurse als Gegenstandsbereich der Rezeptions- und Wirkungsforschung, sondern auch um die Frage, wie wir als Forscher:innen mit unserem Handeln zu einer nachhaltige(re)n Gesellschaft beitragen können. Den ersten Schritt sind wir dabei – zugegebenermaßen unfreiwillig – durch das vollständig digital realisierte Tagungsformat gegangen. Fraglos ist durch die aus der Corona-Pandemie resultierenden Einschränkungen deutlich geworden, dass viele Aspekte des wissenschaftlichen Arbeitens auch virtuell gewinnbringend umgesetzt werden können – von der Besprechung zum Workshop bis hin zur digitalen Konferenz. Wenngleich Klagen über ‚Zoom-Fatigue' lauter und der Wunsch nach echten Treffen mit den Kolleg:innen größer werden, sind die vielen Vorteile des virtuellen Austauschs augenfällig: Nicht nur entfallen durch Reisen verursachte Emissionen, es erhöht sich durch wegfallende Kosten und die gesteigerte Vereinbarkeit mit dem Privatleben auch der Kreis an potenziellen Tagungsteilnehmer:innen. So können Forscher:innen mit Familienverantwortung oder eingeschränkten finanziellen Ressourcen einfacher an Konferenzen teilnehmen, wodurch auch die Diskussionen an Vielfalt und Perspektiven gewinnen. Dies zeigte sich eindrücklich auch bei unserer Jahrestagung 2021, die zugleich den Ausgangspunkt dieses Sammelbandes darstellt. Anstatt der sonst üblichen 90 bis 100 Teilnehmer:innen waren ganze 160 Personen bei der virtuellen Fachgruppentagung dabei, darunter auch viele Jungwissenschaftler:innen und interessierte Studierende. Auf Basis der Erfahrungen lässt sich nun begründet darüber diskutieren, inwiefern virtuelle oder hybride Tagungsformate die Fachgruppe bereichern und zugleich zu deren Nachhaltigkeitsbilanz beitragen können.

Die Tagung war jedoch nicht nur ein ‚Testballon' für die nachhaltige Ausrichtung von Fachkonferenzen, sondern insbesondere eine Möglichkeit, aktuelle Befunde der Rezeptions- und Wirkungsforschung rund um das Thema Nachhaltigkeit zu diskutieren. In gleich zwei thematischen Panels ging es etwa darum, wie das Thema Nachhaltigkeit in den (sozialen) Medien verhandelt wird, wie sich verschiedene Botschafts- und Kontextmerkmale auf nachhaltiges Verhalten auswirken oder auch welche Rolle neue und alte Akteur:innen der Nachhaltigkeitskommunikation dabei spielen. Der vorliegende Band – bestehend sowohl aus Beiträgen, die im Rahmen der Tagung präsentiert wurden als auch aus weiteren aktuellen Forschungsprojekten – illustriert anschaulich, welche Aspekte von Nachhaltigkeit die Rezeptions- und Wirkungsforschung derzeit besonders bewegen und bietet vielfältige Anknüpfungspunkte für die weitere Auseinandersetzung mit der Thematik.

2. *Inhalt und Gliederung der Beiträge*

Viel Aufmerksamkeit gilt der Kommunikation von Nachhaltigkeit auf Social-Media-Plattformen und insbesondere den dort (neu) zu beobachtenden Vermittlungsformen und Akteur:innen. In ihrem Beitrag „GreenfluencerInnen – eine neue Form der Nachhaltigkeitskommunikation?" befassen sich *Isabell Koinig* und *Sandra Diehl* mit Kommunikationsmustern und Interaktionsstrategien von sog. Greenfluencer:innen auf Instagram, die auf ihren Accounts primär (ökologische) Aspekte von Nachhaltigkeit adressieren. Anhand einer Inhaltsanalyse von neun deutschsprachigen Greenfluencer:innen zeigen sie auf, dass diese eine Modellfunktion einnehmen können, indem sie ihrem Publikum nachhaltiges Verhalten vorleben. Hierbei legen die Greenfluencer:innen viel Wert auf Konsistenz und Kontinuität in ihren Posts und versuchen, ihre Follower:innen direkt anzusprechen. Die Autorinnen betonen insgesamt das Potenzial von Greenfluencer:innen, neue Zielgruppen zu erschließen und deren Bewusstsein für Nachhaltigkeit und Umweltschutz zu fördern.

Ganz ähnlich fragen sich *Jasmin Baake*, *Mareike Gensich*, *Theresa Kraus*, *Carolina Müller*, *Sophie Przyklenk*, *Patrick Rössler*, *Chelsea Walpert* und *Anne Marie Zang* im darauffolgenden Beitrag, ob Nachhaltigkeit der Schlüssel zu mehr Glaubwürdigkeit in der Social-Media-Kommunikation ist. Konkret beschäftigen sie sich in mit dem Phänomen der Sinnfluencer:innen, also Social-Media-Influencer:innen, die gesellschaftlich relevante Themen kommunizieren. In einem Online-Experiment untersuchen sie, wie sich die Manipulation verschiedener Glaubwürdigkeitsdimensionen bei einer Sinnfluencerin (im Vergleich zu einer ‚klassischen' Influencerin) auf die wahrgenommene Glaubwürdigkeit durch die Nutzer:innen auswirkt. Dabei können sie zeigen, dass Sinnfluencer:innen glaubwürdiger wahrgenommen werden als Influencer:innen, was durch eine hohe Sachkenntnis und Wohlwollen noch verstärkt wird.

Anja Kalch und *Tanja Habermeyer* widmen sich ebenfalls der Plattform Instagram und betrachten in ihrem Beitrag „#Plastikverschmutzung – Ist Nachhaltigkeitskommunikation auf Instagram eine Frage von Nähe und

Distanz?" aus inhaltsanalytischer Perspektive, wie in sozialen Medien über das Thema Plastikverschmutzung kommuniziert wird. So untersuchen sie Posts unter den Hashtags #Plastiverschmutzung und #Mikroplastik mit Fokus darauf, wie hier verschiedene Dimensionen von Nähe thematisiert werden und wie sich diese Thematisierung auf die Interaktion mit den Posts auswirkt. Sie können zeigen, dass vor allem die Faktoren soziale Nähe (Personen als Verursacher:innen) und räumliche Bezugspunkte (Nennung eines konkreten Landes oder Verweis auf geographische Großräume) zu mehr Kommentaren und Likes führen, wohingegen zeitliche Nähe keinen Einfluss auf die Interaktion mit den Posts zu haben scheint.

Anna Schorn geht in ihrem Beitrag „Wirkung nach Werten: Förderung von umweltfreundlichem Verhalten durch die Übereinstimmung von Wertorientierung und Wertappell?" der Frage nach, inwieweit Personen mit unterschiedlich ausgeprägten Wertorientierungen auf Wert- und Wirksamkeitsappelle in Medienbeiträgen reagieren. Sie kann in einem Online-Experiment zeigen, dass eine Self-Transcendence-Wertorientierung (beinhaltet altruistische und ökologische Werte) im Gegensatz zu einer Self-Enhancement-Wertorientierung (beinhaltet die Verfolgung von Eigeninteressen) zu einer höheren wahrgenommenen Selbstwirksamkeit und einer höheren Glaubwürdigkeit eines Instagram-Posts über die Verschmutzung der Weltmeere führt. Dies fördert wiederum die Verhaltensintention – hier: eine Petition zu unterschreiben. Allerdings zeigen sich die erwarteten Effekte der Wert- und Wirksamkeitsappelle in Medienbeiträgen sowie deren Zusammenspiel mit der vorhandenen Wertorientierung nicht wie erwartet. Die Verfasserin diskutiert ihre Befunde im Kontext bestehender Literatur aus anderen Bereichen und arbeitet Besonderheiten des Themas Umweltschutz heraus.

Tanja Habermeyer, Janine N. Blessing und *Rebecca Hellmeier* konzentrieren sich in ihrem Beitrag „Extreme Botschaften und die Rolle von Empathie – Analyse der Effektivität der Kommunikation von Tierschutzorganisationen mit extremen furchtinduzierenden Botschaften und Personifizierung" auf den Beitrag von Tierschutzorganisationen zur Reduktion tierbasierter Ernährung. Konkret untersuchen die Autorinnen in einem Online-Experiment erstmalig, inwieweit sich die Kombination extremer furchtinduzierender Botschaften mit der menschenähnlichen Darstellung von Tieren auf umweltbezogene Einstellungen und Verhaltensweisen auswirkt. Empirisch zeigt sich, dass beide Kommunikationsstrategien sowohl für sich genommen als auch in Kombination nur eine recht begrenzte Wirkung haben. Vor diesem Hintergrund erörtern die Autorinnen Anknüpfungspunkte für zukünftige Forschung und leiten praktische Empfehlungen für eine effektive Kommunikation von Tierschutzorganisationen ab.

In ihrem Beitrag „Die Stimme der Natur – Eine experimentelle Untersuchung zum Einfluss der moralischen Emotion Schuld bei der Rezeption von Naturdokumentationen auf umweltschützende Verhaltensintentionen“ gehen *Anica Lammers* und *Anna Freytag* davon aus, dass die Darstellung des Menschen als Verursacher von Umweltschäden zu gruppenbasiertem Schuldempfinden führt, was wiederum zu moralischem – konkret: umweltschützendem – Handeln motiviert. Dies können sie auch im Rahmen eines Online-Experiments belegen: Naturdokumentationen, die Schuldappelle beinhalten, führen zu einem höheren Schuldempfinden bei den Zuschauer:innen und dies fördert wiederum umweltschützende Verhaltensintentionen. Somit erweisen sich Emotionen als wichtiger Mediator zwischen Medieninhalten und Verhaltensintentionen.

Können auf Facebook geteilte Informationen über die Nachhaltigkeitsbemühungen von Unternehmen beeinflussen, wie Rezipient:innen über das Unternehmen denken, sich weiter informieren und Produkte des Unternehmens kaufen wollen? Dieser Frage widmen sich *Ole Kelm* und *Marco Dohle* in ihrem Beitrag „Durch Social Media zu politischem Konsum? Eine Experimentalstudie zur Wirkung von journalistischen und mobilisierenden Hinweisen über die Nachhaltigkeit von Unternehmen“. Ein besonderes Interesse haben die Autoren angesichts der spezifischen Charakteristika von Social-Media-Plattformen dabei an den Wechselwirkungen aus journalistischen Evaluationen sowie den Einschätzungen von Freund:innen. Die Ergebnisse des durchgeführten Online-Experiments zeigen keine Einflüsse auf die Einschätzung des Unternehmens sowie das Informationsverhalten, sprechen aber dafür, dass journalistische Bewertungen zur Nachhaltigkeit Kaufintentionen beeinflussen können. Soziale Bewertungen, also Einschätzungen von Freund:innen, haben indes weder allein noch in Interaktion mit journalistischen Bewertungen einen Einfluss auf Konsumaktivitäten.

Die Kommunikation auf Facebook beschäftigt auch *Imke Hoppe* und *Katharina Kleinen-von Königslöw*, die in ihrem Beitrag „Like a Halloween Horror Show? Das Framing von Ernährung und Nachhaltigkeit in Alltagsdiskussionen auf Facebook-Seiten von Supermärkten in fünf Ländern“ öffentliche Diskurse zu Ernährung – als ein zentrales Handlungsfeld nachhaltiger Entwicklung – untersuchen. Im Vordergrund steht die Frage, welche Rolle die Wechselseitigkeit der Nachhaltigkeitsdimensionen Ökologie, Ökonomie und Soziales in Alltagsdiskussionen von Normalbürger:innen in sozialen Medien einnimmt. Mittels einer qualitativen Inhaltsanalyse in vier G20-Staaten (UK, Deutschland, USA und Kanada) – kontrastiert von einem Fallbeispiel aus den BRICS-Staaten (Südafrika) – zeigen die

Autorinnen empirisch auf, dass dieses ‚magische Nachhaltigkeitsdreieck' einen analytischen Mehrwert für die Analyse öffentlicher Kommunikation erbringt.

In ihrem Beitrag „Genderbasierte Diskriminierung in der Klimawandeldebatte auf Twitter" widmen sich *Elisabeth Hopfe*, *Filipa Lessing*, *Gregor Willenbrock*, *Marko Bachl* und *Sabine Reich* dem Klimadiskurs auf Twitter. Konkret interessieren sich die Autor:innen für die Frage, ob sich Kommentare auf Tweets von weiblichen vs. männlichen Akteur:innen der Klimaschutzbewegung hinsichtlich sexistischer und inziviler Reaktionen unterscheiden. Die Befunde der durchgeführten Inhaltsanalyse zeigen, dass offensichtlich inzivile und sexistische Äußerungen in der Klimawandeldebatte auf Twitter eine eher untergeordnete Rolle zu spielen scheinen, unterschwelliger Sexismus aber durchaus präsent ist. Diskutiert werden die Ergebnisse nicht nur mit Blick auf die in der Nachhaltigkeitsagenda festgehaltenen Ziele zur Geschlechtergerechtigkeit, sondern auch hinsichtlich der Sichtbarkeit insbesondere weiblicher Aktivist:innen in der Klimawandeldebatte.

"We live in a time where discussions about climate change have reached global proportions." Ausgehend von dieser Beobachtung präsentieren *Jörg Matthes*, *Caroline Eichner*, *Brigitte Naderer*, *Ariadne Neureiter*, *Desirée Schmuck* und *Masoumeh Zibarzani* in ihrem Beitrag "Driving Forces in Green Advertisements: A Comparison of Green Advertisements in Ten Countries" eine international vergleichende standardisierte Inhaltsanalyse des Einsatzes nachhaltiger Werbung. Nicht zuletzt unter Einbezug des Means-End Chain Conceptualization of Advertising Strategy Model und der Kulturdimensionen von Hofstede zeigen die Autor:innen internationale Unterschiede in der Ausgestaltung der Werbebotschaften auf, die sie sowohl auf die vorherrschenden kulturellen Werte als auch auf die Umweltzustände in den Ländern zurückführen können.

Felix Reer gibt in seinem abschließenden Beitrag „Nachhaltigkeit und die Nutzung und Wirkung von Virtual Reality" einen kompakten Überblick zu Studienergebnissen, die sich empirisch mit der Frage beschäftigen, wie die Nutzung von Virtual-Reality-Technologien sowohl die ökologische als auch die soziale und ökonomische Dimension von ‚gelebter' Nachhaltigkeit bei Mediennutzer:innen beeinflussen können. Systematisiert werden somit einerseits Studien, die betrachten, wie sich VR-Stimuli auf Wissen, Meinungen und Verhalten im Bereich Umweltschutz und Klimawandel auswirken können. Andererseits stehen die Ergebnisse von Studien im Fokus, die VR-Technologien als „Empathie-Maschinen" betrachten und etwa untersuchen, inwiefern diese prosoziales Verhalten anzuregen vermögen oder Vorurteile gegenüber anderen Kulturen abzubauen helfen. Der

Beitrag schließt mit einer kritischen Einordnung methodischer Limitationen der existierenden VR-Forschung und zeigt mögliche Anknüpfungspunkte für künftige Forschungsprojekte auf.

3. *Ausblick: Nachhaltigkeit im Forschungsprozess*

Wie die Beitragsübersicht verdeutlicht, wird ‚Nachhaltigkeit' im Rahmen dieses Sammelbandes primär als Forschungsgegenstand adressiert. Eine zunehmend wichtige Rolle spielt das Thema aber auch mit Blick auf den Forschungs*prozess*. In der Tat kann das Ziel, nachhaltig zu forschen an allen Punkten des Forschungsverlaufs mitgedacht werden: Angefangen bei der Formulierung von Forschungsfragen und Hypothesen, über die Entwicklung des methodischen Designs und Analyseplans, bis hin zur Datenerhebung und schließlich deren Auswertung, Interpretation und Archivierung. Gleichermaßen gibt es an all diesen Punkten potenzielle Bedrohungen, die die Reproduzier- und Replizierbarkeit von Befunden und somit auch deren Nachhaltigkeit gefährden (Munafò et al., 2017). Nicht zuletzt als Reaktion auf die insbesondere in der Psychologie ausgerufene ‚Replikationskrise' haben sich unter dem Stichwort *Open Science* in den zurückliegenden Jahren Bemühungen intensiviert, den Forschungsprozess sowie die daraus generierten Analysen und Daten transparenter zu machen – „as reproducible, clear, sustainable, and accessible as is feasible" (Crüwell et al., 2019, S. 242). Diskussionen rund um Open Science haben auch in der Kommunikationswissenschaft Aufwind bekommen, ersichtlich etwa am „Open Communication"-Motto der 70. Jahrestagung der International Communication Association im Jahr 2020 oder dem *Journal of Communication* Sonderheft zu „Open Communication Research" (Shaw et al., 2021). Wenngleich in der Kommunikationswissenschaft bisher keine großangelegten Replikationsprojekte durchgeführt wurden, gibt es gute Gründe anzunehmen, dass auch unsere Disziplin – und nicht zuletzt die häufig stark medienpsychologisch geprägte Rezeptions- und Wirkungsforschung – mit Problemen zu kämpfen hat, die die Replizierbarkeit unserer Forschungsergebnisse herausfordern (Dienlin et al., 2021). Nicht nur scheinen fragwürdige Forschungspraktiken (engl. *questionable research practices*) wie das nachträgliche Anpassen von Hypothesen an die erzielten Ergebnisse (HARKing), das selektive Berichten von Analysen oder die Änderung von Analysemethoden unter Kommunikationswissenschaftler:innen prävalent zu sein (Bakker et al., 2021) – es gibt zudem Hinweise auf systemische Probleme wie Publikationsbias (Keating & Totzkay, 2019).

Open-Science-Praktiken können auf verschiedenen Ebenen dazu beitragen, den (kommunikationswissenschaftlichen) Forschungsprozess nachhaltiger zu gestalten. So können etwa eine durchdachte Stichprobenplanung oder Präregistrierungen, d.h. die Verschriftlichung und Veröffentlichung eines Forschungsplans *vor* der Datenerhebung, dafür sorgen, dass nicht unnötig Ressourcen verschwendet werden – egal ob es sich dabei um Forschungsgelder oder die Zeit von Studienteilnehmer:innen handelt. Da Präregistrierungen in der Regel einen im Vorfeld ausgearbeiteten Analyseplan enthalten, lässt sich damit zudem eine ‚Immunisierung' gegen (unbewusst) datengetriebene Entscheidungen und fragwürdige Forschungspraktiken realisieren, was wiederum die Wahrscheinlichkeit von falschen oder künstlich überhöhten Effekten verringert. Auch das für Open-Science-Praktiken wesentliche Teilen von Daten, Materialien und Code in öffentlichen Repositorien kann gleich in mehrfacher Hinsicht für mehr Nachhaltigkeit sorgen (Peter et al., 2020). Nicht nur lassen sich die entsprechenden Dokumente so von anderen Forscher:innen wiederverwenden (und z.B. für Replikationen nutzen, die wiederum die Robustheit der Befunde steigern können), es ist auch einer der sichersten Wege, um diese dauerhaft zugänglich zu halten: „Research is a finite enterprise for everyone: collaborators leave projects, change jobs, and even die. If work is not shared, it is often lost" (Klein et al., 2018, S. 2). Schließlich trägt das Publizieren in Open-Access-Formaten (‚Goldener Weg' der Open-Access-Publikation) oder die Zweitveröffentlichung eigener Beiträge in öffentlichen Repositorien (‚Grüner Weg' der Open-Access-Publikation) dazu bei, Ungleichheiten im Zugang zu akademischer Literatur zu beseitigen, womit ein weiteres Ziel nachhaltiger Wissenschaft adressiert werden kann.

Vor diesem Hintergrund ist es erfreulich zu beobachten, dass die deutschsprachige Rezeptions- und Wirkungsforschung Open-Science-Praktiken zunehmend aufgeschlossen gegenüberzustehen scheint. Im Rahmen der Jahrestagung der Fachgruppe 2022 in Düsseldorf wurde erstmals mit den vom *Center for Open Science* (COS) eingeführten Open-Science-Badges gearbeitet, die visuell indizieren, ob und welchen Prinzipien offener Wissenschaft ein Forschungsprojekt folgt. Nicht nur gibt es Hinweise darauf, dass die Einführung solcher Badges dazu führt, dass Open-Science-Praktiken wie das Teilen von Daten im Zeitverlauf ansteigen (Kidwell et al., 2016), sie ermöglicht auch einen Blick auf den Status Quo. So sind über 45 % der zur Tagung angenommenen empirischen Beiträge mit mindestens einem Open-Science-Badge versehen, sind also präregistriert, teilen die genutzten Materialien oder die der Studie zugrundeliegenden Daten. Fraglos lässt sich diskutieren, ob derartige Batches tatsächlich zu nachhaltigeren und inklusiveren Forschungspraktiken führen oder ob – wie befürchtet wird – insbesondere Forscher:innen, die mit marginalisierten Personen oder Methoden arbeiten dadurch (noch stärker) exkludiert werden (siehe ausführlich Fox et al., 2021). Doch auch die berechtigten kritischen Diskussionen einzelner Open-Science-Maßnahmen sowie das Aufzeigen von spezifisch kommunikationswissenschaftlichen Problemfeldern, beispielsweise in Bezug auf den offenen Umgang mit Social-Media-Daten (Freiling et al., 2021), machen letztlich deutlich, dass in unserem Fach zunehmend über Fragen der Transparenz, Offenheit und Nachhaltigkeit von Forschungspraktiken nachgedacht wird. Wie auch im Bereich ökonomischer, sozialer und ökologischer Nachhaltigkeit ist nicht unbedingt die sofortige Änderung, sondern gerade dieses Nachdenken und bewusste Hinterfragen etablierter Prozesse und Praktiken ein wesentlicher Schritt in Richtung Zukunft.

Literaturverzeichnis

Bakker, B. N., Jaidka, K., Dörr, T., Fasching, N., & Lelkes, Y. (2021). Questionable and open research practices: Attitudes and perceptions among quantitative communication researchers. *Journal of Communication*, *71*(5), 715–738. https://doi.org/10.1093/joc/jqab031

Crüwell, S., van Doorn, J., Etz, A., Makel, M. C., Moshontz, H., Niebaum, J. C., Orben, A., Parsons, S., & Schulte-Mecklenbeck, M. (2019). Seven easy steps to open science. *Zeitschrift für Psychologie*, *227*(4), 237–248. https://doi.org/10.1027/2151-2604/a000387

Dienlin, T., Johannes, N., Bowman, N. D., Masur, P. K., Engesser, S., Kümpel, A. S., Lukito, J., Bier, L. M., Zhang, R., Johnson, B. K., Huskey, R., Schneider, F. M., Breuer, J., Parry, D. A., Vermeulen, I., Fisher, J. T., Banks, J., Weber, R., Ellis, D. A., … de Vreese, C. (2021). An agenda for open science in communication. *Journal of Communication*, *71*(1), 1–26. https://doi.org/10.1093/joc/jqz052

Fox, J., Pearce, K. E., Massanari, A. L., Riles, J. M., Szulc, Ł., Ranjit, Y. S., Trevisan, F., Soriano, C. R. R., Vitak, J., Arora, P., Ahn, S. J. (Grace), Alper, M., Gambino, A., Gonzalez, C., Lynch, T., Williamson, L. D., & L. Gonzales, A. (2021). Open science, closed doors? Countering marginalization through an agenda for ethical, inclusive research in communication. *Journal of Communication*, *71*(5), 764–784. https://doi.org/10.1093/joc/jqab029

Freiling, I., Krause, N. M., Scheufele, D. A., & Chen, K. (2021). The science of open (communication) science: Toward an evidence-driven understanding of quality criteria in communication research. *Journal of Communication*, *71*(5), 686–714. https://doi.org/10.1093/joc/jqab032

Haßler, J. (2017). *Mediatisierung der Klimapolitik: Eine vergleichende Input-Output-Analyse zur Übernahme der Medienlogik durch die Politik*. Wiesbaden: Springer VS. https://doi.org/10.1007/978-3-658-15668-8_4

Heinrichs, H., Kuhn, K., & Newig, J. (2011). Nachhaltige Gesellschaft – Welche Rolle für Partizipation und Kooperation? Wiesbaden: Springer VS. https://doi.org/10.1007/978-3-531-93020-6

Jarolimek, S. & Raupp, J. (2017). Verantwortung und Nachhaltigkeit in Theorie und Empirie: Eine Synopse des Forschungsstands und Anschlussmöglichkeiten für die Kommunikationswissenschaft. *Medien Journal, 35*(1), 16–29. https://doi.org/10.24989/medienjournal.v35i1.172.

Keating, D. M., & Totzkay, D. (2019). We do publish (conceptual) replications (sometimes): Publication trends in communication science, 2007–2016. *Annals of the International Communication Association*, *43*(3), 225–239. https://doi.org/10.1080/23808985.2019.1632218

Kidwell, M. C., Lazarević, L. B., Baranski, E., Hardwicke, T. E., Piechowski, S., Falkenberg, L.-S., Kennett, C., Slowik, A., Sonnleitner, C., Hess-Holden, C., Errington, T. M., Fiedler, S., & Nosek, B. A. (2016). Badges to acknowledge open practices: A simple, low-cost, effective method for increasing transparency. *PLOS Biology*, *14*(5), 1–15. https://doi.org/10.1371/journal.pbio.1002456

Klein, O., Hardwicke, T. E., Aust, F., Breuer, J., Danielsson, H., Mohr, A. H., IJzerman, H., Nilsonne, G., Vanpaemel, W., & Frank, M. C. (2018). A practical guide for transparency in psychological science. *Collabra: Psychology*, *4*(1), 20. https://doi.org/10.1525/collabra.158

Michelsen, G. & J. Godemann, J. (Hrsg.) (2005). *Handbuch Nachhaltigkeitskommunikation. Grundlagen und Praxis*. München: Oekom-Verlag.

Munafò, M. R., Nosek, B. A., Bishop, D. V. M., Button, K. S., Chambers, C. D., Percie du Sert, N., Simonsohn, U., Wagenmakers, E.-J., Ware, J. J., & Ioannidis, J. P. A. (2017). A manifesto for reproducible science. *Nature Human Behaviour*, *1*(1), 1–9. https://doi.org/10.1038/s41562-016-0021

Neverla, I., & Schäfer, M. S. (Hrsg.). (2012). Das Medien-Klima: Fragen und Befunde der kommunikationswissenschaftlichen Klimaforschung. Wiesbaden: Springer VS. https://doi.org/10.1007/978-3-531-94217-9

Peter, C., Breuer, J., Masur, P. K., Scharkow, M., & Schwarzenegger, C. (2020). Empfehlungen zum Umgang mit Forschungsdaten in der Kommunikationswissenschaft. *Studies in Communication and Media*, *9*(4), 599–626. https://doi.org/10.5771/2192-4007-2020-4-599

Prexl, A. (2010). Nachhaltigkeit kommunizieren–nachhaltig kommunizieren. Wiesbaden: VS Verlag. https://doi.org/10.1007/978-3-531-92471-7

Shaw, A., Scharkow, M., & Wang, Z. J. (2021). Opening a conversation on open communication research. *Journal of Communication*, *71*(5), 677–685. https://doi.org/10.1093/joc/jqab033

Schlichting, I., & Schmidt, A. (2013). Klimawandel und Nachhaltigkeit. Strategische Frames von Unternehmen, politischen Akteuren und zivilgesellschaftlichen Organisationen. In M. Nielsen, I. Rittenhofer, M. G. Ditlevsen, S. Esmann andersen & I. Pollach (Hrsg.), *Nachhaltigkeit in der Wirtschaftskommunikation* (S. 109–133). Wiesbaden: Springer VS. https://doi.org/10.1007/978-3-658-03452-8_6

Scientists for Future. (o. J.). Gute Beispiele von Universitäten und öffentlichen Verwaltungen. *Scientists 4 Future*. Abgerufen am 9. Februar 2022 von https://unter1000.scientists4future.org/de/selbstverpflichtung-gute-beispiele/

Weder, F., Krainer, L., & Karmasin, M. (Hrsg.). (2021). *The sustainability communication reader: A reflective compendium*. Wiesbaden: Springer VS. https://doi.org/10.1007/978-3-658-31883-3

Wonneberger, A., & Matthes, J. (2016). Grüne Werbung. Inhalte und Wirkungen ökologischer Werbebotschaften. In G. Siegert, W. Wirth, P. Weber & J. Lischka (Hrsg.), *Handbuch Werbeforschung* (S. 741–760). Wiesbaden: Springer VS. https://doi.org/10.1007/978-3-531-18916-1_32

GreenfluencerInnen – eine neue Form der Nachhaltigkeitskommunikation?

Isabell Koinig & Sandra Diehl

Abstract:
Im Rahmen der Sustainable Development Goals (SDGs) wurde dem Thema Nachhaltigkeit vermehrt mediale Aufmerksamkeit geschenkt. Auch das Thema der Nachhaltigkeitskommunikation hat in den letzten Jahren verstärkt Aufmerksamkeit erhalten, nicht zuletzt aufgrund der Tatsache, dass Nachhaltigkeit auch in den sozialen Medien immer häufiger thematisiert wird. Der vorliegende Beitrag widmet sich dem Phänomen der GreenfluencerInnen – jenen InfluencerInnen, die in ihren Social-Media-Kanälen nachhaltige Themen ansprechen. Zu diesem Zweck wird eine Inhaltsanalyse von 9 InfluencerInnen-Accounts auf Instagram durchgeführt. Als Untersuchungszeitraum wurde der Monat April gewählt – jener Monat, in den auch der World Earth Day fällt. Die vorliegende Analyse gibt einen exemplarischen Überblick über aktuelle Kommunikationsmuster und Interaktionsstrategien von GreenfluencerInnen und identifiziert zukünftigen Forschungsbedarf für den Bereich der Nachhaltigkeitskommunikation und der GreenfluencerInnen-Forschung.

1. Einleitung

Das Thema Nachhaltigkeit, das besonders durch die Sustainable Development Goals (SDGs) der Vereinten Nationen vermehrt Aufmerksamkeit erhalten hat (UN, 2020), ist breit gefächert und umfasst eine Vielzahl von Aspekten (Weder et al., 2021). Im Rahmen der Medien- und Kommunikationswissenschaften wurde das Thema Nachhaltigkeitskommunikation erstmals vor ungefähr 10 Jahren aufgegriffen (Godemann & Michelsen, 2011; Krainer & Weder, 2011) und entwickelte sich seither zu einer eigenständigen und facettenreichen Disziplin (Koinig et al., 2018, Koinig & Diehl, 2020, 2021).

Nachhaltigkeitskommunikation betrifft im weitesten Sinne drei Bereiche: (1) Auf der Akteursebene untersucht wissenschaftliche Forschung, wie PraktikerInnen, die im Bereich Journalismus, PR und Unternehmenskommunikation tätig sind, sich kommunikativ mit dem Thema Nachhaltigkeit auseinandersetzen. (2) Auf der Inhaltsebene wird die Berichterstattung über Nachhaltigkeit in unterschiedlichen Medien näher beleuchtet, während (3) Studien, die auf der Rezeptionsebene angesiedelt sind, sich der Frage annehmen, wie RezipientInnen auf nachhaltige Inhalte reagieren und wie sie in weiterer Folge damit umgehen. Dieser dritte Bereich ist bisher eher spärlich erforscht (Kannengießer, 2021).

Da sich die Medienlandschaft immer stärker diversifiziert und sich die Kommunikation vermehrt ins Internet verlagert, gilt es, neue (digitale) KommunikatorInnen und Kommunikationsmuster zu berücksichtigen. Social-Media-Plattformen, wie Facebook, YouTube und Instagram, erfreuen sich steigender Beliebtheit (Genders, 2021) und dienen einer neuen Form von KommunikatorInnen – Green InfluencerInnen oder GreenfluencerInnen – als Plattform, um die Sichtbarkeit von gesellschaftsrelevanten Themen (z.B. Nachhaltigkeit, Klimaschutz) zu erhöhen (Chwialkowska, 2019). Als InfluencerInnen werden jene Personen beschrieben, „die aufgrund ihres digitalen Netzwerks, ihrer Persönlichkeitsstärke, einer bestimmten Themenkompetenz und kommunikativen Aktivität eine zugesprochene Glaubwürdigkeit für bestimmte Themen besitzen und diese einer breiten Personengruppe über digitale Kanäle zugänglich machen können“ (Schach, 2018, S. 31). GreenfluencerInnen sind somit InfluencerInnen, die sich mit dem Thema Nachhaltigkeit auseinandersetzen (Pitman & Abell, 2021).

Der vorliegende Beitrag setzt sich zum Ziel, einen Überblick zum Thema GreenfluencerInnen zu geben und exemplarisch anhand von neun GreenfluencerInnen im deutschsprachigen (DACH-)Raum herauszuarbeiten, wie diese mit ihren FollowerInnen kommunizieren und Aufmerksamkeit (sowie Engagement) für das Thema Nachhaltigkeit generieren (wollen). Mithilfe einer quantitativen Inhaltsanalyse von Instagram-Posts im April 2021 (die Wahl fiel auf April, da am 26. April der World Earth Day stattfindet) gehen wir der Frage nach, welche gesellschaftlichen Belange kommuniziert werden, inwiefern Hashtags verwendet werden und welche visuellen und textbasierten Strategien eingesetzt werden, um UserInnen-Engagement mit den einzelnen Posts zu erzeugen. Die Analyse soll dafür genutzt werden, zukünftiges Forschungspotenzial für den Bereich der Nachhaltigkeitskommunikation und GreenfluencerInnen-Forschung zu identifizieren.

2. *Zur steigenden Bedeutung von Nachhaltigkeit*

Nachhaltigkeit beschreibt den „pflegliche[n] Umgang mit Ressourcen“ und beinhaltet, dass Konsumentscheidungen und -gewohnheiten der Gegenwart keine langfristige Schädigung und Erschöpfung von Ressourcen für zukünftige Generationen beinhalten (Sorgo, 2011, S. 9). Entwicklungen der letzten Jahre bzw. Jahrzehnte haben verdeutlicht, dass ein radikales Umdenken nötig ist, um den Schaden, den „nicht nachhaltige Produktions- und Konsummuster" verursachen, zu minimieren (Weller, 2008, S. 41). Dies setzt vor allem umweltbezogenes und ressourcenschonendes Verhalten voraus (Waldner & Mittischek, 2020).

Auch wenn ein Bewusstsein dafür besteht, dass Verhaltensänderungen nötig sind, um den Planeten bzw. seine Ressourcen zu schützen und langfristig nutzbar zu machen, so müssen in diesem Zusammenhang doch noch einige Hürden überwunden werden. Die Bereitschaft, einen erhöhten Preis für nachhaltige Produkte zu zahlen, ist bei den meisten KonsumentInnen nicht gegeben (White & Simpson, 2013). Dies bestätigt auch eine aktuelle Umfrage, nach der 37 % der Befragten angeben, ihnen seien nachhaltige Produkte zu teuer. Weitere Barrieren betreffen die Effektivität bzw. den Nutzen nachhaltiger Produkte (KMPG, 2020; Statista, 2020).

Es ist nach wie vor eine große Herausforderung, Individuen dazu zu bewegen, ihr Verhalten (nachhaltig) zu verändern (Peattie, 2011). Folglich wird vermehrt Forschung in diesem Bereich gefordert (Kotler, 2011). Da soziale Medien einen wesentlichen Platz im Alltag ihrer NutzerInnen einnehmen, können sie dazu genutzt werden, um deren Verhalten zu verändern (Adewuyi & Adefemi, 2016). In diesem Zusammenhang wird den neuen MeinungsführerInnen – InfluencerInnen – eine zentrale Rolle zugesprochen (Yilmaz & Youngreen, 2016).

3. *InfluencerInnen und GreenfluencerInnen*

Die Digitalisierung der Kommunikation hat zu einer Verschiebung von Positionen geführt und die traditionelle Beziehung zwischen ProduzentInnen und KonsumentInnen verändert (Kaiser, 2014). Dies lässt sich unter anderem auf die Zunahme von nutzergenerierten Inhalten (user generated content) zurückführen, denen mehr Vertrauen entgegengebracht wird als beispielsweise traditioneller Werbung (Brügmann, 2017). Dabei wird besonders Werten wie Authentizität, Glaubwürdigkeit und Transparenz vermehrt Bedeutung beigemessen (Pitman & Abell, 2021; Zerfaß & Pleil, 2017).

Besonders in den letzten Jahren hat die Relevanz von InfluencerInnen stark zugenommen (vgl. die Literaturübersicht von Altendorfer, 2019 sowie Hudders et al., 2020). Wie bereits erwähnt, werden als InfluencerInnen jene Personen bezeichnet, die für bestimmte Themen eine hohe Glaubwürdigkeit besitzen und diese Themen über digitale Medien einer großen Personengruppe zugänglich machen (Schach, 2018).

In sozialen Netzwerken kommt InfluencerInnen eine wesentliche Rolle zu. Laut aktuellen Statistiken sind der Großteil der NutzerInnen auf Instagram Jugendliche und junge Erwachsene (Statista, 2021). Die Vorbildfunktion und Relevanz von InfluencerInnen lassen sich dabei wie folgt begründen: authentische Kommunikation, Erschließung neuer Zielgruppen, direkte Erreichbarkeit von Zielgruppen, sowie eine langfristige Auffindbarkeit von Inhalten (Dusberger & Pierau, 2020).

InfluencerInnen kommt im Kontext des nachhaltigen Konsums eine zentrale Rolle zu. Sie fungieren als „Vorbilder [und] soziale Promotoren", die „alternative Konsumpraktiken bewerben und vorleben" (Quack et al., 2017, S. 51). Hierbei werden sie häufig als GreenfluencerInnen bezeichnet. GreenfluencerInnen unterscheiden sich dahingehend von traditionellen InfluencerInnen, dass ihre Themen einen „politischen Anspruch" haben, indem sie „sich zum Beispiel für mehr alltägliches Umweltbewusstsein und für den Klimaschutz einsetzen" (Albert et al., 2019, S. 281).

Vorherige Studien haben aufgezeigt, dass sich GreenfluencerInnen besonders mit Nachhaltigkeit im Kontext von gesunder Ernährung, Gesundheit und nachhaltigem Konsum auseinandersetzen und dabei vor allem die Relevanz von regionalen Produkten und Konsum-Tipps ins Zentrum ihrer Botschaften stellen (Waldner & Mittischek, 2020). Prinzipiell gilt es festzuhalten, wie Studien aus anderen Ländern gezeigt haben, dass InfluencerInnen, die sich für Nachhaltigkeit stark machen, häufig nur wenige FollowerInnen haben; somit haben die Posts dieser InfluencerInnen auch nur eine geringe Reichweite (Werg & Cerny, 2020).

Aufgrund der zunehmenden Bedeutung von GreenfluencerInnen als neue MeinungsführerInnen, ist es interessant, zu erforschen, wie diese auf Social-Media-Plattformen wie Instagram kommunizieren, um ihre FollowerInnen zu einem nachhaltigeren Lebensstil zu motivieren.

Daraus ergibt sich folgende Forschungsfrage (inkl. Unterfragen):

- Wie kommunizieren deutschsprachige GreenfluencerInnen auf Instagram?
  - Welche Facetten von Nachhaltigkeit werden am häufigsten angesprochen?
  - Inwieweit wird Nachhaltigkeit (a) visuell und (b) textuell aufgegriffen?
  - Welche Interaktionsstrategien (direkte Ansprache, Hashtags, Emojis) werden verwendet?

4. *Theoretische Fundierung*

Im Folgenden werden zwei Theorien vorgestellt, die dazu geeignet sind, die Kommunikationsaktivitäten von GreenfluencerInnen auf Instagram zu erklären (Chwialkowska, 2019).

4.1 *Minority Influence Theory*

Da die Mehrheit der KonsumentInnen keinem nachhaltigen Lebensstil nachgeht, können diejenigen, die dies tun, als Minorität angesehen werden (Chwialkowska, 2019). Folglich bietet die Minority Influence Theory eine passende Grundlage für die Untersuchung. Die Minority Influence Theory nach Moscovici und Lage (1976) postuliert, dass Minoritäten versuchen (können), Einfluss auf die Mehrheitsmeinung – die Majorität – auszuüben. Yilmaz und Yungreen (2016, S. 693) beschreiben dabei eine Minderheit als „members of a group who have or share ideas that are not held or shared by most (i.e. the majority) group members". Dies trifft oft auch auf VerfechterInnen eines nachhaltigen Lebensstils zu, denen eine gesellschaftliche Außenseiterrolle zugesprochen wird (Bennett & Williams, 2011; Pittman & Abell, 2021). Der Begriff Minderheiteneinfluss beschreibt dabei eine spezielle Form des sozialen Einflusses, der auf eine konsistente Minderheitenposition in einer Gruppe zurückgeführt wird.

Die Theorie basiert auf dem sogenannten *informational social influence* und besteht aus vier zentralen Komponenten, die sich auf GreenfluencerInnen übertragen lassen und die in die empirische Analyse integriert werden:

a) *Behavioral Style* (*Verhaltensstil*) besteht aus 4 Elementen: (a) Konsistenz (Einheitlichkeit), (b) Konfidenz (Überzeugung), (c) Unvoreingenommenheit, (d) Resistenz gegenüber sozialem Druck. Das Hauptaugenmerk wird dabei auf die Einheitlichkeit der Kommunikation gelegt – lässt sich beispielsweise bei GreenfluencerInnen eine durchgängige Argumentationslinie erkennen, so ist es wahrscheinlicher, dass RezipientInnen (der Mehrheit) ihre Einstellungen überdenken (Bazarova et al., 2012).
b) *Thinking Style (Denkstil)* bezieht sich auf die Fähigkeit der GreenfluencerInnen (Minorität), UserInnen zu systematischem Denken anzuregen. Systematisches Denken unterscheidet sich von oberflächlichem Denken dahingehend, dass sowohl Pro- und Contra-Argumente bei

der Entscheidungsfindung berücksichtigt werden (Bazarova et al., 2012; Yilmaz & Yungreen, 2016).

c) Unter *non-dogmatism (Nicht-Bevormundung)* versteht man eine ausgewogene Argumentationsweise, die auf Aushandlung und Kompromissbereitschaft basiert. Die Standpunkte der GreenfluencerInnen werden somit nicht extrem, sondern eher moderat präsentiert (Bazarova et al., 2012).

d) In der letzten Phase, der *Identifikation*, wird versucht, die Mehrheit dazu zu bewegen, sich mit den Argumenten der Minderheit – im Falle der vorliegenden Studie, der GreenfluencerInnen – auseinanderzusetzen und im Idealfall damit zu identifizieren. Entsteht ein gewisses Maß an Verständnis für die Minorität, so werden deren Argumente ernstgenommen (Maass et al., 1982).

Yilmaz und Yungreen (2016) merken zudem an, dass Studien, die sich der Thematik von Minoritäten im Kontext von computer-vermittelten Kommunikationskontexten annehmen, von enormer Relevanz sind. Die vorliegende Studie kommt somit dieser Forderung nach.

4.2 Social Learning Theory

Eine weitere Theorie, die im Zusammenhang mit der Analyse von GreenfluencerInnen-Kommunikation herangezogen werden kann, ist die sogenannte Social Learning Theory (dt. sozialkognitive Lerntheorie; Bandura, 1977). Die Theorie betont die Zentralität der Beobachtung, Modellierung und Nachahmung von Verhaltensweisen von und durch Individuen, und umfasst zudem deren Einstellungen und emotionale Reaktionen. Des Weiteren vertritt Bandura (1986) die Auffassung, dass sowohl Umwelt- als auch kognitive Faktoren miteinander interagieren, um das menschliche Lernen und Verhalten zu beeinflussen.

Die sozialkognitive Lerntheorie eignet sich für das vorliegende Projekt deshalb, da individuelle Einstellungen und Verhalten durch das (mediale Kommunikations-)Umfeld beeinflusst werden. Bandura (1986) erläutert zudem, dass neben dem persönlichen Umfeld auch der *normative influence* (d.h. die durch das soziale Umfeld vermittelten Normen) individuelles Verhalten vorhersagen könne (Aronson et al., 2005). Hierbei werden zwei Phasen unterschieden:

- Modeling (*Nachahmung*) beinhaltet die Identifikation von relevanten anderen Personen (socialization agents), deren Verhalten als wünschenswert angesehen wird. Sobald Individuen sich mit anderen identi-

fizieren, beobachten sie diese und versuchen, deren Verhalten nachzuahmen (Bandura, 1977).
- Reinforcement (*Verstärkung*) beschreibt die durch das nachgeahmte Verhalten ausgelösten Reaktionen, wie z.B. Stolz oder Zufriedenheit (Bandura, 1977). Diese Reaktionen entstehen im Austausch mit relevanten anderen Personen im Zuge von sozialen Interaktionen, die wiederum die Basis für individuelle Meinungen, Einstellungen und Verhaltensweisen bilden.

5. Empirische Studie

5.1 Zweck der Studie

Während die Interaktion mit InfluencerInnen auf Social Media zum Teil der Unterhaltung dient (Werg & Cerny, 2020), findet im Rahmen dieser Interaktionen auch informelles Lernen statt (Martinez & Olsson, 2019). Dies bedeutet: GreenfluencerInnen können soziale Netzwerke dazu nutzen, um Aufklärungsarbeit zu leisten bzw. ihren FollowerInnen „umweltfreundlichere Produkte und Dienstleistungen besser zugänglich" zu machen (Waldner & Mittischek, 2020, S. 165).

Ziel der vorliegenden Studie ist es, unter Berücksichtigung der Minority Influence und der Social Learning Theory, herauszufinden, wie GreenfluencerInnen mit ihren FollowerInnen kommunizieren und Aufmerksamkeit (sowie Engagement) für das Thema Nachhaltigkeit generieren (wollen).

5.2 Material

Das Thema Nachhaltigkeit wird in den sozialen Medien breit diskutiert und deckt „von gesunder Ernährung und Fitness über Essstörungen, Methoden zum Abnehmen, Allergien, ökologische Ernährung [bis hin zu] Restaurantbewertungen" eine große Bandbreite von Themen ab (Endres, 2018, S. 111). Als Social-Media-Plattform wurde Instagram ausgewählt, da diese aktuell die beliebteste Social–Media-Plattform ist (Statista, 2021).

In einem nächsten Schritt wurden passende GreenfluencerInnen identifiziert. Als Ausgangspunkt diente die auf der Seite https://www.hallofgreen

.de/greenfluencer zusammengestellte Liste[1]. Die Accounts der einzelnen GreenfluencerInnen wurden abgerufen und in Bezug auf ihre Eignung zur Beantwortung der Forschungsfrage geprüft. Basierend auf der Tatsache, dass sich das vorliegende Projekt auf das Thema Nachhaltigkeit konzentriert, wurden neun passende InfluencerInnen identifiziert. Die Accounts der GreenfluencerInnen flossen dann in die Stichprobe ein, wenn (a) Beiträge ausschließlich in Deutsch gepostet wurden, (b) der Account öffentlich zugänglich war, (c) UserInnen Posts kommentieren konnten, (d) eine Privatperson den Account betrieb und (e) es sich um einen aktiven Account handelte. Eine Liste der analysierten Accounts kann online abgerufen werden (https://www.nomos-shop.de/isbn/978-3-8487-8221-5). Es wurden alle Posts im Monat April 2021 codiert. April wurde ausgewählt, da am 26. April der World Earth Day ist.

5.3 Methode und Analyseschema

Instagram ist eine bildbasierte Social-Media-Plattform. Jedoch ist neben der visuellen Ansprache auch die textbasierte Ansprache der UserInnen wichtig. Aus diesem Grund wurde jeder Instagram-Post anhand von drei Kategorien codiert: (1) allgemeine Postinformationen, (2) visuelle Postinformationen und (3) textuelle Postinformationen.

Allgemeine Postinformationen zu jedem Instagram-Post bestanden aus drei verschiedenen Elementen. Neben dem Post-Datum wurden auch die Anzahl der Likes und Kommentare erhoben, um einen Einblick in das Interaktionspotenzial jedes Posts zu erhalten.

Visuelle Postinformationen umfassten die Anzahl der Beitragselemente, die Art des Beitragselements (Bild, Video) sowie den Inhalt, die Darstellung und die Intention des Posts. Bei der Darstellung des Posts sollte herausgefunden werden, ob die Vorteile eines nachhaltigen Konsums betont werden (positiver Frame) oder ob die gesellschaftlichen Hürden von nachhaltigen Lebensweisen betont werden (negativer Frame). Die Intention des Posts kann dabei Aufklärung oder Information sein. Text innerhalb des Bildes/Videos wurde als visuelle Information codiert.

---

1 Hall of Green wurde als Ausgangspunkt für die Wahl der GreenfluencerInnen gewählt, da diese Empfehlungsplattform das Resultat einer Fundingkampagne darstellt und dadurch vermehrt mediale Aufmerksamkeit erhalten hat. Zudem werden auf dieser Seite zahlreiche Unternehmen vorgestellt, deren Credo nachhaltigen und ökologischen Grundsetzen folgt.

Textuelle Postinformationen untersuchten den Text in den Captions (Bildunterschriften) sowie die Verwendung von Hashtags und Emojis. Insbesondere die Verwendung von Hashtags [#] bietet Einzelpersonen die Möglichkeit, sich mit Gleichgesinnten zu vernetzen und weitere thematische Inputs zu beziehen (Betton et al., 2015). Die Analyse der Captions bezieht auch die Verwendung von positiven oder negativen Frames und die Intention des Posts mit ein. Neben dem Bezug zum visuellen Content wurden auch die Textlastigkeit des Posts sowie dessen Bezug zum Thema Nachhaltigkeit erfasst. Dieser kann dabei stark, moderat oder schwach ausgeprägt sein. Im Falle von starken Bezügen widmet sich der gesamte Post dem Thema Nachhaltigkeit, bei einem moderaten Bezug nur zum Teil; im Falle einer schwachen Ausprägung wird das Thema Nachhaltigkeit lediglich am Rande aufgegriffen.

Bezüge zu den theoretischen Konstrukten – der *Minority Influence Theory* und der *Social Learning Theory* – wurden sowohl für visuelle als auch textuelle Postinformationen erhoben. In diesem Zusammenhang wurde eruiert, ob InfluencerInnen beispielsweise einheitlich argumentieren (MIT – *behavioral style*), ausgewogen argumentieren (MIT – *thinking style*) oder zur Nachahmung ihres Verhaltens aufrufen (SLT – *modeling*).

Die Inhaltsanalyse wurde von zwei unabhängigen CodiererInnen durchgeführt. Die einzelnen CodiererInnen erhielten eine umfangreiche Einschulung in das Codebuch. Das Codebuch kann online abgerufen werden (https://www.nomos-shop.de/isbn/978-3-8487-8221-5). Die Codierung der einzelnen Instagram-Posts erwies sich als Herausforderung, weshalb das Codebuch mehrfach verfeinert wurde, um den zusätzlichen Erkenntnissen, die während des Codiertrainings entstanden, Rechnung zu tragen. Die CodiererInnen codierten die Instagram-Posts der ausgewählten InfluencerInnen für April 2021 (n = 139). Ein Drittel der Posts (n = 45) wurde doppelt codiert. Basierend auf dieser Stichprobe wurde Krippendorffs Alpha für jede Codierungskategorie berechnet, um ein akzeptables Maß an Intercoder-Reliabilität zu gewährleisten (Lombard et al., 2002). Die Reliabilität lag je nach Kategorie zwischen 0,73 und 1,0. Alle Unstimmigkeiten zwischen den CodiererInnen wurden besprochen und behoben, bevor die endgültige Analyse durchgeführt wurde.

5.4 Ergebnisse

Allgemeine Analyse: Analog zu anderen Studien (z.B. Werg & Cerny, 2020) sind auch die exemplarisch ausgewählten InfluencerInnen in der Mehrzahl (8 von 9) weiblich. In Bezug auf die FollowerInnen-Zahlen der analysierten GreenfluencerInnen-Accounts zeigte sich, dass der Großteil der untersuchten GreenfluencerInnen in die Kategorie der Micro-InfluencerInnen (< 10.000 FollowerInnen, siehe Boerman, 2020) fällt (6 von 9). Damit entsprechen die ausgewählten Accounts den Ergebnissen von Werg & Cerny (2020).

Allgemeine Postinformationen: In Bezug auf die Post-Häufigkeit der neun GreenfluencerInnen war kein klares Muster zu erkennen: einige InfluencerInnen posten innerhalb eines Monats sehr häufig (zwischen 16 und 22 Posts), während andere eher sporadisch posten (ca. drei Posts; siehe Abbildung 1). Die Beiträge erhielten zwischen 126 und 13.843 Likes und zwischen einem und 237 Kommentare(n).

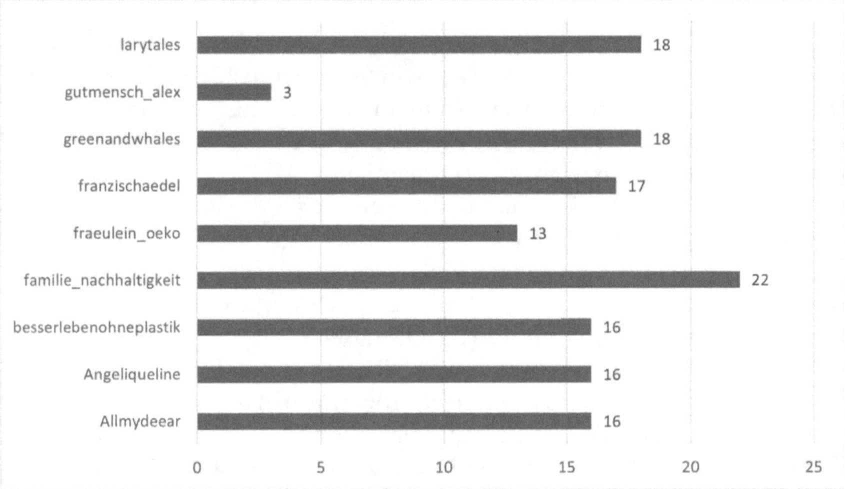

Abbildung 1: Anzahl der von den untersuchten GreenfluencerInnen veröffentlichen Posts im April 2021 (eigene Darstellung)

Analyse der visuellen Postinformationen: Von den insgesamt 139 Posts bestand der Großteil der Posts (55 %) aus einem einzigen visuellen Element, alle anderen Posts verwendeten 2 bis 10 visuelle Elemente. In Bezug auf die Art der visuellen Darstellung zeigte sich, dass Bilder signifikant häufiger verwendet wurden als Videos (113 Bilder vs. 25 Videos). Insbesondere DIY-Anleitungen und Rezepte wurden häufig als Videos gepostet. Die meisten Posts waren eher allgemein gehalten und richteten sich an die Allgemeinbevölkerung, anstatt eine bestimmte Zielgruppe anzusprechen. Die Posts enthielten zudem ein beinahe ausgeglichenes Ausmaß an persönlichen Erfahrungen (d.h. InfluencerInnen erzählen aus ihrem Alltag) als auch Aufforderungen seitens der InfluencerInnen an ihre FollowerInnen, ihre Geschichten mit ihnen zu teilen.

Die Bildposts enthielten unter anderem Textelemente (*n* = 58), Abbildungen von Menschen (*n* = 52), Tieren (*n* = 10) oder Objekten (*n* = 71) oder stellen eine Aktivität dar (*n* = 41). Die Abbildungen hatten einen unterschiedlich starken Bezug zum Thema Nachhaltigkeit. Die Posts griffen in unterschiedlichem Ausmaß das Thema Nachhaltigkeit auf: 30 % nahmen starken Bezug darauf, 12 % moderat, 17 % schwach. Die restlichen Posts (41 %) hatten keinerlei Bezug. Posts, die visuell in starkem Bezug zu Nachhaltigkeit standen, setzten sich intensiv (in mehreren Bildaspekten) beispielsweise mit *Artenschutz* oder *nachhaltiger Ernährung* auseinander (allmydeer) oder präsentierten *umweltfreundliche Alternativen* (angeliquelini). Ein Post, der sich teilweise mit Nachhaltigkeit beschäftigte, drehte sich (nur moderat ausgeprägt) um *Plastik in der Wäsche* (besserlebenohneplastik).

Die Bilder vermittelten meist positive Emotionen (72 %); diese kamen signifikant häufiger vor als gemischte oder negative Eindrücke.

Die visuellen Elemente griffen gleichermaßen häufig – genauer gesagt in knapp einem Drittel aller Fälle – theoretische Konzepte auf: Minority Influence Theory (*n* = 37) und Social Learning Theory (*n* = 38). Zu diesem Zweck wurden die Posts auf Indikatoren zu den zuvor vorgestellten theoretischen Konstrukten (z.B. Identifikation, Nachahmung, Verstärkung, Nicht-Bevormundung etc.) untersucht. Dieser eher gering ausgeprägte theoretische Bezug liegt darin begründet, dass viele visuelle Elemente keinen oder nur wenig Text enthalten, durch welchen ein Bezug zur Theorie hergestellt werden könnte (siehe auch Abb. 2 und 3 für Beispiele). Sofern textuelle Komponenten im Bild bzw. Video verwendet wurden, konnte häufiger ein Bezug zur Theorie festgestellt werden. So schreibt beispielsweise fraeulein_oeko im Bildteil des Posts: *Ich bin doch nicht allein, wir sind viele* (MIT: identification). Eine ähnliche Botschaft wird von franzischaedel gewählt: *You are never too small to make a difference* (MIT: identification). Exemplarisch für die SLT liefert allmydeer *5 Möglichkeiten zum Gärtnern ohne Garten und Balkon* (SLT: modeling).

Sofern sich die Bilder einer inhaltlichen Kategorie zuordnen ließen (in 60 % der Fälle; Mehrfachzuordnungen möglich), wurden die folgenden nachhaltigen Themen von den InfluencerInnen behandelt: nachhaltiger Konsum (*n* = 43), nachhaltige Ernährung (*n* = 28), Reduktion von Verpackungsmaterial (*n* = 18), regionale und Bio-Produkte (*n* = 13), nachhaltige Energie (*n* = 3) sowie Reduktion von Lebensmittelverschwendung (*n* = 2).

Die GreenfluencerInnen boten in ihren Bildbotschaften entweder Empfehlungen und Tipps (*n* = 32), persönliche Geschichten (*n* = 31), DIY-Anleitungen oder Rezepte (n = 24) oder Produktbewertungen und -reviews (n = 13) an. Die meisten Botschaften waren eher rein informativ (n = 38) und weniger anleitend (n = 22) – der Großteil der Botschaften fiel in keine der beiden Kategorien (n = 69).

Analyse der textuellen Postinformationen: Beinahe alle Beiträge wurden von einer Caption (99,2 %) begleitet, die explizit mit dem Bildmaterial in Verbindung stand (98,4 %). Zusätzlich zu einem Begleittext verwendeten die meisten GreenfluencerInnen auch Hashtags (91,3 %). Emojis wurden in deutlich geringerem Ausmaß verwendet (77,8 %).

GreenfluencerInnen teilten in ihren Captions häufig persönliche Erfahrungen (81 %), versuchten aber gleichzeitig, mit ihren FollowerInnen in einen Dialog zu treten (84,9 %). Folglich nutzten sie das interaktive Potential von Social Media aus (Pittman & Abell, 2021).

Während Nachhaltigkeit visuell in nur 60 % aller Fälle angesprochen wurde, griffen die GreenfluencerInnen diese Thematik in beinahe drei Viertel aller Posts in den Captions auf. Die Ausprägung des Bezugs variierte jedoch stark: in 48 % aller Fälle war ein sehr starker Bezug gegeben, in je 13 % war er moderat oder schwach ausgeprägt. Tabelle 1 liefert Beispiele für die variierende Intensität des Nachhaltigkeits-Fokus. Bei einem starken Bezug drehte sich der gesamte Post um das Thema Nachhaltigkeit, bei einem moderaten Bezug enthielt der Post einen Verweis auf eine nachhaltige Initiative oder ein nachhaltiges Produkt. Wenn lediglich ein nachhaltiger Hashtag verwendet wurde, so stellte dies einen schwachen Bezug dar. Die Stimmung der Posts war vorwiegend positiv (72 %), nur in Ausnahmefällen wurden gemischte (20 %) oder negative Emotionen (7 %) geschildert.

Starker Bezug zu NH	Das was uns die Natur gibt, ist kaum in Worte zu fassen. Sie schenkt uns Lebensqualität. Lässt uns durchatmen. Lässt uns lebendig fühlen. Wenn wir durch die Wälder spazieren, die Insekten beobachten, wie all dieser Kreislauf zusammenhängt. Zeigt uns wie klein wir eigentlich sind und zeigt uns auch wie wichtig es doch ist, unsere Mutter Natur zu schützen. (angeliquelini, 16.04.2021) Heute ist Tag vier der #umweltschutzwoche. Seit Montag beschäftigen wir uns damit, die Natur und uns zu schützen. Vor Mikroplastik, vor

	Schadstoffen und etwa vor verschmutztem Trinkwasser. (besserlebenohneplastik, 29.04.2021)
Moderater Bezug zu NH	Lieblingsoutfit ist von @armedangels aus der Undyed Kollektion. (angeliquelini, 08.04.2021)
Schwacher Bezug zu NH	#nachhaltigsanieren (franzischaedel, 05.04.2021)

Tabelle 1: Auszüge aus den Captions der GreenfluencerInnen, die in Bezug zu Nachhaltigkeit standen (eigene Darstellung)

Während theoretische Bezüge für den visuellen Inhalt eher selten festgestellt werden konnten, konnten Indikatoren für die Minority Influence Theory (59 %) und die Social Learning Theory (54 %) in den Captions häufiger identifiziert werden.

Eine Detailanalyse zeigt auf, dass die Elemente der einzelnen Theorien unterschiedlich stark in der Kommunikation von GreenfluencerInnen zur Anwendung kommen.

In Bezug auf die *Minority Influence Theory* zeigt sich folgendes Bild:

a) *Behavioral style* (47 %) zeichnet sich dabei vor allem in der Konsistenz der Argumentation aus. Die Posts der GreenfluencerInnen widmen sich einer ausgewählten Anzahl von Themen, welche immer wieder aufgegriffen werden. *Famile_nachhaltigkeit*, zum Beispiel, gestaltet ihre Posts auch in einem einheitlichen Design, um den Wiedererkennungswert zu erhöhen. Auch thematisch greift die Greenfluencerin immer wieder Themen wie die Reduktion von Plastik oder die Herstellung von Produktalternativen auf (siehe Abbildung 2).

b) Im Rahmen des *thinking style* (19 %) geht es GreenfluencerInnen vor allem darum, ihre FollowerInnen zum systematischen Nachdenken anzuregen. Eine Möglichkeit besteht darin, dass Pro- und Contra-Argumente genannt werden. So schreibt fraeulein.oeko in Bezug auf Urlaub mit dem Van: *Vanlife ist richtig cool für mich, aber ich möchte es nicht romantisieren. Es gibt wie überall auch Schattenseiten, einiges zu beachten und zu lernen.*

Abbildung 2: Beispielpost familie_nachhaltigkeit

c) *Non-dogmatism* (15 %) beschreibt eine moderate Argumentationsweise, in welcher die vorgeschlagene Lösung nicht als der einzig akzeptable Weg dargestellt wird, sondern auch Kompromisse nötig sind. Es wird eine ausgewogene Argumentation gewählt, die zur Diskussion anregt. So schreibt greenandwhales beispielsweise: *Jede*r muss irgendwo Abstriche machen, sich auf Kompromisse einigen und einen Schwerpunkt setzen. Und wenn wir uns das selbst zugestehen, sollten wir das auch bei anderen so machen.*

d) *Identification* (19 %) kann beispielsweise durch das Teilen von persönlichen Erfahrungen erreicht werden – also dadurch, dass GreenfluencerInnen mit ihren AnhängerInnen auf Augenhöhe kommunizieren und über ihre persönlichen Erfahrungen sprechen. Ein Beispiel von allmydeer, die schreibt: *"Aber die Äpfel sehen so traurig aus!", hatte mir eine Followerin einmal auf eine Story geschrieben. Es kommt eben immer darauf an, mit welchem Auge wir unsere Lebensmittel betrachten. Wirklich traurig sieht für mich Essen nur aus, wenn es im Müll landet.*

Ähnlich verhält es sich mit Bezügen zur *Social Learning Theory*:

e) *Modeling* (72 %) beschreibt das Vorleben von empfohlenen Handlungen und Verhaltensweisen. Diese Komponente findet sich auch in den analysierten Posts, in denen GreenfluencerInnen ihre Gewohnheiten schildern und durch ihr Verhalten versuchen, andere zur Nachahmung zu bewegen. Bei besserlebenohneplastik heißt es dann: *Inspiriert lieber! Das geht am besten durch Vorleben. Zeigt, wie es anders geht, indem ihr es einfach macht!* Die Greenfluencerin liefert dann auch direkt ein Beispiel: *Meinem Sohn hab' ich vor acht Jahren gesagt, er bekomme noch seine Frühstücksflocken, aber nicht mehr eine Packung pro Woche. Im Gegenzug haben wir selbst gemachte Knuspermüslis getestet.*

f) *Reinforcement* (19 %) beschreibt die durch den Post ausgelösten Reaktionen, sowohl seitens der FollowerInnen als auch der InfluencerInnen. Ein Beispiel von larytales illustriert das angesprochene Reinforcement und die dadurch ausgelösten sozialen Interaktionen (siehe Abbildung 3).

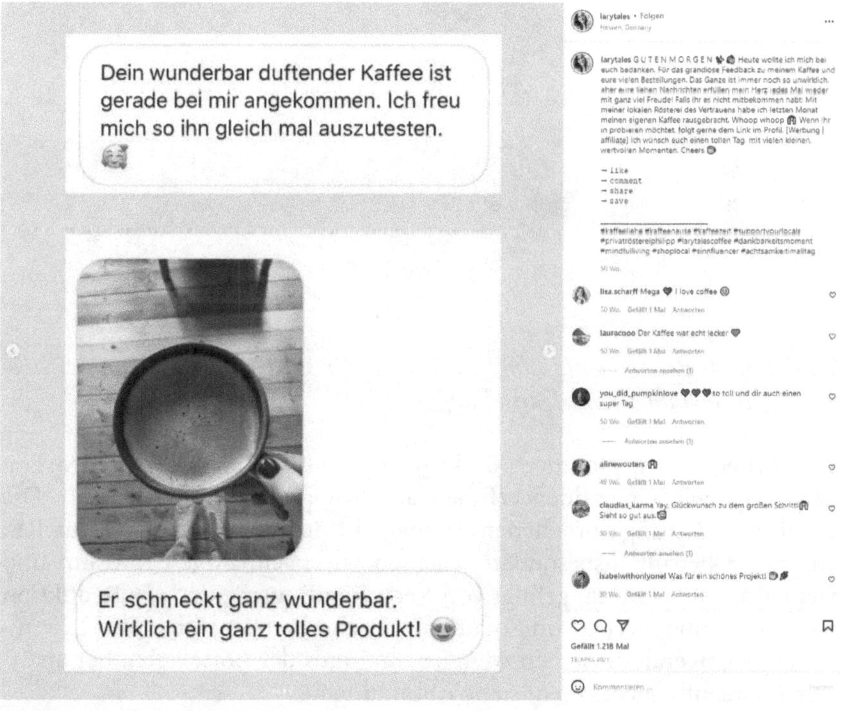

Abbildung 3: Beispielpost larytales

In ihren Captions beschäftigten sich die GreenfluencerInnen vorrangig mit nachhaltigem Konsum ($n = 70$), nachhaltiger Ernährung ($n = 32$), der Reduktion von Verpackungsmaterial ($n = 23$), regionalen und Bio-Produkten ($n = 16$), der Reduktion von Lebensmittelverschwendung ($n = 6$) sowie mit nachhaltiger Energie ($n = 7$) (Mehrfachzuordnungen waren möglich).

Die Posts waren vorwiegend als persönliche Geschichten ($n = 92$), Empfehlungen und Tipps ($n = 69$), DIY-Anleitungen und Rezepte ($n = 28$) oder Produktbewertungen/-reviews ($n = 26$) formuliert. Auch in diesem Zusammenhang waren die Botschaften eher informativ ($n = 79$) als anleitend ($n = 37$; $n = 23$ war nicht zuordenbar).

6. *Diskussion der Ergebnisse und Implikationen*

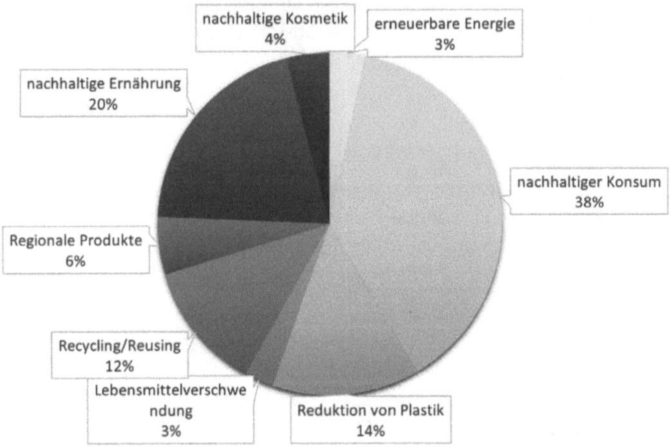

Abbildung 4: Zusammenfassung (textuell und visuell) der Nachhaltigkeitsthemen auf Instagram (eigene Darstellung)

Die vorliegende explorative (deskriptive) Studie widmete sich der Fragestellung, wie GreenfluencerInnen auf Instagram kommunizieren. Die Bandbreite der angesprochenen Themen in der visuellen und textuellen Ansprache betrifft insbesondere Themen wie nachhaltigen Konsum und nachhaltige Ernährung, gefolgt von Recycling/Reusing und die Reduktion von Plastik und Verpackungsmaterial. Erneuerbare Energien und Lebensmittelverschwendung stehen weniger im Fokus der Botschaften der analysierten GreenfluencerInnen (siehe Abbildung 4).

Welche Facetten von Nachhaltigkeit werden am häufigsten angesprochen?

Es wurde auch deutlich, dass obwohl die analysierten InfluencerInnen als Nachhaltigkeits- oder GreenfluencerInnen bezeichnet werden, sich deren Posts nicht zwangsläufig nur um das Thema Nachhaltigkeit drehen. Ein Grund dafür könnte sein, dass die dem Artikel zugrundeliegende Definition von Nachhaltigkeit enger gefasst ist und z.B. Themen wie *slow living, mentale Gesundheit* oder *self care* nicht inkludiert.

In Bezug auf die visuelle versus textuelle Ansprache zeigte sich in den Ergebnissen der Studie sehr deutlich, dass Nachhaltigkeit weitaus häufiger textuell (in den Captions) aufgegriffen wird als visuell.

Die beiden verwendeten theoretischen Grundlagen – die Minority Influence Theory und Social Learning Theory – haben sich als geeignete Theorien erwiesen, um die Kommunikationsaktivitäten der GreenfluencerInnen zu beleuchten, da deren Posts vor allem im textuellen Bereich häufig mit den Komponenten der beiden Theorien verknüpft werden konnten. Insbesondere die Modellfunktion von InfluencerInnen, die ihren FollowerInnen das empfohlene (nachhaltige) Verhalten vorleben, um sie ebenfalls zu einem nachhaltigeren Lebensstil zu motivieren, und deren behavioral style, bei dem die Konsistenz und Kontinuität der Argumentation eine wichtige Rolle spielen, waren häufig in den Posts zu erkennen.

Welche Interaktionsstrategien (direkte Ansprache, Hashtags, Emojis) werden verwendet?

In Bezug auf die Interaktionsstrategie zeigte sich, dass GreenfluencerInnen sowohl auf Hashtags als auch auf die direkte Ansprache ihrer FollowerInnen zurückgreifen. Emojis werden eher seltener verwendet. Hashtags stellen demnach auch in der GreenfluencerInnen-Kommunikation ein bedeutendes Element dar. Die direkte Ansprache der UserInnen erfolgt häufig über das Erzählen von persönlichen Geschichten und Erfahrungen.

7. *Fazit und zukünftiger Forschungsbedarf*

Auch wenn das Thema Nachhaltigkeit durch die mediale Diskussion der Sustainable Development Goals der Vereinten Nationen vermehrt Aufmerksamkeit erhalten hat, so besteht nach wie vor weiterer Forschungsbedarf. Weitere Studien sollten beispielsweise erforschen, auf welche Kommunikationsstrategien InfluencerInnen zurückgreifen sollten, um ein höheres Problembewusstsein für das Thema Nachhaltigkeit zu erzeugen.

Des Weiteren wird deutlich, dass die GreenfluencerInnen trotz der hohen Bedeutung des Themas und des dringenden Handlungsbedarfs in Sachen Nachhaltigkeit nach wie vor eine Minorität darstellen. Die im Beitrag diskutierten Strategien der Minority Influence und Social Learning Theory könnten von GreenfluencerInnen noch bewusster eingesetzt werden, um ihre Position unter ihren FollowerInnen zu stärken.

Zudem zeigte sich, dass die Vermittlung der nachhaltigen Themen auch auf einer bildbasierten Plattform wie Instagram weitgehend textbasiert erfolgt. Zukünftige Studien können hier ansetzen und noch weitere Social-Media-Kanäle (z.B. Tiktok, YouTube und Twitch) in die Analyse miteinbeziehen. Diese ersten Ergebnisse der vorliegenden Inhaltsanalyse könnten GreenfluencerInnen Einblicke in Kommunikationsmuster liefern und als Basis für authentische Kommunikation mit ihren FollowerInnen dienen. Durch den Miteinbezug von theoretischen Elementen könnten InfluencerInnen ihre FollowerInnen zu nachhaltigeren Verhaltensweisen motivieren. Wichtig ist in diesem Zusammenhang, dass die InfluencerInnen tatsächlich Expertise im Bereich Nachhaltigkeit besitzen und keine für die FollowerInnen zu negativen Verhaltensmuster kommunizieren (z.B. eine zu strenge Diät).

Selbst wenn InfluencerInnen oft auch negative Wirkungen nachgesagt werden (z.B. Coates et al., 2019), so können sie dennoch dabei helfen, neue Zielgruppen zu erschließen. Sie können beispielsweise Jugendlichen nachhaltige Verhaltensweisen näherbringen und ihr Bewusstsein für nachhaltigen Konsum und Umweltschutz stärken. Während die vorliegende Studie Posts ausgewählter GreenfluencerInnen im deutschsprachigen Raum analysiert hat, könnten weitere Studien dies auf andere Länder ausdehnen und neben einer Inhaltsanalyse auch noch ExpertInneninterviews sowie qualitative und quantitative Umfragen durchführen.

Literaturverzeichnis

Adewuyi E. O., & Adefemi, K. (2016). Behavior change communication using social media: A review. *The International Journal Of Communication And Health*, 9, 109–116. http://communicationandhealth.ro/upload/number9/EMMANUEL-O-ADEWUYI.pdf

Albert, M., Hurrelmann, K., Quenzel, G., & Kantar. (2019). *18. Shell Jugendstudie. Jugend 2019 – Eine Generation meldet sich zu Wort*. Beltz.

Altendorfer, L. M. (2019). *Influencer in der digitalen Gesundheitskommunikation: Instagramer, YouTuber und Co. zwischen Qualität, Ethik und Professionalisierung*. Nomos Verlagsgesellschaft.

Aronson, E., Wilson, T. D., & Akert, A. M. (2005). *Social psychology* (5th ed.). Prentice Hall.

Bandura, A. (1977). *Social learning theory*. Prentice Hall.

Bandura, A. (1986). *Social foundations of thought and action: A social cognitive theory*. Prentice Hall. Bazarova, N. N., Walther, J. B., & McLeod, P. L. (2012). Minority influence in virtual groups: A comparison of four theories of minority influence. *Communication Research*, *39*(3), 295–316. https://doi.org/10.1177%2F0093650211399752

Bennett, G., & Williams, F. (2011). *Mainstream green: Moving sustainability from niche to normal*. Ogilvy & Mather. http://assets.ogilvy.com/truffles_email/ogilvyearth/Mainstream_Green.pdf

Betton, V., Borschmann, R., Docherty, M., Coleman, S., Brown, M., & Henderson, C. (2015). The role of social media in reducing stigma and discrimination. *The British Journal of Psychiatry*, *206*, 443–444. https://doi.org/10.1192/bjp.bp.114.152835

Boerman, S. C. (2020). The effects of the standardized instagram disclosure for micro- and meso-influencers. *Computers in Human Behavior*, *103*, 199–207. https://doi.org/10.1016/j.chb.2019.09.015

Brügmann, O. (2017). User Generated Content: Wenn Fans über die Marke sprechen. In Bundesverband Digitale Wirtschaft (Ed.), *Social Media Kompass* (pp. 63–65). BVDW. https://www.bvdw.org/fileadmin/bvdw/upload/publikationen_social_media/kompass_social_media_2017_2018_pdf

Chwialkowska, A. (2019). How sustainability influencers drive green lifestyle adoption on social media: The process of green lifestyle adoption explained through the lenses of the minority influence model and social learning theory. *Management of Sustainable Development*, *11*(1), 33–42. http://dx.doi.org/10.2478/msd-2019-0019

Coates, A., Hardman, C., Halford, J., Christiansen, P., & Boyland, E. (2019). Social media influencer marketing and children's food intake: a randomized trial. *Pediatrics*, *143*(4), Article e20182554. https://doi.org/10.1542/peds.2018-2554

Dusberger, N., & Pierau, J. C. (2020). Chancen in der Gesundheitskommunikation durch Influencer-Strategien. In M. Terstiege (Ed.), *Digitales Marketing – Erfolgsmodelle aus der Praxis* (pp. 213–222). Springer.

Endres, E.-M. (2018). Essen in den Sozialen Medien. *UGBforum*, *6*(18), 269–272. https://www.ugb.de/ugb-medien/einzelhefte/essen-lifestyle/essen-in-den-sozialen-medien/druckansicht.pdf

Genders, A. (2021, January 27). *Aktuelle Social Media Nutzerzahlen: Facebook, YouTube, Instagram & Co*. Projecter Online Marketing. https://www.projecter.de/blog/social-media/aktuelle-nutzerzahlen-sozialer-netzwerke/

Godemann, J., & Michelsen, G. (2011). *Sustainability communication. Interdisciplinary perspectives and theoretical foundations*. Springer.

Hudders, L., Jans, S. de, & Veirman, M. de (2020). The commercialization of social media stars: a literature review and conceptual framework on the strategic use of social media influencers. *International Journal of Advertising*, *40*(3), 1–49. https://doi.org/10.1080/02650487.2020.1836925

Kaiser, C. (2014). Soziale Medien als Mittel der Produktgestaltung (Co-Creation). In C. König, M. Stahl, & E. Wiegand (Eds.), *Soziale Medien. Gegenstand und Instrument der Forschung* (pp. 171–194). Springer. https://doi.org/10.1007/978-3-658-05327-7_10

Kannengießer, S. (2021). Media reception, media effects and media practices in sustainability communication: State of research and research gaps. In F. Weder, L. Krainer, & M. Karmasin (Eds.), *The sustainability communication reader. A reflective compendium* (pp. 323–338). Springer. https://doi.org/10.1007/978-3-658-31883-3_18

Koinig, I., & Diehl, S. (2020). Designing sustainable social media health communication campaigns for promoting rare diseases. In L. Costa & S. Oliviera (Eds.), *Communicating rare diseases and disorders in the digital age* (pp. 113–152). IGI Global. http://dx.doi.org/10.4018/978-1-7998-2088-8.ch003

Koinig, I., & Diehl, S. (2021). Health communication (campaigns) for sustainable development – can social media be a remedy? In F. Weder, L., Krainer, & M. Karmasin (Eds.), *The sustainability communication reader. A reflective compendium* (pp. 437–460). Springer. http://dx.doi.org/10.1007/978-3-658-31883-3_24

Koinig, I., Diehl, S., & Weder, F. (2018). Health communication: A discussion of north American and European views on sustainable health in the digital age. In J. Servaes (Ed.), *Handbook of communication for development and social change* (pp. 1–23). Springer. https://doi.org/10.1007/978-981-15-2014-3_81

Kotler, P. (2011). Reinventing marketing to manage the environmental imperative. *Journal of Marketing*, *75*, 132–135. https://doi.org/10.1509%2Fjmkg.75.4.132

Krainer, L., & Weder, W. (2011). Editorial. *MedienJournal*, *35*(1), 2–3. https://doi.org/10.24989/medienjournal.v35i1.170

Lombard, M., Snyder-Duch, J., & Bracken, C. (2002). Content analysis in mass communication: Assessment and reporting of intercoder reliability. *Human Communication Research*, *28*(4), 587–604. https://doi.org/10.1111/j.1468-2958.2002.tb00826.x

Maass, A., Clark, R. D., & Haberkorn, G. (1982). The effects of differential ascribed category membership and norms on minority influence. *European Journal of Social Psychology*, *12*(1), 89–104. https://psycnet.apa.org/doi/10.1002/ejsp.2420120107

Martínez, C., & Olsson, T. (2019). Making sense of YouTubers: how Swedish children construct and negotiate the YouTuber Misslisibell as a girl celebrity. *Journal of Children and Media*, *13*(1), 36–52. https://doi.org/10.1080/17482798.2018.1517656

Moscovici, S., & Lage, E. (1976). Studies in social influence III: Majority versus minority influence in a group. *European Journal of Social Psychology*, *6*(2), 149–174. http://dx.doi.org/10.1002/ejsp.2420060202

Peattie, K. (2011). Green consumption: Behavior and norms. *Annual Review of Environment and Resources*, *35*, 195–228. https://doi.org/10.1146/annurev-environ-032609-094328

Pitman, M., & Abell, A. (2021). More trust in fewer followers: Diverging effects of popularity metrics and green orientation social media influencers. *Journal of Interactive Marketing*, *56*, 70–82. https://doi.org/10.1016/j.intmar.2021.05.002

Quack, D., Brohmann, B., Fischer, C., Grießhammer, R., Wolff, F., & Heyen, D. A. (2017). *Nachhaltiger Konsum. Strategien für eine gesellschaftliche Transformation*. Institut für angewandte Ökologie. https://www.oeko.de/fileadmin/oekodoc/WP-Konsumstrategie.pdf

Schach, A. (2018). Botschafter, Blogger, Influencer: Eine definitorische Einordnung aus der Perspektive der Public Relations. In A. Schach & T. Lommatzsch (Eds.), *Influencer relations* (pp. 27–47). Springer Gabler. https://doi.org/10.1007/978-3-658-21188-2_

Sorgo, G. (2011). Das Konsumdispositiv. Warum wir nicht anders handeln, obwohl wir es besser wissen. In G. Sorgo (Ed.), *Die unsichtbare Dimension. Bildung für nachhaltige Entwicklung im kulturellen Prozess* (pp. 107–124). Forum Umweltbildung. https://www.umweltbildung.at/uploads/tx_hetopublications/publikationen/pdf/forum_exkurse_01.pdf

Statista (2021). *Instagram-Nutzerzahlen für Österreich bis 2021*. Altersverteilung. Statista. https://de.statista.com/statistik/daten/studie/512380/umfrage/instagram-nutzer-inoesterreich/

Statista. (2020). *Umfrage zu Gründen gegen den Kauf nachhaltiger Produkte in Deutschland 2020*. Online unter https://de.statista.com/statistik/daten/studie/1109649/umfrage/gruende-gegen-nachhaltigen-konsum/

KPMG. (2020). *Consumer Barometer 01/20 – Fokusthema: Nachhaltigkeit*. https://home.kpmg/de/de/home/themen/2020/02/consumer-barometer-1-2020-nachhaltigkeit.html

UN; United Nations. (2020). *Take action for the sustainable development goals*. United Nations. https://www.un.org/sustainabledevelopment/sustainable-development-goals/

Waldner, I., & Mittischek, L. M. (2020). Können Influencer/innen einen Beitrag zu nachhaltigkeitsorientierten Ernährungs- und Konsumhandlungen ihrer Follower/innen liefern? Ergebnisse aus der EKo-K.I.S.S.-Schüler/innenbefragung. *Didactum*, *2*(2), 156–189. https://didacticum.phst.at/index.php/didacticum/article/view/40/23

Weder, F., Krainer, L., & Karmasin, M. (2021). Preface. In F. Weder, L. Krainer, & M. Karmasin (Eds.), *The Sustainability Communication Reader: A reflective compendium* (pp. v-vii). Springer. https://doi.org/10.1007/978-3-658-31883-3

Weller, I. (2008). Konsum im Wandel in Richtung Nachhaltigkeit? Forschungsergebnisse und Perspektiven. In H. Lange (Ed.), *Nachhaltigkeit als radikaler Wandel. Die Quadratur des Kreises?* (pp. 43–69). VS Verlag für Sozialwissenschaften. https://doi.org/10.1007/978-3-531-90956-1_3

Werg, J., & Cerny, L. (2020). Jugendliche und nachhaltiger Konsum. Der Einfluss von sozialen Medien und Influencer/innen am Beispiel einer Wettbewerbskonzeption. *Ökologisches Wirtschaften*, *35*(2), 25–26. https://doi.org/10.14512/OEW35 0225

White, K., & Simpson, B. (2013). When do (and don't) normative appeals influence sustainable consumer behavior? *Journal of Marketing*, 77(2), 78–95. http://dx .doi.org/10.2307/23487414

Yilmaz, G., & Youngreen, R. (2016). The application of minority influence theory in computer-mediated communication groups. *Small Group Research*, *47*(6), 692–719. https://doi.org/10.1177%2F1046496416661033

Zerfaß, A., & Pleil, T. (Eds.). (2017). *Handbuch Online-PR. Strategische Kommunikation in Internet und Social Web* (2nd rev. ed.). Halem.

Sinnfluencer*innen: Der Schlüssel zu mehr Glaubwürdigkeit in Social Media? Ein Experiment zur Wahrnehmung von Nachhaltigkeitskommunikation auf Instagram

Jasmin Baake, Mareike Gensich, Theresa Kraus, Carolina Müller, Sophie Przyklenk, Patrick Rössler, Chelsea Walpert, Anne Marie Zang

Abstract:

Das zunehmende globale Bewusstsein für Nachhaltigkeit und der damit einhergehende Informationsbedarf der Bevölkerung schlägt sich derzeit auch in einer steigenden Popularität sogenannter Sinnfluencer*innen nieder. Der vorliegende Beitrag verortet dieses neuartige Phänomen zunächst theoretisch und bietet eine erste Definition aus kommunikationswissenschaftlicher Perspektive an. Ein Online-Experiment mit N = 944 Teilnehmenden untersucht anschließend die Relevanz der zentralen Glaubwürdigkeitsdimensionen *Sachkenntnis*, *Wohlwollen* und *Attraktivität* für die Beurteilung von Sinnfluencer*innen, die über Nachhaltigkeit kommunizieren. Als Grundlagen für deren Operationalisierung dienen auf den Online-Kontext angepasste Skalen zur *Celebrity Endorser Credibility* (1990) und das *Muenster Epistemic Trustworthiness Inventory* (2015). Für die mit jeweils einem (von zehn) professionell programmierten, fiktiven Instagram-Account als Stimulusmaterial konfrontierten Proband*innen spielten *Sachkenntnis* und *Wohlwollen* die wichtigste Rolle bei der Einschätzung der Sinnfluencer*innen-Glaubwürdigkeit. Die *Attraktivität* der Person beeinflusste das Glaubwürdigkeitsurteil indirekt, das für reine Influencer*innen deutlich niedriger ausfiel.

1. *Einleitung: Sinnfluencer*innen als digitale Meinungsführer*innen*

Die hohe Popularität von Influencer*innen markiert besonders für jüngere Zielgruppen einen drastischen Wandel der Medienöffentlichkeit, der gleichzeitig die Beziehungen zwischen journalistischer Berichterstattung und sozialen Medien neu verhandelt. Insbesondere der Kommunikationsplattform *Instagram*, die junge Onliner*innen verstärkt zur Rezeption von Nachrichten nutzen (Kümpel, 2020, S. 13), wird dabei eine Vermittlungs- und Informationsfunktion zugesprochen (Lüdecke & Schulz, 2011, S. 132). Dies betrifft zunehmend auch ernsthafte gesellschaftliche Diskurse, wobei vor allem das Thema Nachhaltigkeit vermehrt in den politischen und sozialen Fokus rückt (Fischer, 2019, S. 55; von Hauff et al., 2018, S. 17). Dabei wird speziell den sogenannten *Sinnfluencer*innen* (Mischwort aus *Sinn* und *Influencer*innen;* vgl. Jahnke, 2021, S. 8) ein transformierender Einfluss zugeschrieben: Ihre Reichweite nutzen sie primär zur Etablierung gesellschaftlicher und/oder politischer Themen in den sozialen Medien (Garff & Kochwasser, o.J.; Greife, 2019; Jahnke, 2021, S. 8). Als Definition dieses neuen Phänomens lässt sich festhalten:

> *Sinnfluencer*innen können als Untergruppe der klassischen Influencer*innen angesehen werden. Auf Grundlage ihrer eigenen Interessen und Überzeugungen kommunizieren sie als Expert*innen über gesellschaftlich relevante Themen – und primär über das der Nachhaltigkeit. Dabei agieren sie überwiegend in ihrem spezifischen Themengebiet und grenzen sich insofern von den klassischen Influencer*innen ab, als dass ihre Aktivitäten nicht vorrangig finanziell motiviert sind. Vielmehr wollen sie in ihrer Community explizit ein Bewusstsein für gesellschaftsrelevante Themen schaffen und ein Umdenken bewirken. Kommt es zu Kooperationen, fungieren sie eher als Markenbotschafter*innen und nicht als reine Werbefiguren.*

Wie die Wortschöpfung der *Sinnfluencer*innen* nahelegt, wird den betreffenden Kommunikator*innen – vor allem durch die klassischen Massenmedien, die den Begriff 2019 eingeführt und geprägt haben – eine *Sinnhaftigkeit* ihres Handelns zugeschrieben.

Insgesamt wurden 2019 circa 200 *grüne* Influencer*innen in Deutschland gezählt, die meist jung und weiblich waren (Benecke, 2019) und denen wiederum vorwiegend junge, weibliche Personen der „Generation Z“ (Personen, die im Jahr 2000 oder später geboren wurden) folgen (Garff & Kochwasser, o.D; Lütticke, 2019). Mit steigender Relevanz der kommunizierten Themen erweitert sich die Reichweite und Follower*innenzahl der Sinnfluencer*innen stetig. Als Beispiel für eine Sinnfluencerin sei Pia Schulze alias *piakraftfutter* genannt (51,2 Tsd. Follower*innen; Stand 28.06.2021).

Da Sinnfluencer*innen überwiegend eine Kommunikation zu spezifischen Themen betreiben, dürfen nicht pauschal alle Expert*innen im Online-Kontext zugleich als Sinnfluencer*innen bezeichnet werden. Angebracht ist der Begriff nur bei Expert*innen in Bereichen wie Politik, Selbstliebe, Achtsamkeit, Beziehungen, Psychologie, Bodypositivity, Klimawandel oder Nachhaltigkeit (Garff & Kochwasser, o.D; Haag, 2019; Jahnke, 2021, S. 8). Ebenso müssen Sinnfluencer*innen hauptsächlich und regelmäßig über diese Themen kommunizieren und selbst in dem Bereich aktiv sein oder zum Beispiel nachhaltig leben (Lütticke, 2019). Dadurch grenzen sie sich von Influencer*innen ab, die gesellschaftliche und politische Themen nur in einer niedrigen Frequenz ansprechen, neben ihren Kernthemen Beauty, Fashion und Lifestyle (Duckwitz, 2019, S. 4).

Liegt der Fokus der Sinnfluencer*innen auf Nachhaltigkeit, kommunizieren sie vor allem über „Umweltbewusstsein, faire Kleidung oder ökologisch korrekte Ernährung" (Garff & Kochwasser, o.D.) und wollen ihre Follower*innen durch eigenes Engagement zu nachhaltigen Initiativen motivieren (Garff & Kochwasser, o.D.). Nachhaltigkeitskommunikation geht demnach über eine reine Informations- und Wissensvermittlung hinaus und zielt darauf ab, das Leitbild einer nachhaltigen Entwicklung in der Gesellschaft zu verankern (Glathe, 2010, S. 51). In diesem Kontext verfügen Sinnfluencer*innen über ein hohes Potenzial, für ihre Follower*innen eine Aufklärungs- und Bildungsfunktion einzunehmen.

Dabei sind die Follower*innen als Laien auf die von Expert*innen (in diesem Fall auf die von Sinnfluencer*innen) bereitgestellten, wissensbasierten Informationen angewiesen (Bromme & Kienhues, 2014, S. 56–57). Es handelt sich somit um ein wechselseitiges Abhängigkeitsverhältnis, das insbesondere im Bereich der sogenannten *Socio-Scientific-Issues* (z. B. Diskussionen über Gentechnologie, Nuklearenergie) nochmals die Bedeutung von Vertrauensurteilen und Glaubwürdigkeitszuschreibungen unterstreicht (Bromme & Kienhues, 2014, S. 58–61). Auch die bisherige Glaubwürdigkeitsforschung legt nahe, dass das Wirkungspotenzial von Kommunikator*innen steigt, je eher sie als glaubwürdig eingeschätzt werden (vgl. Hovland et al., 1953; Jäckel, 2015; Ohanian, 1990). Doch die verbreitete Vermutung, dass sich Kommunikator*innen falsch darstellen würden (Bentele, 1988, S. 407), ist vor allem in entwickelten Informationsgesellschaften omnipräsent, da hier die Glaubwürdigkeitseinschätzung von medial kommunizierten Inhalten besonders kompliziert ist (Metzger & Flanagin, 2013, S. 210).

Gerade in den vergangenen zehn Jahren haben sich mit der Verbreitung des Internets und der sozialen Medien drastische Veränderungen in den Prozessen der Informationsvermittlung und der Meinungsbildung ergeben (Spangardt, 2019, S. 155). Der Wegfall von Gatekeeper*innen als Kontrollinstanz (Hoepner, 2017, S. 7) erhöht die Komplexität der Glaubwürdigkeitsbeurteilung in neuen Kommunikationstechnologien. Gleichzeitig nimmt dort die Konvergenz von informativen Inhalten und Werbung immer mehr zu, was für die Rezipierenden deren Unterscheidung zunehmend erschwert (Metzger & Flanagin, 2013, S. 211–212). Dies erscheint vor allem im Kontext der Influencer*innen und ihrer Kommunikation relevant, da diese zuweilen auch als Werbefiguren agieren (Duckwitz, 2019, S. 5). Aus diesem Grund nimmt gerade im Online-Kontext die Glaubwürdigkeit als „unsicherheitsreduzierendes Merkmal" (Küster-Rohde, 2010, S. 9) eine Schlüsselrolle ein: Sie ermöglicht den Rezipierenden, die Auswirkungen der von Sinnfluencer*innen vermittelten, nachhaltigkeitsbezogenen Informationen besser einzuschätzen. In der Gesamtschau stellen daher die wahrgenommene Glaubwürdigkeit von Sinnfluencer*innen und die

Faktoren für deren Entstehung einen wesentlichen Schlüssel zum Verständnis dieses Phänomens dar, was uns zu folgender Forschungsfrage führt: *Wie konstituiert sich die wahrgenommene Glaubwürdigkeit von Sinnfluencer*innen, die auf Instagram über Nachhaltigkeit kommunizieren?*

2. *Determinanten der Glaubwürdigkeitswahrnehmung bei Sinnfluencer*innen*

Eine erste Annäherung an diese Fragestellung kann auf den Erkenntnissen des *Yale Communication and Attitude Change Programs* (Hovland et al.,1953), der Forschung zur *Credibility Endorser Scale* (Ohanian, 1990) und dem *Muenster Epistemic Trustworthiness Inventory* (METI; Hendrik et al., 2015) aufbauen. Aus der Adaption bisheriger Konzepte der Glaubwürdigkeitsforschung im Online-Kontext ergibt sich somit ein Dreikomponenten-Konstrukt, das diejenigen Glaubwürdigkeitsdimensionen abbildet, die für über Nachhaltigkeit kommunizierende Sinnfluencer*innen relevant erscheinen (Abb. 1).

Abbildung 1: Dreikomponenten-Konstrukt der Glaubwürdigkeit im Online-Kontext

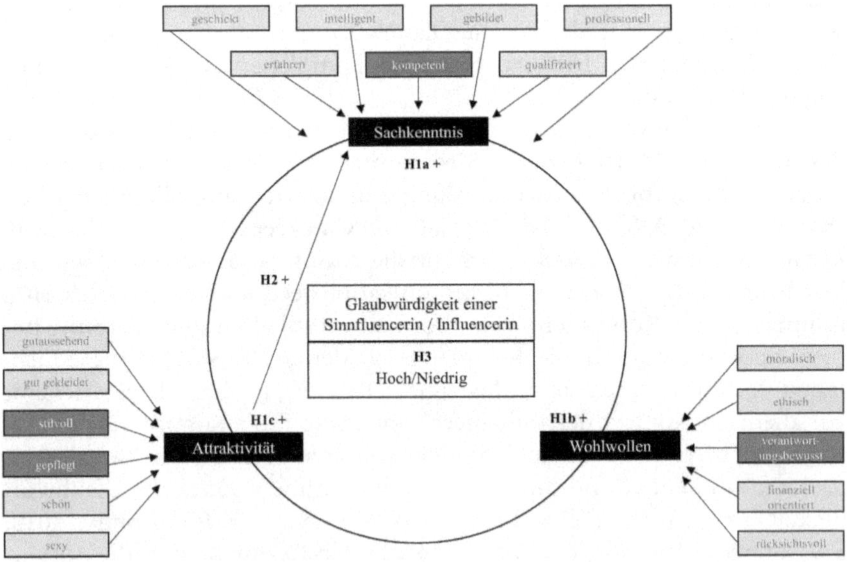

Anmerkung. Schwarze Kästen: verwendete Glaubwürdigkeitsdimensionen; dunkelgraue Kästen: manipulierte Items; hellgraue Kästen: weitere Items, die die Glaubwürdigkeitsdimension konstituieren.

Die Pionierstudien zur Kommunikator*innenglaubwürdigkeit von Hovland et al. (1953) definierten zwei Komponenten der Quellenglaubwürdigkeit: Zum einen die *Sachkenntnis*, das heißt das Ausmaß, in dem die Kommunikator*innen als Quellen wahrheitsgemäßer Aussagen wahrgenommen werden; und zum anderen die *Vertrauenswürdigkeit*, also den Grad, zu welchem eine Person darauf vertraut, dass die Kommunikator*innen Aussagen tätigen, denen sie selbst den größten Wahrheitsgehalt zuschreiben (Hovland et al., 1953, S. 21). Dieses zweidimensionale Glaubwürdigkeitsmodell von Hovland et al. (1953) muss – in Anlehnung an McGuires *Quellen-Attraktivitäts-Modell* (1985) sowie an Ohanians *Celebrity Endorser Credibility Scale* (1990) – um den dritten Faktor *Attraktivität* erweitert werden, der für die Wahrnehmung von Kommunikator*innen speziell im Influencer*innen-Bereich bedeutsam ist. Diese vor allem in der Werbewirkungsforschung und anhand von Testimonials untersuchte Glaubwürdigkeitsdimension vereint Zuschreibungen wie Nahbarkeit, physische Attraktivität und Sympathie einer Quelle sowie ihre Ähnlichkeit zu den Botschaftsempfänger*innen (Ohanian, 1990, S. 41). Da Ohanians Skala bereits auf in Social Media agierende Influencer*innen übertragen wurde (vgl. Schouten et al., 2019), gewinnt das klassische Glaubwürdigkeitsmodell durch die Adaption auf Internet-Testimonials erneut an Aktualität, nachdem es in den vergangenen 20 Jahren vorwiegend im Bereich der klassischen Werbewirkungsforschung eingesetzt wurde.

Durch die Digitalisierung steigt die Komplexität von Vertrauensurteilen an (Hendriks et al., 2015, S. 4), weshalb Hovlands Dimension der Vertrauenswürdigkeit in zwei Unterdimensionen zerfällt. In Anlehnung an die Skala des METI, welche die epistemische Vertrauenswürdigkeit eines Kommunikators misst (Hendriks et al., 2015, S. 3), beruht die Zuschreibung von Glaubwürdigkeit auf der *Integrität* und dem *Wohlwollen* der Sinnfluencer*innen. Letzteres bezieht sich auf den „guten Willen" von Kommunikator*innen, also ob altruistische oder egoistische Handlungsintentionen zugrunde liegen. *Integrität* beschreibt hingegen die Befolgung und Einhaltung bestimmter Normen und anerkannter Standards (Hendriks et al., 2015, S. 16).

Im Online-Kontext entwickeln sich die Prinzipien und Standards jedoch gerade erst, was zum Beispiel die bisher uneindeutige Rechtsprechung bezüglich der Werbekennzeichnungspflicht verdeutlicht (Ternès & Hagemes, 2018, S. 292). Dies zeigt, wie schwer es für die Rezipierenden sein kann, das Risiko von Betrug oder Falschinformationen einzuschätzen (Hendriks et al., 2015, S. 16). Deshalb kann angenommen werden, dass bei den Merkmalen Integrität und Wohlwollen eine besondere Sensibilität vorliegt, wenn es darum geht, Expert*innen Vertrauen zuzuschreiben (Bromme & Kienhues, 2014, S. 76).

Diese Überlegungen legen nahe, dass die Dimensionen *Sachkenntnis*, *Integrität*, *Wohlwollen* und *Attraktivität* für die Glaubwürdigkeitsbeurteilung der Sinnfluencer*innen relevant sein müssten. Allerdings belegen frühere Studien, dass die Dimension Integrität hoch mit der Dimension Wohlwollen korreliert und beide Konstrukte deswegen statistisch eine geringe Trennschärfe aufweisen (Hendriks et al., 2015, S. 9). Im Folgenden wird daher die Dimension Integrität nicht weiter separat behandelt; für die drei verbleibenden Dimensionen stellt sich schließlich die forschungsleitende Frage, ob und in welchem Ausmaß sie einen Einfluss auf die Glaubwürdigkeitswahrnehmung der über Nachhaltigkeit kommunizierenden Sinnfluencer*innen besitzen. Konkret wurde dieser Zusammenhang anhand von drei Hypothesen untersucht.

Hypothese 1 unterstellt zunächst allen drei Dimensionen einen positiven Zusammenhang mit der wahrgenommenen Glaubwürdigkeit. Für die *Sachkenntnis* begründet sich diese Annahme darin, dass Sinnfluencer*innen als Expert*innen auf ihrem spezifischen Interessengebiet verstanden werden – und Rezipierende ihnen aufgrund der von ihnen bereitgestellten Informationen zum Thema Nachhaltigkeit eine gewisse Sachkenntnis bezüglich dieses Socio-Scientific-Issues zusprechen. Allgemeiner hatten bereits Hovland et al. (1953) dargelegt, dass Sachkenntnis die wahrgenommene Glaubwürdigkeit einer Quelle beeinflusst (S. 21).

> H1a: Über Nachhaltigkeit kommunizierende Sinnfluencer*innen, denen eine hohe Sachkenntnis zugeschrieben wird, werden glaubwürdiger wahrgenommen als Sinnfluencer*innen, denen eine geringe Sachkenntnis zugeschrieben wird.

Außerdem handelt es sich bei der medienvermittelten Interaktion zwischen Sinnfluencer*innen und ihren Abonnierenden um eine Situation, in der die Rezipierenden die Absicht ihrer Kommunikationspartner*innen nicht eindeutig einschätzen können (Bromme & Kienhues, 2014, S. 75). Da Sinnfluencer*innen jedoch aus einer ideellen Motivation heraus agieren und ihre Intention die Vermittlung von nachhaltigen Themen ist (Garff & Kochwasser, o.J.; Greife, 2019), liegt nahe, dass ihr Handeln verantwortungsbewusst und an der Gesellschaft orientiert erscheint. Dieser bei den Rezipierenden hervorgerufene Eindruck eines *Wohlwollens* führt nach Hendriks et al. (2015, S. 16) wiederum zu einer Steigerung der wahrgenommenen Glaubwürdigkeit.

H1b: Über Nachhaltigkeit kommunizierende Sinnfluencer*innen, denen ein hohes Wohlwollen zugeschrieben wird, werden glaubwürdiger wahrgenommen als Sinnfluencer*innen, denen ein geringes Wohlwollen zugeschrieben wird.

Da der Untersuchungskanal Instagram stark bildlich geprägt ist und der Informationsaustausch in erster Linie visuell erfolgt (Gunkel, 2018, S. 97), gewinnt über die beiden Dimensionen Sachkenntnis und Wohlwollen hinaus auch der Faktor *Attraktivität* an Bedeutung. Dem äußeren Erscheinungsbild der Influencer*innen wird dabei eine tragende Rolle für die persuasive Wirksamkeit ihrer kommunikativen Botschaften zugewiesen (Gutjahr, 2019, S. 121). Folglich lässt sich vermuten, dass die visuelle Komponente auch im Fall von Sinnfluencer*innen und ihrer Kommunikation über das wissenschaftsnahe Thema Nachhaltigkeit für den Prozess der Glaubwürdigkeitszuschreibung bedeutsam ist.

H1c: Über Nachhaltigkeit kommunizierende Sinnfluencer*innen, denen eine hohe Attraktivität zugeschrieben wird, werden glaubwürdiger wahrgenommen als Sinnfluencer*innen, denen eine geringe Attraktivität zugeschrieben wird.

Über diese isolierten Zusammenhänge hinaus stellt sich die Frage nach den Beziehungen zwischen den genannten Einflussdimensionen. So konnte innerhalb der Wissenschaftskommunikation bereits nachgewiesen werden, dass – vorrangig bei Kommunikatorinnen – ein unattraktives Erscheinungsbild die Wahrnehmung der Expertise durch Laien erhöhen kann. Diesen Erkenntnissen zufolge bekräftigt innerhalb der Wissenschaftskommunikation eine *geringe* Attraktivität den Eindruck eines *„guten Wissenschaftlers"* (Gheorghiu et al., 2017, S. 5970–5971). Aufgrund der Berührungspunkte des Socio-Scientific-Issues Nachhaltigkeit mit wissenschaftlichen Aspekten könnte diese Beziehung zwischen den Glaubwürdigkeitsdimensionen Attraktivität und Sachkenntnis auch auf die Wahrnehmung eines *„guten Sinnfluencers"* bzw. einer *„guten Sinnfluencerin"* zutreffen.

H2: Je geringer die wahrgenommene Attraktivität der über Nachhaltigkeit kommunizierenden Sinnfluencer*innen, desto mehr Sachkenntnis wird ihnen zugeschrieben.

Schließlich bleibt zu fragen, inwiefern sich Sinnfluencer*innen als neue kommunikative Akteure im Hinblick auf ihre Glaubwürdigkeit tatsächlich von den Influencer*innen abgrenzen. Aufgrund ihrer ideellen Motivation und dem Streben, Verantwortung für die Gesellschaft, ihre Follower*innen und besonders die Umwelt zu übernehmen (Baurmann, 2019), liegt es nahe, dass Sinnfluencer*innen mit ihrer Nachhaltigkeitskommunikation glaubwürdiger erscheinen. Dagegen sind Influencer*innen überwiegend in den Bereichen Beauty, Fashion und Lifestyle tätig (Duckwitz, 2019, S. 4), weshalb eine Kommunikation über Nachhaltigkeit schnell unpassend und somit unglaubwürdig erscheinen kann.

> H3: Die über Nachhaltigkeit kommunizierenden Sinnfluencer*innen werden glaubwürdiger wahrgenommen als die über Nachhaltigkeit kommunizierenden Influencer*innen.

3. *Zur Methodik des Online-Experiments*

3.1 *Verfahren, Forschungsdesign und Manipulation*

Abbildung 2: Experimental- und Kontrollgruppendesign

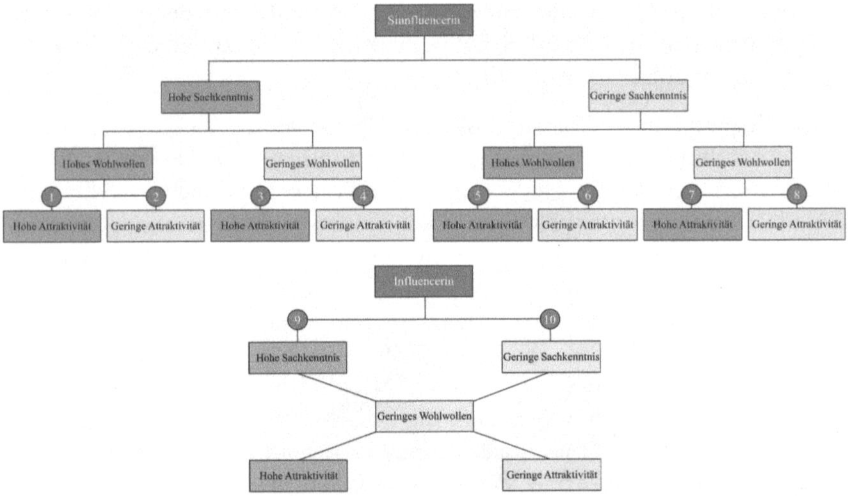

Anmerkung. Oben: Experimentalgruppen mit Sinnfluencerin (Account 1–8) / unten: Kontrollgruppen mit Influencerin (Account 9 & 10).

Zur Prüfung dieser Hypothesen wurde ein Online-Experiment mit Pretest-Posttest-Kontrollgruppen-Design durchgeführt, für das zwischen März und Mai 2020 N = 944 Proband*innen (Zielgruppe: 14- bis 25-Jährige) zu zwei Messzeitpunkten (direkt *vor* Rezeption eines Instagram-Stimulus und unmittelbar *danach*) befragt wurden. Mittels Randomisierung wurden die Proband*innen einer von acht Experimental- (*2x2x2-Design;* Account

1 bis 8) oder zwei Kontrollgruppen zugeteilt (Account 9 und 10; Abb. 2). Jeder der zehn als Stimulus vorgelegten Accounts umfasste eine Profilbeschreibung und ein Profilfoto einer weiblichen Person, inszeniert entweder als Sinnfluencerin (Experimentalgruppen; Extrema Abb. 3) oder als Influencerin (Kontrollgruppen). Beide kommunizieren in unterschiedlicher Frequenz über das Thema Nachhaltigkeit. Alle Stimulusvariationen sind im digitalen Anhang zu diesem Aufsatz einsehbar: https://www.nomos-shop.de/isbn/978-3-8487-8221-5

Abbildung 3: Stimulusmaterial (Dimensionen in extremer Ausprägung)

Anmerkung. Links: Sinnfluencerin mit hoher Glaubwürdigkeit (= hohe Sachkenntnis, hohes Wohlwollen, hohe Attraktivität) / rechts: Sinnfluencerin mit geringer Glaubwürdigkeit (= geringe Sachkenntnis, geringes Wohlwollen, geringe Attraktivität).

Um die Vergleichbarkeit der verschiedenen Accounts zu gewährleisten, blieben der Geburtsname, die Beitrags- und Abonnierendenzahl sowie die Anzahl der abonnierten Personen jeweils konstant. Die Unterscheidung zwischen Sinnfluencerin und Influencerin erfolgte in erster Linie über den thematischen Fokus ihrer Beiträge: Dieser lag bei der fiktiven Sinnfluencerin auf dem Thema *Nachhaltigkeit* (nachhaltige DIY's, Kauf regionaler Produkte, Zugreise, Podcast über Nachhaltigkeit), während die themenspezifische Kommunikation der fiktiven Influencerin hauptsächlich in den Bereichen *Beauty* und *Lifestyle* angesiedelt war (teure Markenkleidung, Kauf von Fastfood, Flugreise, Lifestyle-Podcast). Unterstrichen wurde die thematische Ausrichtung durch den jeweiligen Benutzernamen (*mariegoesgreen* und *marielovesbeauty*) und die Angabe zum jeweiligen Studienfach (Master Nachhaltigkeitswissenschaft oder Kosmetikwisssenschaften) bzw. dem Interessengebiet (siehe Online-Anhang Tabelle L).

Neben dem Profilfoto und der Profilbeschreibung umfassten die Accounts der Sinnfluencerin je neun exemplarische Beiträge zu unterschiedlichen nachhaltigen Sachverhalten, angelehnt an die *17 Sustainable Development Goals* der *UNESCO;* die Accounts der Influencerin umfassten lediglich drei Beiträge mit nachhaltiger Ausrichtung. In allen Posts erfolgte bei gleichbleibenden Beitragsthemen eine systematische Manipulation der drei Glaubwürdigkeitsdimensionen[1] sowohl auf textueller als auch auf visueller Ebene. Beispielsweise wurde die Dimension Sachkenntnis anhand der Rechtschreibung und des Bildungsgrads variiert (siehe Online-Anhang Tabelle M).

Diese Manipulationen umfassten zwangsläufig nur einzelne Aspekte der Dimensionen wahrgenommener Glaubwürdigkeit, die in Bezug auf den Kommunikationskanal Instagram erstmalig für eine Untersuchung zusammengeführt wurden. Um diese Dimensionen im Fragebogen messbar zu machen und als Konstrukte mithilfe mehrerer Items zu erheben, adaptierte die Studie Instrumente der *Celebrity Endorser Credibility Scale* von Ohanian (1990; *Sachkenntnis* und *Attraktivität*) und des *METI* von Hendriks et al. (2015; *Wohlwollen*). Aus der Zusammenführung beider Skalen[2]

---

1 Als Ausnahme hiervon wird in den beiden Kontrollgruppen die Dimension des Wohlwollens nicht variiert, um den Fokus primär auf die Beziehung zwischen Sachkenntnis und Attraktivität zu legen. Da angenommen wird, dass Influencer*innen im Vergleich zu Sinnfluencer*innen eher kommerziell orientiert sind, wird das Wohlwollen der Influencerin daher in seiner negativen Ausprägung konstant gehalten.

2 Die Skalen aller Glaubwürdigkeitsdimensionen erwiesen sich als reliabel (Sachkenntnis α =.94, Wohlwollen α =.90, Attraktivität α =.89).

und unter Berücksichtigung von Item-Dopplungen ergab sich schließlich ein Dreikomponenten-Konstrukt (s.o., Abb. 1), welches als Grundlage für das experimentelle Design herangezogen wurde. Dabei wurden die Items jeweils in ihrer starken beziehungsweise schwachen Ausprägung manipuliert und in Form von semantischen Differentialen auf einer siebenstufigen Likert-Skala (1 = positive Einschätzung, 7 = negative Einschätzung) abgefragt.

Da aufgrund der Vielzahl der Faktoren nicht alle Variablen im Online-Experiment variiert werden konnten, wurde deren Stellenwert zuvor anhand eines *Paper-Pencil-Pretests* mit N = 49 Studierenden überprüft. Aufbauend auf diesen Ergebnissen wurde jeweils ein Item herausgefiltert, welches den Teilnehmenden am relevantesten für die jeweilige Glaubwürdigkeitsdimension erschien, und schließlich zur Stimulusgestaltung herangezogen (Sachkenntnis: kompetent-inkompetent; Wohlwollen: verantwortungsbewusst-verantwortungslos; Attraktivität: stilvoll-stillos).

Im *Pretest des Stimulusmaterials* bestätigte sich, dass die Zuschreibung von Attraktivität stark kontextabhängig und subjektiv erfolgt (Gheorghiu et al., 2017, S. 5974). Deswegen wurde allein die Attraktivität über *zwei* Kriterien manipuliert und dafür zusätzlich das Eigenschaftspaar *gepflegt-ungepflegt* herangezogen. Dieses war – gemeinsam mit der Ausprägung Stil – auf visueller Ebene einfach zu manipulieren (z. B. über Kleidung, Frisur, Make-Up). Abschließend wurde die moralische und ethische Vertretbarkeit des Online-Experiments insbesondere im Hinblick auf die minderjährigen Proband*innen in einem weiteren Pretest mit Erziehenden, einer Schulsozialarbeiterin sowie Personen der Zielgruppe (N = 14) überprüft. Dabei wurde das Stimulusmaterial von allen Beteiligten als moralisch und ethisch unbedenklich eingestuft.

Da Sinnfluencer*innen ein „Internet-Phänomen" (Spangardt, 2019, S. 161) darstellen, nahmen die Proband*innen an dem Online-Experiment mit ihrem eigenen Smartphone unter Feldbedingungen teil. Zur Absicherung der externen Validität ermöglichte dies einen realistischen Rezeptionskontext des Stimulus, da Sinnfluencer*innen und Influencer*innen allen voran über Instagram kommunizieren (Baurmann, 2019) und die App ihren vollen Leistungsumfang insbesondere über das Smartphone entfaltet (Schuegraf & Börner, 2019, S. 52; Spangardt, 2019, S. 161). Die maximale Betrachtungszeit des Stimulus war auf zehn Minuten begrenzt, wobei die Proband*innen die Möglichkeit hatten, die Betrachtung vorzeitig zu beenden. Die einzelnen Beiträge konnten geliked werden; weitere Account-Funktionen wurden hingegen bewusst eingeschränkt, um den Fokus der Teilnehmenden auf die Kenntnisnahme der Texte und Bilder zu lenken. Alle Proband*innen, die die Befragung nicht am privaten Smartphone durchgeführt haben und keinen Instagram-Account besaßen, wurden von den weiteren Analysen ausgeschlossen.

3.2 Stichprobe und Verteilung

Die Stichprobe (N = 944) wurde über verschiedene Online-Aufrufe und -Kontakte rekrutiert und setzt sich insgesamt aus 264 männlichen (28 %) und 671 weiblichen (71 %) sowie neun diversen Befragten (1 %) zusammen. Das Durchschnittsalter der Befragten lag bei 20,1 Jahren (SD = 2.4; Spannweite 14–25 Jahre), davon waren 143 Personen (15,1 %) minderjährig und 801 Personen (84,9 %) volljährig. Über die Hälfte (53 %) der Teilnehmenden verfügt über eine Hochschulreife (siehe Online-Anhang Tabelle N).

Jede der Pre-Post-Erhebungsgruppen umfasst nach der randomisierten Zuordnung in einer ausgeglichenen Verteilung jeweils über 90 Proband*innen. Wir sehen die zehn experimentellen Vergleichsgruppen als grundsätzlich vergleichbar an, denn die Überprüfung ihrer Zusammensetzungen anhand der soziodemografischen Merkmale erbrachte keine Hinweise auf systematische Unterschiede zwischen den Proband*innen der zehn Accounts. Allerdings ist zu beachten, dass einzelnen Auswertungen, die nicht auf der Experimentallogik beruhen, damit lediglich ein Convenience Sample zugrunde liegt, das keinerlei Anspruch auf Repräsentativität erhebt, womit eine Verallgemeinerung der Befunde nur unter Vorbehalt erfolgen sollte.

3.3 Manipulation Check

In einem ersten Schritt zeigte der Manipulation Check, dass die beabsichtigten Stimulus-Variationen von jeweils hoher oder geringer Sachkenntnis, Wohlwollen und Attraktivität in den Experimental- und Kontrollgruppen erfolgreich waren. Die vergleichende Abfrage der Adjektivpaare, die sich auf die manipulierten Glaubwürdigkeitsdimensionen bezogen, ergab für die Experimentalgruppen (Account 1 bis 8), dass Proband*innen, die eine attraktive Sinnfluencerin zu sehen bekamen, diese im Mittel stilvoller und gepflegter einschätzten als Proband*innen, die eine weniger attraktive Sinnfluencerin sahen. Analog wurde eine als sachkundig bzw. wohlwollend dargestellte Sinnfluencerin im Durchschnitt kompetenter bzw. verantwortungsbewusster bewertet als eine weniger sachkundig bzw. weniger wohlwollend inszenierte Sinnfluencerin (Tab. 1). In einem zweiten Schritt ergab die Überprüfung der Manipulation innerhalb der Kontrollgruppen (Account 9 und 10) dieselben signifikanten Unterschiede (mit Ausnahme des konstant negativ gehaltenen Wohlwollens).

Tabelle 1: Manipulation Check für die Glaubwürdigkeitsdimensionen

			Experimentalgruppen (n = 376–378)			**Kontrollgruppen** (n= 95–96)		
Glaubwürdigkeits-Dimension	**Manipulierte Variable**	**Ausprägung**	*M*	*SD*	*p*	*M*	*SD*	*p*
Attraktivität	Stil	+	2.44	1.07	<.001	3.04	1.32	<.001
		-	3.08	1.24		4.16	1.42	
	Gepflegtheit	+	1.76	0.89	<.001	1.80	0.83	<.001
		-	2.36	1.19		3.06	1.21	
Sachkenntnis	Kompetenz	+	2.61	1.18	<.001	3.71	1.45	<.001
		-	3.37	1.56		4.66	1.59	
Wohlwollen	Verantwortungsbewusstsein	+	2.02	1.00	<.001	(nicht manipuliert)		.042
		-	2.43	1.32		4.01	1.58	

T-Tests zwischen unabhängigen Stichproben; Mittelwerte auf einer siebenstufigen Skala mit jeweils 1 = positiv und 7 = negativ

Darüber hinaus wurde der Erfolg der Manipulation auch durch den Vergleich verschiedener Kombinationen von jeweils zwei Dimensionen überprüft, um die Interaktionen zwischen den Stimulusvariationen zu identifizieren. Eine einfaktorielle Varianzanalyse für die jeweiligen Kombinationen bestätigte für alle Merkmalspaare eine signifikant unterschiedliche Einschätzung der Sinnfluencerin bzw. Influencerin durch die Proband*innen für die einschlägigen Eigenschaften (siehe Online-Anhang Tabelle O). Aufgrund der Testvergleiche für die Experimental- und Kontrollgruppen kann daher insgesamt bestätigt werden, dass die Manipulation der Stimuli erfolgreich war.

4. Die Wahrnehmung von Sinnfluencerinnen: Empirische Befunde

Hypothese 1 formulierte drei Haupteffekte, denen zufolge zwischen den einzelnen Gruppen ein Unterschied in der wahrgenommenen Glaubwürdigkeit besteht, je nachdem, ob die Proband*innen jeweils mit einer stärkeren oder schwächeren Ausprägung der einzelnen Glaubwürdigkeitsdimension konfrontiert wurden. Mittelwertvergleiche zeigen signifikante Ergebnisse für H1a, H1b und H1c (Tab. 2). Das heißt, dass sich für Sinnfluencerinnen der Einfluss der wahrgenommenen Sachkenntnis, ihres Wohlwollens und ihrer Attraktivität auf die Zuschreibung von Glaubwürdigkeit grundsätzlich bestätigt, wenn man jede der Dimensionen jeweils isoliert betrachtet.

Tabelle 2: Haupteffekte der manipulierten Dimensionen Sachkenntnis, Wohlwollen und Attraktivität auf die wahrgenommene Glaubwürdigkeit der Sinnfluencerinnen

Manipulierte Dimension	**Ausprägung**	*n*	*M*	*SD*	*T*	*df*	*p*
Sachkenntnis	+	377	2.81	1.42	5.658	720.800	.000
	-	376	3.47	1.75			
Wohlwollen	+	378	2.92	1.55	3.749	745.265	.000
	-	375	3.36	1.68			
Attraktivität	+	376	2.97	1.50	2.781	735.997	.006
	-	377	3.30	1.73			

T-Tests zwischen unabhängigen Stichproben; Mittelwerte auf einer siebenstufigen Skala mit jeweils 1 = positiv und 7 = negativ

Das Experimentaldesign erlaubt auch die varianzanalytische Untersuchung von Interaktionseffekten erster und zweiter Ordnung zwischen den manipulierten Dimensionen mittels einer mehrfaktoriellen ANOVA (siehe Online-Anhang Tabelle P). Das signifikante Gesamtmodell[3] weist eine Varianzaufklärung von 61 Prozent auf und bestätigt einen Haupteffekt von Sachkenntnis ($p \leq .001$) und Wohlwollen ($p \leq .001$) auf die wahrgenommene Glaubwürdigkeit. Demzufolge kann Sachkenntnis etwa 13,1 Prozent und Wohlwollen 7,1 Prozent der Gesamtvarianz in der Glaubwürdigkeit erklären. Für die Attraktivität zeigt sich lediglich im Zusammenspiel mit den Variablen Sachkenntnis und Wohlwollen ein Interaktionseffekt ($p = .003$), der in künftigen Untersuchen genauer beleuchtet werden sollte. Die Interaktion zwischen den drei Dimensionen kann für die Glaubwürdigkeit 11,1 Prozent der Gesamtvarianz erklären. Somit können H1a und

3 Alle Voraussetzungen bis auf die Normalverteilung und die Varianzhomogenität ($p < .001$) sind erfüllt.

H1b hinreichend bestätigt werden, während H1c nicht hinreichend angenommen werden kann.

Zu Hypothese 2 belegen die Daten einen signifikanten Unterschied im Hinblick auf die abgefragte, wahrgenommene Sachkenntnis in Abhängigkeit der manipulierten Attraktivität der Sinnfluencerin (siehe Online-Anhang Tabelle Q). Da aber die attraktivere Sinnfluencerin im Mittel als kompetenter beurteilt wird (M = 2.58) als eine weniger attraktive Sinnfluencerin (M = 3.05) (t (714.53) = 4.71, p <.001), widersprechen die Ergebnisse den Annahmen von H2, die damit in dieser Studie keine Unterstützung findet. Auf Instagram trägt ein attraktiveres Erscheinungsbild eher dazu bei, dass die Sinnfluencerin auch für kompetenter gehalten wird.

Zur Überprüfung der dritten Hypothese werden die beiden Kontrollgruppen als Referenz hinzugezogen, um zu untersuchen, ob sich die wahrgenommene Glaubwürdigkeit der vorgestellten Sinnfluencerin von der Einschätzung derselben Person unterscheidet, wenn diese dieselben Botschaften in der Rolle einer Influencerin übermittelt. Aufgrund ihrer gleichen Ausprägungen der Dimensionen werden Account 3 (S+, W-, A+) und Account 8 (S-, W-, A-) paarweise mit den Kontrollgruppen-Accounts 9 bzw. 10 verglichen (Tab. 3).

Tabelle 3: Kontrollgruppenvergleich – Einschätzung der wahrgenommenen Glaubwürdigkeit von Sinnfluencerin und Influencerin

Dimensionen	Account	*n*	*M*	*SD*	*T*	*df*	*p*
hohe Sachkenntnis, hohe Attraktivität	Sinnfluencerin	95	3.18	1.523	6.109	182.530	.000
	Influencerin	95	4.66	1.814			
geringe Sachkenntnis, geringe Attraktivität	Sinnfluencerin	94	4.43	1.805	2.193	188	.030
	Influencerin	96	4.98	1.673			

T-Test zwischen unabhängigen Stichproben; Mittelwerte auf einer siebenstufigen Skala mit 1 = hoher und 7 = geringer Glaubwürdigkeit

Dabei zeigt sich ein signifikanter Unterschied in der Glaubwürdigkeitswahrnehmung der Accounts in der Experimentalbedingung, woraus sich schließen lässt, dass die über Nachhaltigkeit kommunizierende Sinnfluencerin grundsätzlich glaubwürdiger wahrgenommen wird als die über Nachhaltigkeit kommunizierende Influencerin. Betrachtet man zusätzlich die beiden Merkmalskombinationen, so erstaunt der Befund, wonach selbst eine *Sinn*fluencerin auf Instagram, deren Selbstpräsentation auf geringe Sachkenntnis schließen lässt und deren Äußeres weniger attraktiv ist, immer noch tendenziell mindestens ebenso glaubwürdig eingeschätzt wird (M = 4.43) wie eine kompetente und attraktive *In*fluencerin (M = 4.66).

*5. Glaubwürdigkeit als Kapital von Sinnfluencer*innen: Diskussion, Ausblick und Limitation*

5.1 Diskussion und Ausblick

Die vorliegende Studie sollte aufzeigen, wie sich die Glaubwürdigkeit von Sinnfluencer*innen konstituiert, die auf Instagram über Nachhaltigkeit berichten. Für alle experimentell manipulierten Glaubwürdigkeitsdimensionen konnte zunächst ein signifikanter Einfluss auf die wahrgenommene Glaubwürdigkeit bestätigt werden. Im Vergleich zeigte sich für die Dimension Sachkenntnis der stärkste Effekt, was sich damit begründen lässt, dass Sinnfluencer*innen als Expert*innen auf ihrem spezifischen Interessengebiet gelten und ihr Wissen mit ihrer Followerschaft teilen. Die Follower*innen sind dabei auf die bereitgestellten Informationen der Sinnfluencer*innen angewiesen (vgl. Bromme & Kienhues, 2014, S. 56–57), deren Nachhaltigkeitskommunikation im Bereich der sogenannten Socio-Scientific-Issues angesiedelt ist. Da laut Taschwer (1996) die „Hauptbedingung für eine geglückte Wissenschaftsrezeption" (S. 85) wiederum die Glaubwürdigkeit der Botschaft ist, und auch Gebhard und Kleene (2014) Glaubwürdigkeit als Erfolgsfaktor für Social-Media-Kommunikation nennen (S. 251), scheint die wahrgenommene Sachkenntnis von Sinnfluencer*innen die wichtigste Determinante für den Erfolg ihrer Nachhaltigkeitskommunikation zu sein. Daher sollten sie sich umfassend mit der von ihnen behandelten Thematik auseinandersetzen und sich in diesem Feld Wissen aneignen, wenn sie ein Umdenken bei ihrer Community bewirken und eine Aufklärungs- und Bildungsfunktion einnehmen wollen.

Dafür scheint es allerdings unabdingbar, dass die Sinnfluencer*innen wohlwollend durch die Rezipierenden wahrgenommen werden und eine Vertrauensbasis mit diesen aufbauen. Dies spiegelt jene theoretischen Annahmen wider, denen zufolge es einer epistemischen Vertrauenswürdigkeit und einer wohlwollenden Kommunikation bedarf, damit sich die Rezipierenden auf die Expert*innen verlassen und auf ihr Wissen vertrauen können (Hendriks et al., 2015, S. 3; 2016, S. 152). Dieses Vertrauen wird insbesondere im Online-Umfeld zu einer kritischen Größe bei der Glaubwürdigkeitszuschreibung (Hendriks et al., 2015, S. 2), weshalb Sinnfluencer*innen nur mit Bedacht Kooperationen eingehen und keine Unwahrheiten verbreiten sollten. Dadurch können sie im Umkehrschluss auch den

Erfolg ihrer Nachhaltigkeitskommunikation auf Instagram steigern (vgl. Gebhardt & Kleene, 2014, S. 251).

Aus Rezipierendensicht scheinen Sachkenntnis und Wohlwollen wichtige Anhaltspunkte für die Glaubwürdigkeitsbewertung von Sinnfluencer*innen zu sein. Für die Dimension Attraktivität ließ sich ebenfalls ein signifikanter Effekt nachweisen, der jedoch nur durch die Interaktion mit den Dimensionen Sachkenntnis und Wohlwollen zustande kommt. In der vorrangig visuell geprägten App Instagram war zu erwarten, dass ein attraktives Äußeres eine tragende Rolle spielt (Gunkel, 2018, S. 97). Umso überraschender ist es, dass trotz dieses bildbasierten Mediums kein Haupteffekt gefunden werden konnte.

Eine Erklärung bietet die Themengrundlage, anhand derer Sinnfluencer*innen der „Sinn" in ihrer Tätigkeit zugesprochen wird. Denn für Sinnfluencer*innen liegt der Themenfokus ausdrücklich *nicht* auf einem makellosen Aussehen entsprechend der gängigen Schönheitsideale. Demgegenüber behandeln klassische Influencer*innen meist Themen wie Beauty, Fashion und Lifestyle (Duckwitz, 2019, S. 4), die sich weitaus stärker auf das perfekte äußere Erscheinungsbild einer Person beziehen; für sie markiert Attraktivität seit jeher einen kritischen Erfolgsfaktor (Gutjahr, 2019, S. 121).

Das positive Zusammenspiel von Attraktivität mit Sachkenntnis und Wohlwollen steht dem aus der Wissenschaftskommunikation bekannten Befund entgegen, wonach eine geringe Attraktivität mit der Wahrnehmung einer hohen Sachkenntnis einhergeht. Einen solchen Zusammenhang konnte die vorliegende Studie nicht bestätigen (H2): Obwohl die Nachhaltigkeitskommunikation ein Socio-Scientific-Issue darstellt, scheint ein weniger attraktiveres Äußeres der Sinnfluencer*innen die Zuschreibung von Kompetenz *nicht* zu begünstigen. Dies könnte in der Tatsache begründet liegen, dass der Kanal Instagram für gewöhnlich nicht für die Distribution wissenschaftsverwandter Themen verwendet, sondern zur Unterhaltung genutzt wird (Rother, 2019, S. 39), und dahingehend eine andere Dynamik aufweist als Fachmedien.

Vielmehr steht das Ergebnis im Einklang mit dem sogenannten *beauty-is-good stereotype* (vgl. Dion et al., 1972), wonach attraktiven Personen positivere Eigenschaften beigemessen werden als weniger attraktiven (vgl. auch Patzer, 1995; Reingen & Kernan, 1993). Das Phänomen konnte bereits für Anzeigenwerbung bestätigt werden (vgl. Gierl & Praxmarer, 2000), was nahelegt, dass solche Zusammenhänge ebenso bei Sinnfluencer*innen auftreten können. Unterstützt wird das Stereotyp durch den sogenannten *Halo-Effekt*, demzufolge auf Grundlage „leicht wahrnehmbarer Merkmale ... ein Gesamturteil gebildet" wird (Gierl & Praxmarer, 2000, S. 27 f.), welches die weitere Urteilsbildung beeinflusst. Die Attraktivität der Sinnfluencer*innen repräsentiert in diesem Zusammenhang eine solche leicht zugängliche Information, die als Bewertungskriterium herangezogen werden kann. Dieses Einzelurteil mag dann wiederum die Grundlage für spätere Beurteilungen in Bezug auf die Kompetenz des Kommunikators bzw. der Kommunikatorin darstellen. Dieser Prozess wurde bereits in der Celebrity Endorser Credibility Scale von Ohanian (1990) aufgegriffen, die heutzutage unter anderem in der Werbewirkungsforschung zu Influencer*innen Anwendung findet (Schouten et al., 2019, S. 5).

Schließlich deuten die vorliegenden Ergebnisse darauf hin, dass über Nachhaltigkeit kommunizierende Sinnfluencer*innen glaubwürdiger wahrgenommen werden als über Nachhaltigkeit kommunizierende Influencer*innen (H3). Dies lässt sich auf die ideelle Motivation der Sinnfluencer*innen zurückführen. Hingegen brechen Influencer*innen, die Nachhaltigkeitskommunikation betreiben, aus ihren eigentlichen Domänen aus. Das Online-Experiment simulierte dies dadurch, dass sich die gezeigte Influencerin – im Gegensatz zur Sinnfluencerin – in nur drei der neun einsehbaren Beiträge mit nachhaltigkeitsrelevanten Inhalten beschäftigt hat. Ihr eigentliches Themengebiet umfasste die Bereiche Beauty und Lifestyle, in denen auch nicht-nachhaltiges Handeln dargestellt war. Dadurch erschien die Nachhaltigkeitskommunikation der Influencerin vermutlich weniger im Einklang mit ihren Grundüberzeugungen und somit weniger authentisch. Für die Praxis bedeutet dies, dass eine hohe Glaubwürdigkeit von Kommunikator*innen auch davon abhängen könnte, ob das jeweilige Themenfeld fortlaufend bespielt wird. Zudem muss die Kommunikation zu den persönlichen Werten und dem Lebensstil der Instagrammer*innen passen. Denn es gilt: Authentizität und Kontinuität scheinen auf diesem Kanal die wichtigste Währung zu sein.

Trotz ihrer hehren Absichten bewegen sich Sinnfluencer*innen in einem Kontinuum zwischen Wissenschafts- und Marketingkommunikation. Obwohl sie mit der Nachhaltigkeit ein wissenschaftsverwandtes Thema behandeln, können sie sich dem visuell ausgerichteten Bewertungsmuster auf Instagram nicht vollends entziehen. Sinnfluencer*innen stellen daher eine Art *Hybrid* dar, der wissensbasierte Kommunikation mit einem bildbasierten Austausch vereint. Bei ihrer Glaubwürdigkeitszuschreibung greifen daher sowohl die auf die Kompetenz und Vertrauenswürdigkeit ausgelegten Bewertungskriterien von Expert*innen als auch die primär visuellen Maßstäbe des Influencer Marketings.

Für den Nachhaltigkeitssektor ergibt sich aus den Befunden die Empfehlung, dass im Hinblick auf ein „grünes Image" nicht primär mit klassischen, ein visuell attraktives Erscheinungsbild betonenden Influencer*innen kooperiert werden sollte. Diese brechen mit Nachhaltigkeitskommunikation aus ihrer gewöhnlichen Expertise aus und machen sich dadurch unglaubwürdig. Hingegen ist es für Sinnfluencer*innen unerlässlich, eine fundierte Wissensbasis (= Sachkenntnis) und ein gewisses Verantwortungsbewusstsein (= Wohlwollen) vorzuweisen, um ihre Bildungs- und Aufklärungsfunktion glaubwürdig ausüben zu können. Nur so ist es schließlich möglich, eine solche Vermittlung nachhaltiger Inhalte auf Instagram zu etablieren, mit der Sinnfluencer*innen ein Umdenken in ihrer Community bewirken können.

5.2 Limitationen

Bei der Interpretation der Untersuchungsergebnisse sind verschiedene Limitationen zu beachten: Zunächst erscheint eine gesonderte Untersuchung der Rolle der wahrgenommenen Attraktivität für eine umfassendere Interpretation erforderlich. Im Rahmen des vorliegenden Forschungsdesigns wurden nicht alle Dimensionen gleichermaßen manipuliert, da die Darbietung der Attraktivität im Gegensatz zu den beiden anderen Dimensionen primär visuell und nicht textuell erfolgte. Vor diesem Hintergrund ist es denkbar, dass die Proband*innen den Stimulus hinsichtlich der Attraktivität (ungeachtet des erfolgreichen Manipulation Checks) aufgrund ihrer subjektiven Einschätzung weniger eindeutig wahrgenommen haben als bei den übrigen Dimensionen (Gheorghiu et al., 2017, S. 5974). Hier besteht Raum für Folgestudien, die verschiedenen Varianten von Attraktivität einbeziehen. Zusätzlich konnte die Attraktivität nicht drastisch variiert werden, da die Darstellerin im Stimulus stets die gleiche Person war und somit nur eingeschränkt verändert werden konnte. So ließen sich Körperform und Haarfarbe beispielsweise nicht beliebig manipulieren.

Hinsichtlich der Interpretation des Wohlwollens gilt es, die spezifischen Untersuchungsbedingungen zu beachten. Gemäß der Definition von Sinnfluencer*innen agieren sie im Zuge von Kooperationen nicht als "reine Werbefiguren". Deshalb waren ihre Instagram-Beiträge, in denen fiktive Produkte gezeigt wurden, persönliche, nicht-bezahlte Empfehlungen und daher nicht als Werbung deklariert. Demgegenüber steht die angenommene finanzielle Motivation von Influencer*innen, was im Stimulus anhand eines bezahlten Werbebeitrags verdeutlicht wurde. Eine explizite Kennzeichnung von "Werbung" betraf im Rahmen dieses Online-Experiments somit nur die Influencer*innen-Beiträge, was die Wahrnehmung von Wohlwollen möglicherweise beeinflusst hat. Es scheint mehr als plausibel, dass die Proband*innen diese Widersprüche zu den platzierten Botschaften erkannten. Weiterhin könnte der Vergleich von Sinnfluencer*innen und Influencer*innen noch umfassender erfolgen, indem mehr als zwei Kontrollgruppen einbezogen werden. Um allen möglichen Kombinationen der Glaubwürdigkeitsdimensionen Rechnung zu tragen, wären acht Kontrollgruppen erforderlich gewesen. Unsere vergleichenden Aussagen beschränken sich dementsprechend auf die Gegenüberstellung der Accounts 3 und 9 bzw. 8 und 10 des Online-Experiments.

Literaturverzeichnis

Baurmann, J. G. (18. Dezember 2019). Die Sinnfluencer. Auf Instagram wollen einige Nutzer neuerdings an einer besseren Zukunft arbeiten. *Die Zeit*, 31.

Benecke, M. (14. Oktober 2019). *Vom Influencer zum Sinnfluencer*. DW. https://www.dw.com/de/vom-influencer-zum-sinnfluencer/a-50720616

Bentele, G. (1988). Der Faktor Glaubwürdigkeit. Forschungsergebnisse und Fragen für die Sozialisationsperspektive. *Publizistik*, *33*(2–3), 406–426.

Bentele, G. (2008). *Objektivität und Glaubwürdigkeit: Medienrealität rekonstruiert*. VS.

Bromme, R., & Kienhues, D. (2014). Wissenschaftsverständnis und Wissenschaftskommunikation. In T. Seidel & A. Krapp (Hrsg.), *Pädagogische Psychologie* (6. Aufl., 55–81). Beltz.

Dion, K. K., Berscheid, W., & Walster, E. (1972). What is beautiful is good. *Journal of Personality and Social Psychology*, *24*(3), 285–290. https://doi.org/10.1037/h0033731

Duckwitz, A. (2019). *Influencer als digitale Meinungsführer. Wie Influencer in sozialen Medien den politischen Diskurs beeinflussen – und welche Folgen das für die demokratische Öffentlichkeit hat*. Friedrich-Ebert-Stiftung. Fes. 15736–20200702.pdf

Fischer, D. (2019). Nachhaltigkeitskommunikation. In U. Kluwick & E. Zemanek (Hrsg.), *Nachhaltigkeit interdisziplinär. Konzepte, Diskurse, Praktiken* (S. 51–69). Böhlau.

Garff, F., & Kochwasser, T. (o.J.). *Der Siegeszug der Sinnfluencer*. Zukunftsinstitut. https://www.zukunftsinstitut.de/artikel/marketing/der-siegeszug-der-sinnfluencer/

Gebhard, M., & Kleene, M. (2014). Dialog und Glaubwürdigkeit: Wie Unternehmen im Social Web das Vertrauen der Konsumenten gewinnen – und dabei Fallstricke vermeiden. In R. Wagner, G. Lahme, & T. Breitbarth (Hrsg.), *CSR und Social Media. Unternehmerische Verantwortung in sozialen Medien wirkungsvoll vermitteln* (S. 247–259). Gabler.

Gheorghiu, A. I., Callan, M. J., & Skylark, W. J. (2017). Facial appearance affects science communication. *PNAS*, *114*(23), 5970–5975. https://doi.org/10.1073/pnas.1620542114

Gierl, H., & Praxmarer, S. (2000). Attraktive Kommunikatoren in der Anzeigenwerbung und Einstellungen der Rezipienten. *Marketing: ZFP – Journal of Research and Management*, *22*(1), 25–42. doi.org/10.15358/0344–1369–2000–1–25

Glathe, C. (2010). *Kommunikation von Nachhaltigkeit in Fernsehen und Web 2.0*. VS.

Greife, S. I. (08. August 2019). *Sinnfluencer als Meinungsführer für nachhaltiges Handeln*. Grüne Startups. https://gruene-startups.de/sinnfluencer-als-meinungsfuehrer-fuer-nachhaltiges-handeln/

Gunkel, K. (2018). *Der Instagram Effekt. Wie ikonische Kommunikation in den Social Media unsere visuelle Kultur prägt*. transcript.

Gutjahr, G. (2019). *Markenpsychologie. Wie Marken wirken – Was Marken stark macht* (4. überarb. u. erweit. Aufl.). Springer.

Haag, A.-K. (13. September 2019). Sinnflu...was? HanseMerkur. http://hansemerkur.csr-engagement.de/sinnflu-was/

Hendriks, F., Kienhues, D., & Bromme, R. (2015). Measuring laypeople's trust in experts in a digital age: The Muenster Epistemic Trustworthiness Inventory (METI). *Plos One*, *10*(10), 1–20. https://doi.org/10.1371/journal.pone.0139309

Hendriks, F., Kienhues, D., & Bromme, R. (2016). Trust in science and the science of trust. In B. Blöbaum (Hrsg.), *Trust and Communication in a Digitized World* (S. 143–151). Springer.

Hoepner, P. (2017). *Digitale Glaubwürdigkeit*. https://cdn0.scrvt.com/fokus/0c49c506e39af17e/1964ff887946/Digitale_Glaubw-rdigkeit.pdf

Hovland, C. I., Janis, I. L., & Kelley, H. H. (1953). *Communication and persuasion; psychological studies of opinion change*. Yale University Press.

Jackob, N., & Hueß, C. (2016). Communication and Persuasion von Carl I. Hovland, Irving L. Janis und Harold H. Kelley (1953). In M. Potthoff (Hrsg.), *Schlüsselwerke der Medienwirkungsforschung* (S. 49–60). Springer VS.

Jahnke

Küster-Rohde, F. (2010). *Die Wirkung von Glaubwürdigkeit in der Marketingkommunikation—Eine Analyse der langfristigen und kurzfristigen Effekte*. Gabler.

Lüdecke, G., & Schulz, D. (2011). (Neue) Medien, Partizipation und nachhaltige Entwicklung. In H. Heinrichs, K. Kuhn, & J. Newig (Hrsg.), *Nachhaltige Gesellschaft. Welche Rolle für Partizipation und Kooperation?* (S. 132–151). VS.

Lütticke, E. (18. Oktober 2019). *Insta-What: Sinnfluencer.* …fsf blog. https://blog.fsf.de/diskurs/insta-what-sinnfluencer/2019/10

Metzger, M. J., & Flanagin, A. J. (2013). Credibility and trust of information in online environments – The use of cognitive heuristics. *Journal of Pragmatics*, *59*, 210–220. https://doi.org/10.1016/j.pragma.2013.07.012

Metzger, M. J., Flanagin, A. J., Eyal, K., Lemus, D. R., & Mccann, R. M. (2003). Credibility for the 21st century integrating perspectives on source, message, and media credibility in the contemporary media environment. *Annals of the International Communication Association*, *27*(1), 293–335. https://doi.org/10.1080/23808985.2003.11679029

Ohanian, R. (1990). Construction and validation of a scale to measure celebrity endorsers′ perceived expertise, trustworthiness, and attractiveness. *Journal of Advertising, 19*(3), 39–52. https://doi.org/10.1080/00913367.1990.10673191

Patzer, G. L. (1985). *The Physical Attractiveness Phenomena*. Springer.

Reingen, P. H., & Kernan, J. B. (1993). Social perceptions and interpersonal influence: Some consequences of the physical attractiveness stereotype in a personal selling setting. *Journal of Consumer Psychology, 2*(1), 25–38. https://doi.org/10.1016/S1057-7408(08)80073-3

Rother, J. (2019). Weil's jeder macht? Ein Beitrag über Rezipierendenerwartungen und mangelnde strategische Planung von Unternehmensprofilen auf Instagram. *Corporate Communications Journal CCJ, 4*(1), 39.

Schneekloth, U., & Albert, M. (2019). Jugend und Politik: Demokratieverständnis und politisches Interesse im Spannungsfeld von Vielfalt, Toleranz und Populismus. In Shell Deutschland Holding (Hrsg.), *18. Shell Jugendstudie – Jugend 2019. Eine Generation meldet sich zu Wort* (S. 47–102). Beltz.

Schouten, A. P., Janssen, L., & Verspaget, M. (2019). Celebrity vs. Influencer endorsements in advertising: The role of identification, credibility, and Product-Endorser fit. *International Journal of Advertising*, 39(2), 258–281. https://doi.org/10.1080/02650487.2019.1634898

Schuegraf, M., & Börner, T. (2019). Instagram-Faszination für Heranwachsende. In F. von Gross & R. Röllecke (Hrsg.), *Instagram und YouTube der (Pre-) Teens. Inspiration, Beeinflussung, Teilhabe* (S. 51–56). Kopäd.

Sheppard, L. D., & Johnson, S. K. (2019). The Femme Fatale Effect: Attractiveness is a liability for businesswomen's perceived truthfulness, trust, and deservingness of termination. *Sex Roles*, 81, 779–796. DOI:10.1007/s11199–019–01031–1

Spangardt, B. (2019). Glaubwürdige Influencer sind gute Influencer. Zur Beeinflussung und Wirkung der Quellenglaubwürdigkeit in der Influencer-Kommunikation. In P. Weber, F. Mangold, M. Hofer, & T. Koch (Hrsg.), *Meinungsbildung in der Netzwerköffentlichkeit. Aktuelle Studien zu Nachrichtennutzung, Meinungsaustausch und Medienbeeinflussung in Social Media.* (S. 155–174). Nomos.

Taschwer, K. (1996). Wissen über Wissenschaft. Chancen und Grenzen der Popularisierung von Wissenschaft in der Erwachsenenbildung. In S. Nolda (Hrsg.), *Erwachsenenbildung in der Wissensgesellschaft* (S. 65–99). Klinkhardt.

Ternès, A., & Hagemes, H.-P. (2018). *Die Digitalisierung frisst ihre User. Der digitale Wahnsinn und wie Sie ihn beherrschen*. Springer.

#Plastikverschmutzung – Ist Nachhaltigkeitskommunikation auf Instagram eine Frage von Nähe und Distanz?

Anja Kalch & Tanja Habermeyer

Abstract:

Während psychologische Distanz als ein Hindernis für die Kommunikation von Klimamaßnahmen gesehen wird, gilt Plastikverschmutzung als ein Umweltproblem, das in seinen Folgen und Handlungsmöglichkeiten eine größere Nähe zum Alltagshandeln aufweist. Empirische Ergebnisse zur Thematisierung von Nähe in der Kommunikation zur Plastikverschmutzung sowie zu deren Wirkung liegen bislang jedoch nicht vor. Der Beitrag analysiert anhand einer Inhaltsanalyse von Instagram-Beiträgen zu Plastikverschmutzung, inwiefern dort Indikatoren für Nähe auf den vier Ebenen der psychologischen Distanz (soziale Distanz, räumliche Distanz, zeitliche Distanz und hypothetische Distanz) aufgegriffen werden. Zudem wird betrachtet, inwiefern das Thematisieren von Nähe in Beiträgen zu Plastikverschmutzung einen Einfluss auf die Onlineaktivität von Nutzer*innen durch Likes und Kommentare hat. Die Ergebnisse zeigen, dass die Darstellung von Menschen als Verursacher und Handelnde – als Indikatoren für soziale Nähe – mit höheren Likes und Kommentarzahlen einhergeht. Ein klarer personeller Bezug spricht damit für eine höhere Reichweite der Posts. Auch das Ansprechen eines konkreten Landes (Deutschland) führt zu einer stärkeren Nutzerinteraktion, ebenso wie der Verweis auf geographischen Großräume.

Die Verschmutzung der Umwelt, im Besonderen der Gewässer, durch Plastik stellt eine wachsende globale Umweltbedrohung dar (Villarrubia-Gómes et al., 2018), die einen negativen Einfluss auf zahlreiche Lebensräume und Organismen hat (Bucci et al., 2019). Modelle zeigen, dass weltweit pro Jahr zwischen 1,15 und 2,41 Millionen Tonnen Plastikmüll über Bäche und Flüsse in die Ozeane gelangen (Lebreton et al., 2017). Analog zu anderen Umweltproblemen stellt auch für die Eindämmung der Plastikverschmutzung die Motivation von Bürger*innen einen zentralen Bestandteil der Problemlösung dar (Jones, 2010). Anders als bei der Klimakommunikation, die mit dem Problem konfrontiert ist, dass auf verschiedenen Ebenen eine Distanz (z.B. zeitliche und räumliche Distanz der Klimafolgen) zwischen dem individuellen Handeln und den Klimafolgen vorliegt (Wang et al., 2019), ist diese Distanz bei der Plastikverschmutzung verringert (Stafford & Jones, 2019). Im Falle des Klimawandels, sind die Auswirkungen von Maßnahmen zur CO_2-Reduktion (z.B. Mobilitätswende) nicht unmittelbar für den Einzelnen sichtbar; wird jedoch Plastikmüll aus der Umwelt entfernt, Mehrwegverpackungen verwendet, oder auf Plastiktüten verzichtet, ist dies direkt im Alltag erkennbar (Stafford & Jones,

2019). Auf Grund dieser Alltagsnähe wird ein hohes Potential darin gesehen, über soziale Medien auf das Problem der Plastikverschmutzung aufmerksam zu machen und Rezipient*innen zur Partizipation zu motivieren (Sandu et al., 2020; Stafford & Jones, 2019).

Als erster niedrigschwelliger Schritt einer solchen Partizipation kann dabei die Motivation zur Beteiligung am Onlinediskurs betrachtet werden (Arlt et al., 2018). Vorliegende Forschungsarbeiten zeigen beispielsweise, dass eines der Hauptmotive für das Verfassen von Kommentaren die soziale Interaktion und Beteiligung am öffentlichen Diskurs ist (Springer et al., 2015). Zu diesen niedrigschwelligen Partizipationsformen in sozialen Medien zählen neben dem Kommentieren u.a. auch das Liken von Beiträgen (Nekmat et al., 2015). Nutzer*innen setzen sich hier mit dem Inhalt des Posts auseinander und interagieren mit diesem (Noguti, 2016). Diese Interaktionen mit Social Media Beiträgen durch Rezipient*innen gelten als Maßzahl für den Erfolg eines Social Media Beitrags (Balfour, 2020; Balbi et al., 2018). Je mehr Interaktionen in Form von Likes (z.B. als Aufzeigen persönlicher Präferenzen) und Kommentaren (z.B. als Ausdruck von Meinungen und Gefühlen zum Thema) ein Beitrag erhält, umso häufiger wird dieser an Nutzer*nnen weiterverbreitet und umso höher ist die Sichtbarkeit auf der Plattform (Aldous et al., 2019).

Offen ist bislang, ob solche niedrigschwelligen Formen der Partizipation durch Nutzer*innen (Liken und Kommentieren) im Zusammenhang mit der Darstellung von Nähe stehen. Dazu wird eine Inhaltsanalyse durchgeführt, die die vier Dimensionen psychologischer Distanz am Beispiel von Instagram-Beiträgen zur Plastikverschmutzung analysiert und anschließend den Zusammenhang mit der Anzahl an Likes und Kommentaren betrachtet.

1. Wahrgenommene Nähe und Distanz in der Construal Level Theorie

Das Konzept der psychologischen Distanz beschreibt zunächst allgemein die wahrgenommene Entfernung zwischen dem Selbst und einem anderen relevanten Sachverhalt, Ereignis oder Gegenstand (Liberman et al., 2007; Wang et al., 2019). Dabei werden insgesamt vier verschiedene Dimensionen unterschieden: räumliche Distanz, zeitliche Distanz, soziale Distanz und hypothetische Distanz (Trope & Liberman, 2010). Die räumliche Distanz erfasst die Entfernung des Selbst zu einem anderen Ort (Liberman et al., 2007). Verschiedene Studien konnten dazu bereits zeigen, dass die räumliche Entfernung Einfluss auf die mentale Repräsentation von Ereignissen und im Besonderen die Konkretheit hat, mit der Ereignisse beschrieben werden (Fujita et al., 2006; Henderson et al., 2006). In einer Studie von Henderson et al. (2006) beschrieben Rezipierende Ereignisse aus einem Film mit mehr Details und konkreterer Sprache, nachdem sie die Instruktion erhalten hatten, dass der Film an einem 3 km anstelle eines 3000 km entfernten Ort angesetzt war. Entferntere Ereignisse im Film wurden eher als langfristige unabänderliche Probleme wahrgenommen, nähere Ereignisse eher als kurzfristige, veränderbare Gegebenheiten (Henderson et al., 2006).

Auf der Ebene der zeitlichen Distanz wird angenommen, dass zukünftige und vergangene Ereignisse umso abstrakter repräsentiert werden, je weiter das Ereignis vom aktuellen Zeitpunkt entfernt liegt (Trope & Liberman, 2003). Liegen Ereignisse zeitlich näher am aktuellen Zeitpunkt, messen Personen diesen einen höheren Wert bei (Trope & Liberman, 2003) und machen sich vermehrt Gedanken über die Umsetzbarkeit von Handlungen sowie deren konkrete Realisierung (Eyal et al., 2009). Insbesondere für die Problematik des Klimawandels, dessen komplexe Entwicklungen häufig erst langfristig über den Zeitraum von Jahrzehnten erfassbar sind, scheint das Aufzeigen von zeitlicher Nähe in der Handlungsdringlichkeit relevant.

Die soziale Distanz bezieht sich einerseits auf die soziale Beziehung, die zu einer Person besteht (Liberman et al., 2007) sowie andererseits auf die wahrgenommene Ähnlichkeit zu einer anderen Person (Liviatan et al., 2008). Handlungen sozial naher Personen (im Gegensatz zu entfernten Personen) werden stärker reflektiert und fließen intensiver in eigene Urteile und Entscheidungen ein (Liviatan et al., 2008).

Hypothetische Distanz, als vierte Ebene, bezieht sich auf die Konkretheit und Wahrscheinlichkeit, mit der bestimmte Ereignisse eintreten (Trope & Liberman, 2010). Unwahrscheinliche Ereignisse werden dabei auf abstrakter Ebene repräsentiert, während wahrscheinliche Ereignisse in einer höheren Detailtiefe und mit konkreten Eigenschaften assoziiert werden (Trope & Liberman, 2010; Wakslak & Trope, 2011).

Insgesamt sind die vier Dimensionen der psychologischen Distanz eng miteinander verbunden und beeinflussen sich gegenseitig sodass die Distanz insgesamt zunimmt, je mehr Ebenen betroffen sind (Trope & Liberman, 2010).

2. Der Einfluss von Nähe und Distanz auf umweltfreundliche Einstellungen und Handlungen

Der Einfluss von psychologischer Distanz auf umweltbezogene Wahrnehmungen und Verhaltensweisen wurde bislang vor allem im Kontext des Klimawandels analysiert (Maiella et al., 2020; McDonald et al., 2015; Wang et al., 2019). Das Aufzeigen von Nähe gilt in der Klimakommunikation als relevante Strategie die psychologische Distanz zu verringern und die Bereitschaft zum Klimaschutz zu erhöhen (Brügger et al., 2016; McDonald et al., 2015; Wang et al., 2019). Einen entsprechend positiven Effekt des Framings von Nähe auf klimabezogene Einstellungen zeigen Jones et al. (2017). Im Vergleich zu einem Video, das Klimafolgen als entferntes Problem beschreibt (Waldbrände in einem entfernten Land, die Menschen einer anderen Kultur betreffen, mit Betonung von Klimafolgen in der entfernten Zukunft), verringerte ein Video, das dementsprechend Nähe (Waldbrände im eigenen Land, Betroffenheit der eigenen Bürger, klarer Zusammenhang der Waldbrände mit Klimafolgen) adressiert, die wahrgenommene Distanz, wodurch in Folge auch die Problemwahrnehmung des Klimawandels und die Intentionen zu Klimaschutzmaßnahmen erhöht wurden (Jones et al., 2017).

2.1 Der Einfluss räumlicher Distanz auf umweltbezogene Einstellungen

In Experimentalstudien zur räumlichen Distanz zeigen sich vergleichsweise heterogene Ergebnisse (Brügger et al., 2016). Einen positiven Einfluss des Framings von Nähe auf Intentionen zum Klimaengagement zeigen beispielsweise Scannell und Gifford (2013). In einem Experiment führen Informationen zu verschiedenen lokalen Auswirkungen des Klimawandels im Vergleich zu einer Kontrollgruppe, die keine Informationen erhalten hatte, zu stärkeren Intentionen, sich für den Klimaschutz einzusetzen (siehe auch Wiest et al., 2015; Loy & Spence, 2020). Neben dem Klimawandel konnte ein positiver Einfluss räumlicher und zeitlicher Nähe auch für die Handlungsbereitschaft gegen die Umweltverschmutzung am Beispiel eines virtuellen Flusses gezeigt werden (Fox et al., 2020).

Hinsichtlich des Einflusses sozialer Medien zeigten Choi et al. (2021), dass die Nutzung von Nachrichtenbeiträgen in sozialen Medien zu Themen mit einer Relevanz vor Ort in einem positiven Zusammenhang mit dem Gefühl von örtlichen Verbundenheit wie auch Online- und Offlinepartizipation in der Gemeinschaft stehen. Karnowski et al. (2021) untersuchten außerdem den Einfluss von Inhaltseigenschaften und Nachrichtenfaktoren auf das Teilen von Nachrichtenbeiträgen. Sie konnten zeigen, dass geographische Nähe der wichtigste Nachrichtenfaktor für das Teilen von Nachrichtenbeiträgen auf Facebook ist. Auf Twitter zeigten Nachrichtenfaktoren insgesamt weniger Relevanz, doch geographische Nähe übte auch hier einen geringen Einfluss auf das Sharing-Verhalten aus.

Im Gegensatz dazu führt in einer Experimentalstudie von Spence und Pidgeon (2010) die Darstellung der Klimafolgen eines entfernten Ortes zu einer höheren wahrgenommenen Bedrohlichkeit des Klimawandels als die Betroffenheit eines nahen Ortes. Der positive Einfluss des Distanzframings auf die wahrgenommene Bedrohlichkeit wird mit dem „spatial optimism bias“ erklärt, der Wahrnehmung, dass Probleme an entfernteren Orten stärker und in größerem Ausmaß vorliegen als Probleme an näheren Orten (Spence & Pidgeon, 2010).

Zudem liegen auch Studien vor, die keinen Einfluss räumlicher Distanz oder Nähe auf klimabezogene Einstellungen oder Intentionen zeigen konnten (Schoenefeld & McCauley, 2015; Schuldt et al., 2018; Shwom et al., 2008). Allerdings werden dabei sehr unterschiedliche methodische Zugänge zur Erfassung von Nähe und Distanz eingesetzt. Schuldt et al. (2018) manipulierten beispielsweise die räumliche Distanz, die auf einer virtuellen Karte durch Scrollen zu überwinden ist (kurzes Scrollen versus langes Scrollen).

Analog zu den Klimafolgen, erscheint es auch für die Plastikverschmutzung und mögliche Handlungsalternativen plausibel anzunehmen, dass räumliche Nähe zu einer höhen Bereitschaft führt, sich gegen die Plastikverschmutzung zu engagieren. Gerade bei kollektiven Handlungsaufrufen wie Aktionstagen zum Plastiksammeln, aber auch der Verschmutzung lokaler Naturräume und Gewässer wird angenommen, dass der räumliche Bezug zum Alltagsleben eine Möglichkeit bietet, das Like- und Kommentierverhalten als eine Form der Onlinepartizipation zu fördern. Auf Grund der gemischten empirischen Ergebnislage stellen wir dazu folgende Forschungsfrage:

FF1: Welche räumliche Nähe weisen Beiträge in sozialen Medien zur Plastikverschmutzung auf und in welchem Zusammenhang steht diese räumliche Nähe zum Like- und Kommentierverhalten von Nutzer*innen?

2.2 *Der Einfluss zeitlicher Distanz auf umweltbezogene Einstellungen*

Hinsichtlich der zeitlichen Distanz führt die Darstellung zeitlich naher Klimafolgen (nächster Sommer) im Gegensatz zu zeitlich entfernten Folgen (Ende des Jahrhunderts) in einem Experiment von Kim und Ahn (2019) zu einer höheren Relevanz und höheren Intentionen für nachhaltigen Konsum. Im Einklang damit zeigen auch Soliman et al. (2018), dass eine größere zeitliche Nähe dargestellter Klimafolgen Intentionen für Klimaschutzmaßnahmen sowie das tatsächliche nachhaltige Verhalten erhöhen kann. Das gilt allerdings nur, wenn gleichzeitig auch soziale Normen adressiert werden. Anders als bei Kim und Ahn (2019) wurde in der Studie von Soliman et al. (2018) die zeitliche Nähe nicht innerhalb eines Medienbeitrages variiert, sondern über eine Aufgabe, die auf einem Zeitstrahl zu erfüllen war.

Ähnlich wie bei der räumlichen Nähe sind jedoch auch die Ergebnisse verschiedener Studien zur zeitlichen Nähe nicht eindeutig. In einem Experiment, das die Klimafolgen in einer Videobotschaft entweder für die Vergangenheit, die Gegenwart oder die Zukunft thematisiert, finden Wang et al. (2019) beispielsweise nur einen marginalen Effekt der zeitlichen Distanz auf die Bereitschaft, sich für den Klimaschutz einzusetzen. Der in der Vergangenheit liegende Zeitpunkt führt im Vergleich zum Gegenwarts- und zum Zukunftsbezug zu einer marginal (p = ,09) geringeren Handlungsbereitschaft.

Bei der Plastikverschmutzung ist, anders als beim Klimawandel, das Problem der zeitlichen Distanz weniger dominant, da es hier selten um die Entwicklung in den nächsten Jahrzehnten geht, sondern vor allem um das aktuell vorliegende Problem. Ob eine höhere zeitliche Nähe in diesem Fall einen Einfluss auf Like- und Kommentierverhalten als eine Form der Onlinepartizipation hat, bleibt deshalb offen.

FF2: Welche zeitliche Nähe weisen Beiträge in sozialen Medien zur Plastikverschmutzung auf und in welchem Zusammenhang steht diese zeitliche Nähe zum Like- und Kommentierverhalten von Nutzer*innen?

2.3 Der Einfluss sozialer Distanz auf umweltbezogene Einstellungen

Die soziale Distanz wurde in Studien bislang vergleichsweise selten betrachtet. Eine Ausnahme ist ein Experiment von Hart und Nisbet (2012), in dem soziale Nähe manipuliert wird, um soziale Identität zu fördern. Die Ergebnisse zeigen, dass ein Text, der Klimafolgen für sozial nahe Personen betont, zu einer höheren sozialen Identifikation mit den Betroffenen führt als ein Text, der Folgen für sozial ferne Betroffene hervorhebt. Der Einfluss auf die Unterstützung klimapolitischer Maßnahmen hängt jedoch von der politischen Voreinstellung ab (Hart & Nisbet, 2012). Die Manipulation der sozialen Nähe erfolgte hier in Kombination mit einem räumlichen Indikator (siehe auch Loy & Spence, 2020).

Einen gegensätzlichen Effekt sozialer Nähe finden Griffioen et al. (2019) in einem Experiment zur Warmwassernutzung. Hier führt soziale Distanz in Kombination mit einer Aufforderung zur abstrakten Reflektion zur stärksten Reduzierung des Warmwasserverbrauchs. Im Gegensatz zu Hart und Nisbet (2012) wird die soziale Distanz in dieser Studie nicht im Rahmen eines Medienbeitrages manipuliert, sondern die Befragten erhalten im Laufe der Studie ein Geschenk für sich selbst (soziale Nähe) oder für eine Wohltätigkeitsorganisation (soziale Distanz). Offen ist, welchen Einfluss der prosoziale Charakter des Geschenks für die soziale Distanzmanipulation auf das umweltfreundliche Verhalten hatte.

Im Fall der Plastikkommunikation in sozialen Medien sind hierbei verschiedene Einflussgrößen denkbar: So könnten bezogen auf das soziale Netzwerk, Posts zur Plastikvermeidung von sozial nahestehenden Personen einflussreicher für das individuelle Handeln sein, als Posts unbekannter Personen. Losgelöst von den eigenen direkten Kontakten, erscheint es aber auch plausibel anzunehmen, dass das Darstellen von Personen z.B. in der Funktion als Handlungsvorbilder Einfluss auf das Like- und Kommentierverhalten von Nutzer*innen nimmt, da diese das Potential für die Wahrnehmung sozialer Ähnlichkeit bieten.

FF3: Welche soziale Nähe weisen Beiträge in sozialen Medien zur Plastikverschmutzung auf und in welchem Zusammenhang steht diese soziale Nähe zum Like- und Kommentierverhalten von Nutzer*innen?

2.4 Der Einfluss hypothetischer Distanz auf umweltbezogene Einstellungen

Hinweise zum Einfluss hypothetischer Distanz finden sich teilweise in der Literatur zum Einfluss von Unsicherheit in der Klimakommunikation. In einer Studie zur Wirkung verschiedener Mediendarstellungen auf die wahrgenommene Sicherheit zum Klimawandel zeigen Corbett und Durfee (2004) beispielsweise, dass detaillierte Kontextinformationen einen positiven Einfluss auf die empfundene Sicherheit haben. Zudem führt die konkrete Darstellung von Umweltproblemen durch Fotos des Ortes der Verschmutzung zu einer geringeren psychologischen Distanz und einer verstärkten Nutzung von Second-Hand-Plattformen als eher abstrakte statistische Informationen (Liu et al., 2020).

Anknüpfend daran erscheint es auch im Fall der Plastikverschmutzung plausibel, dass eine möglichst hohe Konkretheit in der Darstellung der Verschmutzung aber auch vorhandener Handlungsöglichkeiten (z.B. durch den Verweis auf umweltfreundliche Verpackungen) förderlich für das Like- und Kommentierverhalten als niedrigschwellige Form der Onlinepartizipation sein kann.

FF4: Welche hypothetische Nähe weisen Beiträge in sozialen Medien zur Plastikverschmutzung auf und in welchem Zusammenhang steht diese hypothetische Nähe zum Like- und Kommentierverhalten von Nutzer*innen?

3. Methode

Zur Analyse der Forschungsfragen wurde eine quantitative Inhaltsanalyse von Beiträgen der Social Media Plattform Instagram durchgeführt. Es wurden insgesamt 1.000 Instagram-Beiträge zu den Hashtags #Plastikverschmutzung und #Mikroplastik automatisiert mit einem Instagram Python-Scraper erfasst. Die Beiträge wurden inklusive der Post-Metriken (Likes, Anzahl der Kommentare) erfasst. In zwei Erhebungsphasen am 15.12.2019 und 15.02.2020 wurden je 250 Beiträge zu dem Hashtag #Plastikverschmutzung und je 250 Beiträge zu dem Hashtag #Mikroplastik erfasst. In die Auswertung wurden ausschließlich deutschsprachige Beiträge und Beiträge, die gleichzeitig auf Deutsch und Englisch verfasst waren, einbezogen. Nach einer Bereinigung der Beiträge, bezüglich der Sprache, der doppelt erhobenen Beiträge und der technisch nicht-lesbaren Beiträge wurden 572 Posts auf Basis eines erstellten Codebuchs von 27 Kodierer*innen im Rahmen eines Seminars unabhängig voneinander kodiert und zur Analyse herangezogen. Ausnahme ist die zeitliche Distanz, die nachträglich von drei Kodierer*innen kodiert wurde.

Entsprechend der Dimensionen psychologischer Distanz wurde die Darstellung der Plastikproblematik in den Instagram-Beiträgen in folgender Form erfasst: Die Kodierung räumlicher Nähe bezog sich auf die geographische Verortung der Plastikproblematik (0 = kein Ortsbezug, 1 = Region(en) innerhalb Deutschlands, 2 = Deutschland als gesamte Nation, 3 = Region(en) außerhalb Deutschlands, 4 = andere Nation(en), 5 = Bezug auf geographische Großräume z.B. Europa bzw. die Welt; Krippendorfs Alpha 0,90). Dadurch sollte einerseits eine geographische Nähe andererseits aber auch eine detaillierte Auflösung des Raumes (z.B. spezifische Regionen an entfernten Orten) erfasst werden. Post und Bild wurden hier gemeinsam betrachtet, da das Bild allein in aller Regel keine Identifizierung des Ortes ermöglichte.

Die Darstellung von zeitlicher Nähe (0 = keine zeitliche Nähe, 1 = zeitliche Nähe vorhanden; Krippendorfs Alpha 0,92) wurde erfasst, wenn im Post oder Bild ein konkreter Zeitpunkt genannt wurde (z.B. Plastiksammelaktion am 3. März) oder auf die unmittelbare zeitliche Dringlichkeit verwiesen wurde (z.B. „jetzt müssen wir handeln“). Zeitliche Verweise bis zu einem Abstand von 3 Jahren nach Veröffentlichung der Posts wurden mit zeitlicher Nähe codiert, weiter in der Zukunft liegende Verweise (z.B. „In zehn Jahren wird sich der Plastikmüll hier verdoppelt haben“) wurden nicht als zeitlich nah codiert.

Als Indikator für soziale Nähe wurde erfasst, ob im Bild Personen visuell dargestellt sind oder im Text Bezug auf andere Personen genommen wird und welche Funktion diese haben (0 = kein Personenbezug, 1 = Personen als Verursachende, 2 = Personen als Handelnde, 3 = Personen als Verursachende und Handelnde, 4 = unspezifische Funktion; Krippendorfs Alpha Bild 0,89, Text 0,86). Die Variable zur Personendarstellung im Bild wurde anschließend dichotomisiert, da dort die beiden Spezifizierungen zu Menschen als Verursachende und als Handelnde nur in 1,4 % (Personenbezug Ursache) bzw. 9,1 % (Personenbezug Handlung) eindeutig identifizierbar waren. Die dichotome Variable unterscheidet nun, ob im Bild Personen dargestellt sind (1) oder nicht (0).

Ziel der Kodierung der hypothetischen Nähe war es, die Konkretheit der Darstellung gegenüber vagen Thematisierungen zu erfassen. Dazu wurden drei einzelne Indikatoren erfasst. Zum einen wurde kodiert, ob im Bild oder Post ein konkretes Problem aufgegriffen wird (z.B. die Visualisierung der Plastikverschmutzung durch Müll in der Umwelt, 0 = kein Problembezug, 1 = Problembezug vorhanden; Krippendorfs Alpha 0,90). Zum anderen wurde erfasst, ob konkrete Lösungsansätze genannt werden, mit denen die Plastikverschmutzung reduziert werden kann (0 = keine Lösungsansätze, 1 = Lösungsansätze, Krippendorfs Alpha 0,91). Lösungsansätze stellen hier zum Beispiel die Nutzung nachhaltiger Verpackungen, das Aufsammeln von Plastik oder die Nutzung von Waschbeuteln zum Herausfiltern von Mikroplastik dar.

4. *Ergebnisse*

Zur Beantwortung der Forschungsfragen wurden zuerst deskriptive Analysen der relevanten Variablen der Darstellung der Instagram-Posts durchgeführt. Um mögliche Effekte der unabhängigen Variable der Postdarstellung auf die abhängige Variable der Unterstützung durch Nutzer*innen entweder durch Likes oder Kommentare zu analysieren, wurden zwei negativ-binomiale Regressionen gerechnet (Tabelle 1), die für die Veröffentlichungsdauer der Posts kontrollieren.

In Bezug auf die Angaben zu räumlicher Nähe in Beiträgen zur Plastikverschmutzung in sozialen Medien (FF1) beziehen sich 13,3 % ($n = 76$) der Posts auf Regionen in Deutschland, 4,9 % ($n = 28$) auf Deutschland als gesamte Nation, 6,1 % ($n = 35$) auf eine Region im Ausland, 4,0 % ($n = 23$) auf eine andere Nation als Deutschland, 8,0 % ($n = 46$) der Beiträge auf einen geographischen Großraum und 63,6 % ($n = 364$) der Beiträge haben keinen Ortsbezug.

Im Vergleich zur Referenzgruppe ohne Ortsbezug, sind Posts mit einem Bezug zu Deutschland als Nation sowie zu geographischen Großräumen (Europa, Welt) jeweils mit einer höheren Anzahl an Likes (siehe Abb. 1) und Kommentaren (siehe Abb. 2) verbunden. Zudem sind Posts, die auf spezifische Regionen innerhalb Deutschlands verweisen, mit einer geringeren Anzahl an Kommentaren verbunden. Für andere räumliche Bezüge zeigen sich keine Zusammenhänge.

Abb. 1. Der Einfluss des räumlichen Bezugs auf die Anzahl an Likes

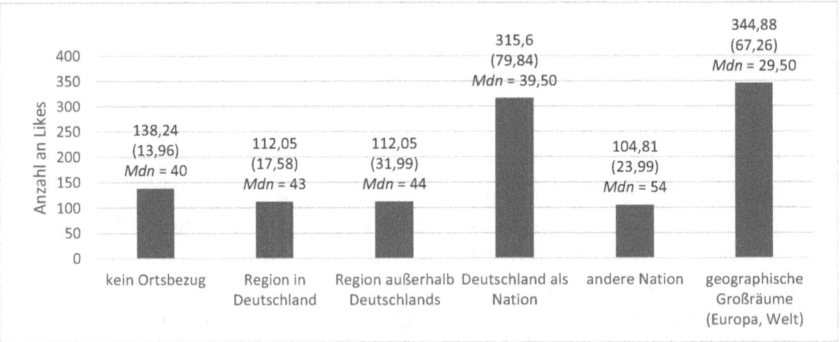

Anmerkung. Geschätze Randmittel (Standardfehler)

Tabelle 1: Negativ binomiale Regressionen für den Einfluss der Nähe-Indikatoren auf Likes und Kommentare

	Likes			Kommentare		
	b	***SE***	**Wald χ^2**	***b***	***SE***	**Wald χ^2**
Konstante	4,84	0,12	1540,53***	2,04	0,12	277,67***
räumliche Nähe						
kein Ortsbezug (Ref. Kat)	-	-	-	-	-	-
Region in Deutschland.	-0,21	0,15	1,86	-0,43	0,18	5,87*
Region außerhalb Dtl.	0,12	0,22	0,32	-0,15	0,25	0,38
Deutschland als Nation	0,83	0,25	10,95***	1,06	0,25	17,63***
andere Nation	-0,28	0,23	1,44	-0,40	0,26	2,29
geographische Großräume (Europa, Welt)	0,91	0,19	23,32***	0,54	0,20	7,49**
zeitliche Nähe						
kein Zeitbezug (Ref.-Kat.)	-	-	-	-	-	-
Zeitbezug	0,08	0,11	0,53	0,13	0,13	1,03
soziale Nähe						
keine Person im Bild (Ref.-Kat.)	-	-	-	-	-	-
Personendarstellung im Bild	0,01	0,16	0,001	-0,16	0,18	0,81
kein Personenbezug im Post (Ref.-Kat.)	-	-	-	-	-	-
Personenbezug Ursache Post	0,12	0,16	0,56	0,01	0,17	0,005
Personenbezug Handlung Post	0,39	0,16	6,04*	0,56	0,17	10,61***
Personenbezug Ursache und Handlung Post	0,57	0,24	5,68*	0,84	0,26	10,68***
Personendarstellung Bild x Personenbezug Ursache Post	2,58	0,43	36,22***	3,07	0,43	50,16***
Personendarstellung Bild x Personenbezug Handlung Post	0,22	0,27	0,69	0,58	0,30	3,87*
Personendarstellung Bild x Personenbezug Ursache und Handlung Post	-0,37	0,39	0,89	0,33	0,42	0,61
hypothetische Nähe						
keine konkrete Handlung	-	-	-	-	-	-
konkrete Handlung	-0,10	0,11	0,71	-0,14	0,13	1,27
keine Problemdarstellung Bild	-	-	-	-	-	-
Problemdarstellung Bild	-0,83	0,22	14,04***	-0,61	0,24	6,19*
kein Problembezug Post	-	-	-	-	-	-
Problembezug Post	-0,99	0,15	46,04***	-1,22	0,16	57,11***
Problembezug Post x Problembezug Bild	1,73	0,26	45,24***	1,46	0,27	27,12***

Anmerkung. $n = 502$; ***$p \leq ,001$; **$p < ,01$; *$p < ,05$

Abb. 2. Der Einfluss des räumlichen Bezugs auf die Anzahl an Kommentaren

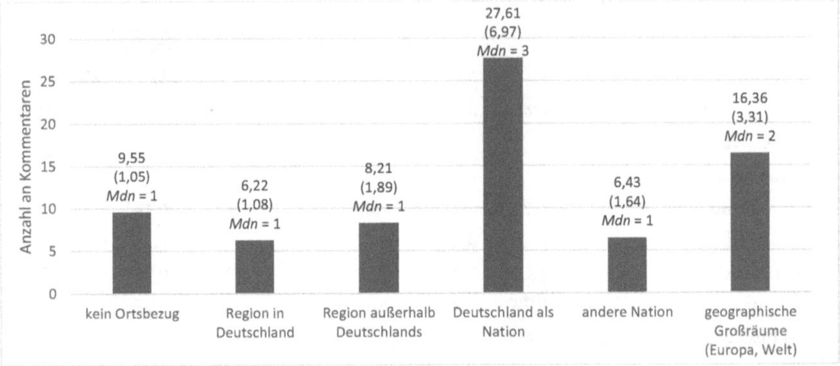

Anmerkung. Geschätze Randmittel (Standardfehler)

Eine zeitliche Nähe (FF2) wird in 34,1 % (*n* = 195) der Beiträge erwähnt, während 65,9 % (*n* = 377) keine zeitliche Nähe aufweisen. Ein signifikanter Einfluss auf Likes oder Kommentare liegt hier jedoch nicht vor (siehe Tab. 1).

Zur Analyse von sozialer Nähe in Instagram-Beiträgen zu Plastikverschmutzung (FF3) wird die Darstellung von Personen sowohl im Text als auch in Bild(ern) der Beiträge betrachtet. In den Texten der Beiträge stellen Nutzer*innen zu 18,9 % (*n* = 108) Menschen als aktiv Handelnde gegen die Plastikverschmutzung und zu 18,8 % (*n* = 96) Menschen als Verursachende dar. 6,3 % (*n* = 36) der Posttexte stellen Personen als Verursachende oder Handelnde dar und in 58,0 % (*n* = 332) der Texte gibt es keinen Personenbezug (die Kategorie Personenbezug unklar, kam im Text nicht vor). In bildlicher Form werden Personen in 25,7 % (*n* = 147) der Beiträge visuell dargestellt, während in 74,3 % (*n* = 425) kein Personenbezug vorliegt.

Abb. 3. Interaktionseffekt der Personendarstellung im Text und im Bild auf die Anzahl der Likes und der Kommentare

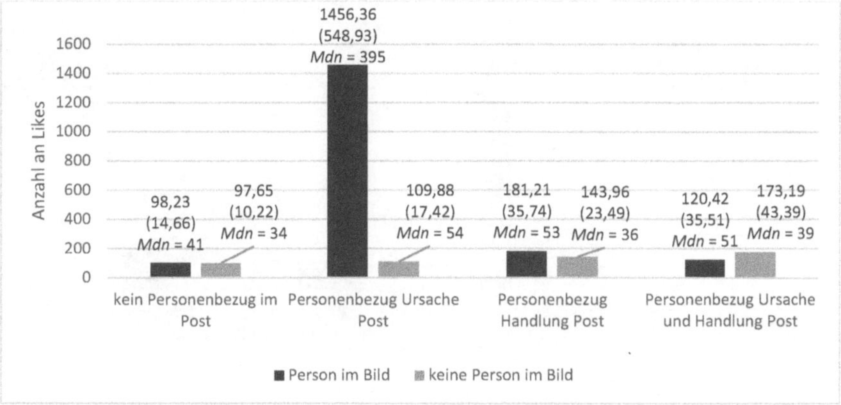

Anmerkung. Geschätze Randmittel (Standardfehler), Median

Die Thematisierung von Personen als Handelnde sowie als Verursacher und Handelnde gleichzeitig ist im Vergleich zu Posts ohne Personenbezug mit einer etwas höheren Like-und Kommentaranzahl verbunden (siehe Tab. 1). Für die Visualisierung von Personen liegt kein signifikanter Effekt vor. Es zeigt sich jedoch ein signifikanter Interaktionseffekt des Personenbezugs im Post und der Visualisierung (siehe Abb. 3). Werden im Text Personen als Verursachende der Plastikverschmutzung thematisiert, führt eine gleichzeitige Visualisierung von Personen im Bild zu einer signifikant höheren Like- und Kommentarzahl im Vergleich zur Referenzgruppe (siehe Tab. 1, Abb. 3). Eine Kombination aus Personendarstellung im Bild sowie der Thematisierung von aktiven Handlungen gegen die Plastikverschmutzung im Post steht ebenfalls in einem positiven, wenn auch schwächeren, Zusammenhang mit der Anzahl an Kommentaren (siehe Tab. 1, Abb. 4).

Abb. 4. Interaktionseffekt der Personendarstellung im Text und im Bild auf die Anzahl der Kommentare

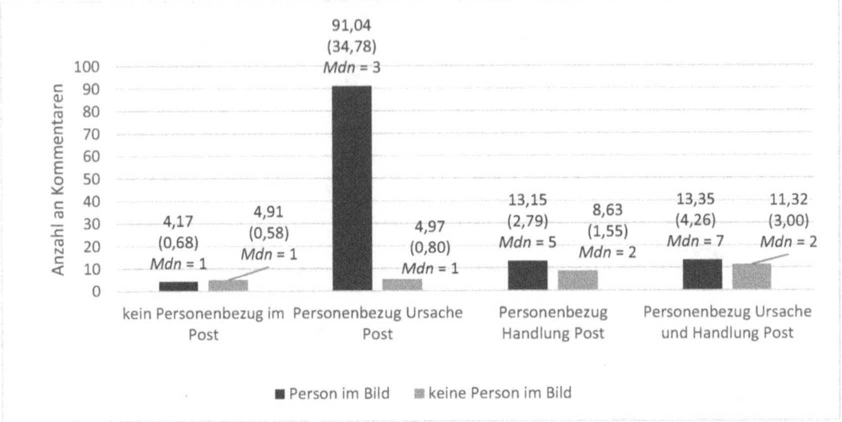

Anmerkung. Geschätze Randmittel (Standardfehler)

Hypothetische Nähe wurde in der Analyse über die Darstellung von konkreten Problemen in Text oder Bild sowie über die Darstellung von konkreten Lösungsansätzen betrachtet. Im Text verweisen 75,5 % (n = 432) der Beiträge auf ein konkretes Problem, während 24,5 % (n = 140) kein konkretes Problem aufzeigen. In bildlicher Form werden in 48,9 % (n = 277) der Beiträge konkrete Probleme visualisiert, während in 51,5 % (n = 290) der Beiträge keine Probleme erkennbar sind. Lösungsansätze werden in 62,8 % (n = 359) der Beiträge genannt, während 37,2 % (n = 213) der Beiträge keine Lösungsansätze aufzeigen.

Eine visuelle Darstellung des Problems Plastikverschmutzung im Bild steht dabei sowohl in einem negativen Zusammenhang mit der Anzahl an Likes als auch mit der Anzahl an Kommentaren. Für die Darstellung von Lösungen zeigen sich keine Zusammenhänge mit der Anzahl an Likes oder Kommentaren.

Abb. 5. Interaktionseffekt des Problembezugs im Text und Bild auf die Anzahl an Likes

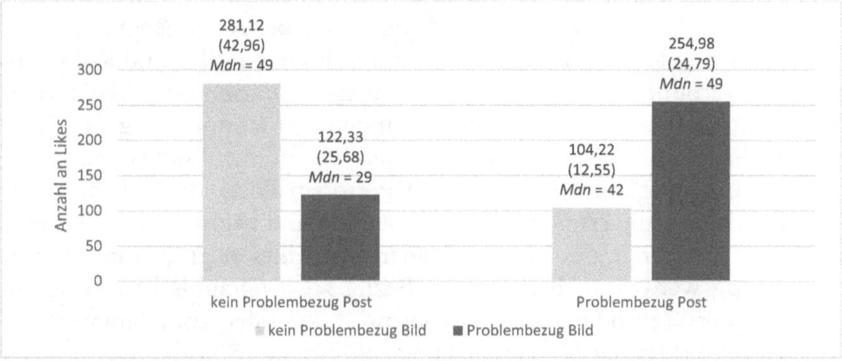

Anmerkung. Geschätze Randmittel (Standardfehler), Median

Abb. 6. Interaktionseffekt des Problembezugs im Text und Bild auf die Anzahl an Kommentaren

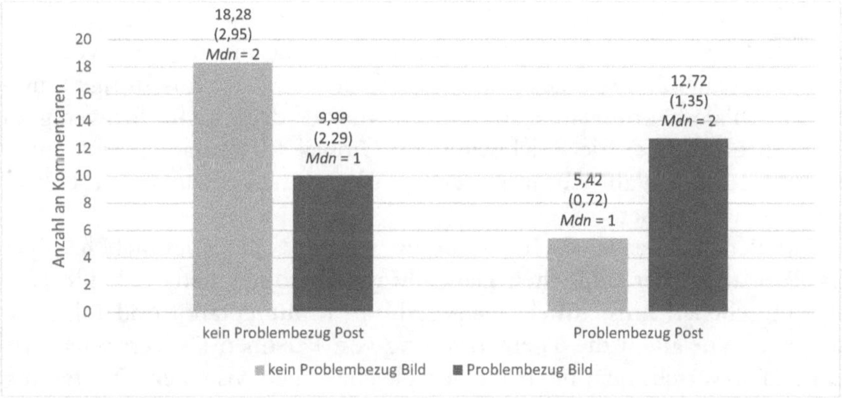

Anmerkung. Geschätze Randmittel (Standardfehler), Median

5. *Diskussion*

Die vorliegende Studie hatte das Ziel zu analysieren, inwiefern in Instagram-Posts zur Plastikverschmutzung Indikatoren für Nähe und Distanz verwendet werden und in welchem Zusammenhang diese mit der Anzahl an Likes und Kommentaren stehen. Die Ergebnisse zeigen, dass etwas mehr als ein Drittel der Beiträge einen konkreten räumlichen oder zeitlichen Bezug aufweist. Während sich für die Thematisierung zeitlicher Nähe kein Zusammenhang mit den Online-Metriken zeigte, sind sowohl Posts mit Bezug zu Deutschland aber auch Posts mit Bezug zu geographischen Großräumen, wie Europa oder der Welt, mit höheren Like- und Kommentarzahlen verbunden als Posts ohne räumliche Bezugspunkte. Dies spricht für einen zweiseitigen Effekt: Der gefundene Zusammenhang für Posts mit nationalem Bezug zu Deutschland spricht für einen Einfluss der räumlichen Nähe. Möglicherweise nehmen Personen Posts, die sich mit dem Problem der Plastikverschmutzung in Deutschland befassen, als relevanter wahr und reagieren deshalb auch eher mit Likes oder Kommentaren. Gleichzeitig werden auch Posts mit Bezug zu geographischen Großräumen, wie der Welt oder der Erde, eher mit Likes oder Kommentaren versehen. Eine Erklärung für diesen Effekt könnte darin liegen, dass Folgen für geographische Großräume möglicherweise auch als schwerwiegender dargestellt werden – Vergleicht man beispielsweise einen Post zum Plastikstrudel im Pazifik und dessen Auswirkungen auf die weltweiten Populationen von Meereslebewesen mit einem Post zu Plastikmüll am Ufer der Elbe, scheint das Problem im Pazifik fast automatisch das größere zu sein. Dies könnte dafürsprechen, dass diese Posts eine höhere Dringlichkeit vermitteln und folglich die Darstellung von Nähe mit dem Schweregrad von Konsequenzen überlagert ist (Schuldt et al., 2018). Zukünftige Studien sollten deshalb genauer analysieren, ob der dargestellte Schweregrad Umweltfolgen oder die Reichweite von Umweltschutzmaßnahmen einen Einfluss auf die Wahrnehmung der Rezipient*innen sowie die Anschlusskommunikation hat.

Ein Personenbezug als Indikator für soziale Nähe zeigt sich häufiger im Text als in der bildlichen Darstellung. Allerdings hängen beide Darstellungsebenen hinsichtlich der Anzahl an Kommentaren und Likes zusammen: Vor allem die Thematisierung von Personen als Verursachende der Plastikverschmutzung bei einer gleichzeitigen visuellen Darstellung von Personen im Bild geht mit höheren Likes und mehr Kommentaren einher, als ein Verzicht auf Personenbezüge. Die Relevanz der Visualisierung spricht hier dafür, dass durch das Bild die Rolle des menschlichen Handelns konkreter verankert wird (Duan et al., 2021).

Die konkrete Nennung von Lösungen und Problemen – als Indikatoren für hypothetische Nähe – lag in mehr als der Hälfte der analysierten Posts vor. Allerdings zeigte sich ein negativer Zusammenhang mit den erfassten Nutzer-Metriken. Vor allem bei der Problemdarstellung stellt sich jedoch die Frage nach der Aussagekraft der Likes. So ist anhand der Anzahl von Likes keine Aussage darüber möglich, ob es sich bei den

Likes um eine echte Zustimmung handelt (z.B. dass der Plastikmüll in der Umwelt ein Problem darstellt), oder eher um eine ironische Reaktion auf die dargestellte Verschmutzung (Sumner et al., 2017). Bei problembezogenen Inhalten wie der Darstellung der Plastikverschmutzung müsste im Rahmen zukünftiger Forschungsarbeiten genauer betrachtet werden, welche Funktion Likes in diesem negativen Kontext aufweisen.

Insgesamt sprechen die Ergebnisse dafür, dass vor allem die Thematisierung und Darstellung von Menschen als Verursacher der Plastikverschmutzung und als Handelnde dagegen ein Ansatzpunkt sein kann, die Nutzerinteraktion mit Posts zur Plastikverschmutzung zu erhöhen. Dies gilt auch für den Bezug auf ein konkretes Land (in diesem Fall Deutschland) bei der Thematisierung des Problems. Darstellungen von Verschmutzungen allein scheinen indes eher zu geringeren Nutzerinteraktionen in Form von Likes und Kommentaren zu führen.

Die Ergebnisse zum Einfluss der Indikatoren für Nähe weisen dabei jeweils ein weitgehend einheitliches Bild für Likes und Kommentare auf. Dies deckt sich mit Erkenntnissen vorliegender Forschungsbeiträge, dass Likes als standardisierte Formen nutzerseitiger Interaktion in sozialen Medien mit ähnlichen Motiven einhergehen, wie das Verfassen von Kommentaren (Jost et al., 2020).

Eine zentrale Einschränkung dieser Studie ist das korrelative Design. Zukünftige Studien sollten im Rahmen komplexer experimenteller Designs den Einfluss der verschiedenen Dimensionen von Nähe auf die wahrgenommene Nähe sowie umweltbezogene Einstellungen analysieren. Dies würde dann auch Rückschlüsse darauf zulassen, ob die hier verwendeten Indikatoren mit der wahrgenommenen Nähe von Rezipierenden zusammenhängen.

Literaturverzeichnis

Aldous, K. K., An, J. & Jansen, B. J. (2019). View, like, comment, post: Analyzing user engagement by topic at 4 levels across 5 social media platforms for 53 news organizations. *Proceedings of the 13th International AAAI Conference on Web and Social Media (2019)* (S. 47–57). München: ICWSM.

Arlt, D., Hoppe, I., Schmitt, J. B., De Silva-Schmidt, F., & Brüggemann, M. (2018). Climate engagement in a digital age: exploring the drivers of participation in climate discourse online in the context of COP 21. *Environmental Communication, 12*(1), 84–98. https://doi.org/10.1080/17524032.2017.1394892

Balbi, S., Misuraca, M., & Scepi, G. (2018). Combining different evaluation systems on social media for measuring user satisfaction. *Information Processing & Management, 54*, 674 – 685.

Balfour, V. H. (2020). Likes, comments, action! An examination of the Facebook audience engagement strategies used by strategic impact documentary. *Media International Australia, 176*(1), 34–51. https://doi.org/10.1177/1329878X19897416

Brügger, A., Morton, T. A., & Dessai, S. (2016). "Proximising" climate change reconsidered: A construal level theory perspective. *Journal of Environmental Psychology, 46*, 125–142. https://doi.org/10.1016/j.jenvp.2016.04.004

Bucci, K., Tulio, M., & Rochman, C. M. (2019). What is known and unknown about the effects of plastic pollution: A meta-analysis and systematic review. *Ecological Applications, 30*(2). https://doi.org/10.1002/eap.2044

Choi, D.-H., Nah, S., & Chung, D. S. (2021). Social Media as a Civic Mobilizer: Community Storytelling Network, Social Media, and Civic Engagement in South Korea. *Journal of Broadcasting & Electronic Media, 65*(1), 46–65. https://doi.org/10.1080/08838151.2021.1897818

Corbett, J. B., & Durfee, J. L. (2004). Testing public (un)certainty of science: media representations of global warming. *Science Communication, 26*(2), 129–151. https://doi.org/10.1177/1075547004270234

Duan, R., Takahashi, B., & Zwickle, A. (2021). How effective are concrete and abstract climate change images? The moderating role of construal level in climate change visual communication. *Science Communication, 43*(3), 358–387. https://doi.org/10.1177/10755470211008192

Eyal, T., Sagristano, M. D., Trope, Y., Liberman, N., & Chaiken, S. (2009). When values matter: Expressing values in behavioral intentions for the near vs. distant future. *Journal of Experimental Social Psychology, 45*(1), 35–43. https://doi.org/10.1016/J.Jesp.2008.07.023

Fox, J., Mcknight, J., Sun, Y., Maung, D., & Crawfis, R. (2020). Using a serious game to communicate risk and minimize psychological distance regarding environmental pollution. *Telematics and Informatics, 46*. https://doi.org/10.1016/j.tele.2019.101320

Fujita, K., Henderson, M. D., Eng, J., Trope, Y., & Liberman, N. (2006). Spacial distance and mental construal of social events. *Psychological Science, 17*(4), 278–282. https://doi.org/10.1111/j.1467-9280.2006.01698.x

Griffioen, A. M., Handgraaf, M. J. J., & Antonides, G. (2019). Which construal level combinations generate the most effective interventions? A field experiment on energy conservation. *Plos One, 14*(1). https://doi.org/10.1371/journal.pone.0209469

Hart, P. S., & Nisbet, E. C. (2012). Boomerang Effects in Science Communication: How Motivated Reasoning and Identity Cues Amplify Opinion Polarization About Climate Mitigation Policies. *Communication Research, 39*(6), 701–723. https://doi.org/10.1177/0093650211416646

Henderson, M. D., Fujita, K., Trope, Y., & Liberman, N. (2006). Transcending the "Here": The Effect of Spatial Distance on Social Judgment. *Journal of Personality and Social Psychology, 91*(5), 845–856. https://doi.org/10.1037/0022-3514.91.5.845

Jones, N. (2010). Environmental activation of citizens in the context of policy agenda formation and the influence of social capital. *The Social Science Journal, 47*(1), 121–136. https://doi.org/10.1016/j.soscij.2009.05.008

Jost, P., Maurer, M., & Haßler, J. (2020). Populism fuels love and anger: the impact of message features on users' reactions on facebook. *International Journal of Communication, 14*, 2081–2102.

Karnowski, V., Leiner, D. J., Kümpel, A. S., & Leonhard, L. (2021). Worth to share? How content characteristics and article competitiveness influence news sharing on social network sites. *Journalism & Mass Communication Quarterly, 98*(1), 59–82. https://doi.org/10.1177/1077699020940340

Kim, K., & Ahn, S. J. (2019). The moderating role of cultural background in the temporal framing: focusing on climate change awareness advertising. *Asian Journal of Communivation, 29*(4), 363–385. https://doi.org/10.1080/01292986.2019.1624793

Lebreton, L. C. M., van der Zwet, J., Damsteeg, J.-W., Slat, B., Andrady, A., & Reisser, J. (2017). River plastic emissions to the world's oceans. *Nature Communications, 8*, Article 15611. https://doi.org/10.1038/ncomms15611

Liberman, N., Trope, Y., & Stephan, E. (2007). Psychological distance. In A. W. Kruglanski & E. T. Higgins (Eds.), *Social psychology: Handbook of basic principles* (pp. 353–381). The Guilford Press.

Liu, W., Shao, W., & Wang, Q. (2020). Psychological distance from environmental pollution and willingness to participate in second-hand online transactions: An experimental survey in China. *Journal of Cleaner Production, 281*. https://doi.org/10.1016/j.jclepro.2020.124656

Liviatan, I., Trope, Y., & Liberman, N. (2008). Interpersonal similarity as a social distance dimenstion: Implications for perception of others' actions. *Journal of Experimental Social Psychology, 44*(5), 1256–1269. https://doi.org/10.1016/j.jesp.2008.04.007

Loy, L. S., & Spence, A. (2020). Reducing and bridging, the psychological distance of climate change. *Journal of Environmental Psychology, 67*. https://doi.org/10.1016/j.jenvp.2020.101388

Maiella, R., La Malva, P., Marchetti, D., Pomarico, E., Di Crosta, A., Palumbo, R., Cetara, L., Di Domenico, A., & Verrocchio, M. C. (2020). The psychological distance and climate change: A systematic review on the mitigation and adaptation behaviors. *Frontiers in Psychology, 11*. https://doi.org/10.3389/fpsyg.2020.568899

McDonald, R. I., Chai, H. Y., & Newell, B. R. (2015). Personal experience and the ‚psychological distance' of climate change: An integrative review. *Journal of Environmental Psychology, 44*, 109–118. http://doi.org/10.1016/j.jenvp.2015.10.003

Nekmat, E., Gower, K. K., Gonzenbach, W. J., & Flanagin, A. J. (2015). Source effects in the micro-mobilization of collective action via social media. *Information, Communication & Society, 18*(9), 1076–1091. http://doi.org/10.1080/1369118X.2015.1018301

Noguti, V. (2016). Post language and user engagement in online content communities. *European Journal of Marketing, 50*, 695–723.

Sandu, C., Takacs, E., Suaria, G., Borgogno, F., Laforsch, C., Löder, M. M. G. J., Tweehuysen, G., & Florea, L. (2020). Society role in the reduction of plastic pollution. In *The Handbook of Environmental Chemistry*. Springer. https://doi.org/10.1007/698_2020_483

Scannell, L., & Gifford, R. (2013). Personally Relevant Climate Change: The Role of Place Attachment and Local Versus Global Message Framing in Engagement. *Environement and Behavior, 45*(1), 60–85. https://doi.org/10.1177/0013916511421196

Schoenefeld, J. J., & McCauley, M. R. (2015). Local is not always better: the impact of climate information on values, behavior and policy support. *Journal of Environmental Studies and Sciences, 6*, 724–732. https://doi.org/10.1007/s13412-015-0288-y

Schuldt, J. P., Rickard, L. N., & Yang, J. (2018). Does reduced psychological distance increase climate engagement? On the limits of localizing climate change. *Journal of Environmental Psychology, 55*, 147–153. https://doi.org/10.1016/j.jenvp.2018.02.0 01

Shwom, R., Dan, A., & Dietz, T. (2008). The effects of information and state of residence on climate change policy preferences. *Climatic Change, 90*, 343–358. https://doi.org/10.1007/s10584-008-9428-7

Soliman, M., Alisat, S., Bashir, N. Y., & Wilson, A. E. (2018). Wrinkles in time and drops in the bucket: Circumventing temporal and social barriers to pro-environmental behavior. *SAGE Open. Special Collection – Climate Change, 8*(2). https://doi.org/10.1177/2158244018774826

Spence, A., & Pidgeon, N. (2010). Framing and communicating climate change: The effects of distance and outcome frame manipulations. *Global Environmental Change-Human and Policy Dimensions, 20*(4), 656–667.

Springer, N., Engelmann, I., & Pfaffinger, C. (2014). User comments: motives and inhibitors to write and read. *Information, Communication & Society, 18*(7), 798–815.

Stafford, R., & Jones, P. J. S. (2019). Viewpoint – Ocean plastic pollution: A convenient but distracting truth? *Marine Policy, 103*, 187–191.

Sumner, E. M., Ruge-Jones, L., & Alcorn, D. (2017). A functional approach to the Facebook Like button: An exploration of meaning, interpersonal functionality, and potential alternative response buttons. *New Media & Society, 20*(4), 1451–1469. https://doi.org/10.1177/1461444817697917

Trope, Y., & Liberman, N. (2003). Temporal Construal. *Psychological Review, 110*(3), 403–421.

Trope, Y., & Liberman, N. (2010). Construal-Level Theory of Psychological Distance. *Psychological Review, 117*(2), 440–463. https://doi.org/10.1037/a0018963

Villarrubia-Gómes, P., Cornell, S. E., & Fabres, J. (2018). Marine plastic polluation as a planetary boundary threat – The drifting piece in the sustainability puzzle. *Marine Policy, 97*, 213–220. https://doi.org/10.1016/j.marpol.2017.11.035

Wakslak, C., & Trope, Y. (2011). The effect of construal level on subjective probability estimates. *Psychological Review, 117*(2), 440–463. https://doi.org/10.1037/a0018963

Wang, S., Hurlstone, M. J., Leviston, Z., Walker, I., & Lawrence, C. (2019). Climate change from a distance: An analysis of construal level and psychological distance from climate change. *Frontiers in Psychology. Environmental Psychology, 10*. https://doi.org/10.3389/fpsyg.2019.00230

Wiest, S. L., Raymond, L., & Clawson, R. A. (2015). Framing, partisan predispositions, and public opinion on climate change. *Global Environmental Change, 31*, 187–198. https://doi.org/10.1016/j.gloenvcha.2014.12.006

Wirkung nach Werten: Förderung von umweltfreundlichem Verhalten durch die Übereinstimmung von Wertorientierung und Wertappell?

Anna Schorn

Abstract:
Bei der Förderung von nachhaltigem Verhalten kann die Wertorientierung der Rezipierenden entscheidend dafür sein, ob Appelle mit Fokus auf die Umwelt oder die eigene Person wirksamer sind. Daneben ist es bedeutsam, ob eine Umweltschutzmaßnahme als wirksam erachtet wird, wobei die gezielte Steigerung der Selbstwirksamkeit nach wie vor ein Problem darstellt. Deshalb wurde in einem 2 (Wertappell: Self-Transcendence vs. Self-Enhancement) x 2 (Wirksamkeitsappell: vorhanden vs. abwesend) Between-Subjects-Experiment mit den Ausprägungen von Self-Transcendence und Self-Enhancement Wertorientierung untersucht, welche Rolle die Übereinstimmung von Wertappellen und Wertorientierung spielt und ob es förderlich ist, die Wirksamkeit der eigenen Handlung hervorzuheben. Weder unterschiedliche Wertappelle noch ein Wirksamkeitsappell haben direkte Auswirkung auf die Verhaltensintention. Wenn Wertappelle der Wertorientierung entsprechen, kann jedoch die wahrgenommene Selbstwirksamkeit vermindert werden, was die Verhaltensintention negativ beeinflusst. Der Wirksamkeitsappell hat keinen direkten Einfluss auf Verhaltensintention und wahrgenommene Selbstwirksamkeit, schwächt jedoch tendenziell die Glaubwürdigkeit.

1. *Einleitung*

Wenn umweltfreundliches Verhalten in einer breiten Zielgruppe gefördert werden soll, stehen Kommunikator*innen häufig vor der Herausforderung, verschiedene Personengruppen ansprechen zu müssen, die unterschiedlich auf Botschaften reagieren. Während Personen, die bereits eine hohe Affinität zu entsprechenden Themen aufweisen, vergleichsweise einfach adressiert werden können, ist es schwieriger, auch andere, weniger affine Gruppen zu überzeugen. Insbesondere die persönliche Wertorientierung spielt dabei eine Rolle: Für Personen mit hoher Self-Transcendence Wertorientierung (STW) sind Umweltthemen sowie ein respektvoller Umgang mit Menschen und Erde wichtig, während Personen mit hoher Self-Enhancement Wertorientierung (SEW) nach Einfluss, Erfolg und Vergnügen streben (Schwartz, 1994). Personen mit hoher STW zeigen grundsätzlich eher umweltfreundliches Verhalten und können folglich einfacher adressiert und überzeugt werden (z.B. Graham & Abrahamse, 2017; Hansla, 2011). Schwieriger ist es, auch Personen mit SEW zu überzeugen, was dadurch erschwert werden kann, dass in Anzeigen für nachhaltige Produkte oder umweltfreundliches Verhalten häufig an altruistisch-biosphärische Motive appelliert wird (z.B. Hardeman et al., 2017). Zwar können solche Botschaften wirkungsvoller sein als Botschaften, die Vorteile für die eigene Person betonen (Hansla, 2011), es können jedoch Unterschiede je nach Wertorientierung auftreten: De Dominicis et al. (2017) zeigen in drei Studien, dass Personen mit egoistischer Wertorientierung eher umweltfreundliches Verhalten zeigen, wenn ihnen die Vorteile für sich selbst genannt werden, aber nicht, wenn nur Vorteile für die Umwelt hervorgehoben werden. Im Gegensatz dazu zeigen umweltaffine Personen entsprechendes Verhalten, wenn es Benefits entweder für die Umwelt oder auch für die eigene Person gibt. Andere Studien zeigen jedoch keine verbesserte Wirkung von Wertappellen, wenn die persönliche Wertorientierung einbezogen wird (z.B. Hansla, 2011). Diese Studie soll deshalb weiteren Aufschluss zum Zusammenhang von Wertorientierung und Wertappellen geben.

Überdies kann die wahrgenommene Selbstwirksamkeit Einfluss auf die Ausführung umweltfreundlichen Verhaltens haben (z.B. Doran et al., 2017). Die gezielte Steigerung der wahrgenommenen Selbstwirksamkeit durch entsprechende Maßnahmen stellt jedoch nach wie vor eine Herausforderung dar (z.B. Hanss & Böhm, 2013; Vermeir & Verbeke, 2006). Es wird deshalb außerdem untersucht, ob eine Botschaft, in der die Wirksamkeit des Individuums zur Lösung eines Umweltproblems hervorgehoben wird, zu einer höheren Bereitschaft zu umweltfreundlichem Verhalten führen kann als eine Botschaft ohne solchen Wirksamkeitsappell.

2. *Theoretischer Hintergrund*

2.1 *Einfluss der Wertorientierung bei umweltfreundlichem Verhalten*

Werte sind nach Schwartz und Bilsky (1987) Konzepte oder Überzeugungen über wünschenswerte Verhaltensweisen, welche nicht nur in spezifischen Situationen, sondern allgemein gültig sind und darüber entscheiden, welches Verhalten ausgeführt wird. Sie können nach Schwartz (1992) einerseits danach eingeteilt werden, ob sie Veränderungen zulassen oder an konservativen Ideen festhalten. Daneben kann zwischen Self-Transcendence und Self-Enhancement unterschieden werden. Das Wertecluster Self-Transcendence beinhaltet Altruismus und ökologische Werte wie den Schutz der Natur. Das Cluster Self-Enhancement fasst hingegen Leistung und Macht zusammen und beschreibt die Verfolgung von Eigeninteressen sowie egoistischen Zielen eines Individuums. Personen mit hoher Self-Enhancement Wertorientierung (SEW) sind daher eher bezüglich der Konsequenzen für die eigene Person besorgt, während eine hohe Self-Transcendence Wertorientierung (STW) eher mit altruistisch-biosphärischer Sorge einhergeht (Schultz et al., 2005).

Diese zweite Dimension ist besonders relevant, wenn umweltfreundliches Verhalten betrachtet wird: Eine Vielzahl an Studien zeigt, dass Personen mit hoher STW mehr umweltfreundliches Verhalten zeigen als Personen mit hoher SEW (z.B. de Groot & Steg, 2010; Gifford & Nilsson, 2014; Graham & Abrahamse, 2017; Hansla, 2011; J. Lee & Cho, 2019; Liobikienė & Juknys, 2016; Stern et al., 1999). Folglich können Personen mit hoher STW vergleichsweise einfach adressiert und zu umweltfreundlichen Verhaltensweisen bewegt werden, da diese eine moralische Verpflichtung empfinden, das richtige Verhalten zu zeigen (Nordlund & Garvill, 2002). Nach wie vor ist es jedoch eine Herausforderung, auch Personen mit egoistischer Wertorientierung zu umweltfreundlichem Verhalten zu bewegen, da dieses oft keine direkten Vorteile für die eigene Person mit sich bringt, aber Kosten oder Aufwand entstehen.

2.2 *Wertappelle zur Förderung umweltfreundlichen Verhaltens*

In Anzeigen für nachhaltige Produkte oder umweltfreundliches Verhalten wird aufgrund dieses Mangels an direkten, persönlichen Vorteilen in der Regel an altruistisch-biosphärische Motive appelliert (z.B. Hardeman et al., 2017; Schultz & Zelezny, 2003). Während Konsumierende beim Kauf eines Produktes oder einer Dienstleistung normalerweise zwischen den Vorteilen für sie selbst und den Kosten abwägen, werden hierbei die Kosten mit zukunftsorientierten Vorteilen für Umwelt und Gesellschaft gerechtfertigt (Kim, 2011). Verschiedene Studien zeigen, dass diese umweltbezogenen Botschaften wirkungsvoller sein können als Botschaften, die Vorteile oder Konsequenzen für die eigene Person betonen (Bolderdijk et al., 2013; De Dominicis et al., 2017; Hansla, 2011; Jäger & Weber, 2020), weil dadurch Self-Transcendence Werte aktiviert werden und egoistische Werte in den Hintergrund rücken (De Groot & Steg, 2009). Diese Self-Transcendence Appelle sprechen jedoch nicht unbedingt Personen mit SEW an und es gibt deshalb auch Ansätze, welche stattdessen auf die persönlichen Konsequenzen eingehen bzw. den Nutzen für die Konsumierenden betonen (z.B. Hanss & Doran, 2020; Schultz & Zelezny, 2003). Studien zeigen entsprechend, dass es effektiv sein kann, wenn Informationen zu nachhaltigen Maßnahmen durch persönliche Vorteile ergänzt werden (Hardeman et al., 2017; Vinzenz et al., 2018, 2019). Beide Appelle beinhalten in diesem Fall Informationen zu Umweltschutzmaßnahmen, wobei diese jedoch entweder auf Konsequenzen für die Natur oder für den Menschen abzielen. Einige Studien deuten jedoch auch darauf hin, dass Merkmale der Rezipierenden die Wirkung beider Appelle beeinflussen können (z.B. Dominicis et al., 2017; Vinzenz et al., 2018).

2.3 Wirkung nach Wertorientierung

Es wurde bereits untersucht, ob je nach persönlicher Wertorientierung Unterschiede bei der Wirkung von Wertappellen auftreten, wobei verschiedene Ergebnismuster zu erkennen sind: Es gibt einerseits Studien, die keinen Zusammenhang von Wertappell und Wertorientierung nachweisen (z.B. Grimmer & Woolley, 2014; Hansla, 2011). Andere Forschende kommen jedoch zu dem Ergebnis, dass die Wertorientierung entscheidend dafür sein kann, welche Appelle wirkungsvoller sind. De Dominicis et al. (2017) zeigen in drei Studien mit Studierenden, dass Personen mit egoistischer Wertorientierung eher nachhaltiges Verhalten zeigen, wenn das Verhalten einen Vorteil für sie selbst hat, aber nicht, wenn lediglich Vorteile für die Umwelt hervorgehoben werden. Im Gegensatz dazu zeigen altruistisch orientierte Personen nachhaltiges Verhalten, wenn es Vorteile für die Umwelt *oder* für die eigene Person gibt. Zu einem ähnlichen Ergebnis kommen Vinzenz et al. (2018), die zeigen, dass Personen mit hoher Affinität zu Umweltthemen ein hohes Wohlbefinden berichten, unabhängig davon, ob nur Informationen zur Nachhaltigkeit eines Produkts präsentiert wurden oder zusätzlich positive antizipierte Emotionen als persönlichen Vorteil. Personen mit SEW berichteten nur dann ein ähnlich hohes Wohlbefinden, wenn in der Anzeige auf diese positiven Emotionen angespielt wurde. Die Bereitschaft zu umweltfreundlichem Verhalten wurde von Vinzenz et al. (2018) jedoch nicht untersucht.

2.4 Appelle an die Wirksamkeit

Neben der Wertorientierung und Wertappellen spielen bei der Förderung umweltfreundlichen Verhaltens andere Faktoren eine Rolle. So kann es ausschlaggebend sein, ob Individuen eine spezifische Handlung als effizient zur Lösung eines Umweltproblems erachten. Es kann deshalb vorteilhaft sein, die wahrgenommene Selbstwirksamkeit zu steigern, denn wird eine persönliche Handlung für wirksam gehalten, wird eher entsprechendes Verhalten gezeigt (z.B. Doran et al., 2017; Hanss & Böhm, 2010; Kim & Choi, 2005; Y.-K. Lee et al., 2019). Die Selbstwirksamkeit wird hier als „people's perceived ability to achieve desired outcomes through their actions" (Hanss et al., 2016, S. 358) betrachtet.

Die gezielte Steigerung der Selbstwirksamkeit stellt nach wie vor eine Herausforderung dar und es liegen im Nachhaltigkeitsbereich nur wenige Studien dazu vor (z.B. Hanss & Böhm, 2013; Hanss & Doran, 2020; Vermeir & Verbeke, 2006). In einer frühen Studie untersuchte Allen (1982) beispielsweise, inwiefern TV-Werbung die Selbstwirksamkeit erhöhen kann. Ein persuasiver Appell, der hervorhebt, dass die individuellen Handlungen dabei helfen, den allgemeinen Bedarf an Energie zu senken und zum Energiesparen aufruft, konnte die wahrgenommene Selbstwirksamkeit steigern, hatte aber keinen direkten Effekt auf die Bereitschaft Energie zu sparen. Aufgrund des Mangels an Studien zur Steigerung der Selbstwirksamkeit im Nachhaltigkeitskontext, untersucht die vorliegende Studie, wie eine Botschaft gestaltet werden kann, um die wahrgenommene Selbstwirksamkeit zu steigern und dadurch die Bereitschaft zu umweltfreundlichem Verhalten zu erhöhen (vgl. Hanss & Doran, 2020).

2.5 Glaubwürdigkeit bei Anzeigen für nachhaltige Produkte und Verhaltensweisen

Ein weiterer Einflussfaktor, der die Einstellung und Bereitschaft zu umweltfreundlichem Verhalten beeinflusst, ist die Glaubwürdigkeit. In Zusammenhang mit nachhaltigen Produkten und Maßnahmen ist die Glaubwürdigkeit von Quelle und Information besonders relevant, da Individuen die Nachhaltigkeit eines Produktes bzw. die Wirksamkeit einer Maßnahme in der Regel nicht selbst überprüfen können und sich deshalb auf die gelieferte Information verlassen müssen (Ganz & Grimes, 2018; Vinzenz et al., 2019). Die vergleichsweise wenigen Studien zur Glaubwürdigkeit der Information zeigen, dass diese die Einstellung und Verhaltensintention gegenüber nachhaltigen Produkten maßgeblich beeinflussen kann (z.B. Huber et al., 2015; Jäger & Weber, 2020). In dieser Studie wurde deshalb betrachtet, welche Auswirkungen die Gestaltung der Botschaft auf die wahrgenommene Glaubwürdigkeit dieser haben kann und ob dies die Bereitschaft zu umweltfreundlichem Verhalten beeinflusst.

2.6 Hypothesen

Aufgrund der bisherigen Befunde wird angenommen, dass hinsichtlich der SEW Unterschiede je nach Wertappell auftreten, während Personen mit ausgeprägter STW sowohl bei Self-Transcendence Appellen (ST-Appellen) als auch Self-Enhancement Appellen (SE-Appellen) eine höhere Verhaltensintention berichten. Ähnliche Effekte werden für die wahrgenommene Selbstwirksamkeit und die Glaubwürdigkeit des Beitrags angenommen.

> H1: Mit steigender Ausprägung einer STW steigt die a) Bereitschaft zu umweltfreundlichem Verhalten, die b) wahrgenommene Selbstwirksamkeit, die c) Glaubwürdigkeit des Beitrags – unabhängig von den Wertappellen.
> H2: Mit steigender Ausprägung einer SEW steigt die a) Bereitschaft zu umweltfreundlichem Verhalten, die b) wahrgenommene Selbstwirksamkeit, die c) Glaubwürdigkeit des Beitrags nur dann, wenn Personen einen SE-Appell rezipieren, nicht aber bei einem ST-Appell.

Daneben wird angenommen, dass ein Wirksamkeitsappell die Verhaltensintention, die wahrgenommene Selbstwirksamkeit und die Glaubwürdigkeit des Beitrags steigern kann.

> H3: Eine Botschaft mit Wirksamkeitsappell führt zu einer a) höheren Bereitschaft zu umweltfreundlichem Verhalten, einer b) höheren wahrgenommene Selbstwirksamkeit, einer c) höheren Glaubwürdigkeit der Anzeige als eine Botschaft ohne einen solchen Appell.

Außerdem wird angenommen, dass der Effekt auf die Verhaltensintention durch die wahrgenommene Selbstwirksamkeit (z.B. Berger & Corbin, 1992; Kim, 2011) sowie die Glaubwürdigkeit des Beitrags (z.B. Huber et al., 2015; Jäger & Weber, 2020) mediiert wird, wobei eine Steigerung der Selbstwirksamkeit und der Glaubwürdigkeit zu einer gesteigerten Verhaltensintention führen sollten (s. Abbildung 1).

> H4: Die postulieren Effekte a) des Wertappells, b) des Wirksamkeitsappells, c) der STW, sowie d) der Interaktion von SEW und Wertappell auf die Bereitschaft zu umweltfreundlichem Verhalten werden durch die wahrgenommene Selbstwirksamkeit mediiert.
> H5: Die postulieren Effekte a) des Wertappells, b) des Wirksamkeitsappells, c) der STW, sowie d) der Interaktion von SEW und Wertappell auf die Bereitschaft zu umweltfreundlichem Verhalten werden durch die Glaubwürdigkeit des Beitrags mediiert.

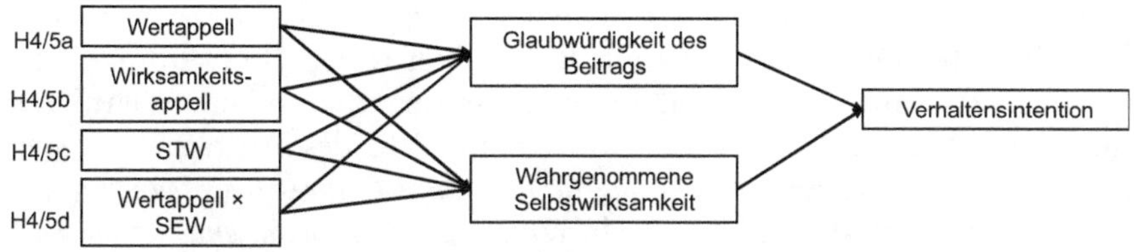

Abbildung 1: Mediationshypothesen

3. Methode

Um die Annahmen zu prüfen, wurde ein Experiment (N = 308, M_{Alter}= 24.76, SD_{Alter} = 6.56, 68.51 % Frauen) im 2 (Wertappell: Self-Transcendence vs. Self-Enhancement) × 2 (Wirksamkeitsappell: vorhanden vs. abwesend) Between-Subjects-Design durchgeführt. Daneben wurden die Ausprägungen von Self-Transcendence und Self-Enhancement Wertorientierung nach Schwartz (1994) einbezogen.

3.1 Material & Gegenstand

Nachhaltigkeitsthemen werden in sozialen Netzwerken immer wichtiger (Facebook IQ, 2019, 2020) und entsprechend finden sich auf Instagram viele Anzeigen von Unternehmen und Influencer*innen, die nachhaltige Produkte und Verhaltensweisen bewerben. Auch NGOs nutzen die Möglichkeit, über soziale Medien nachhaltige Themen zu fördern und etwa zum Unterschreiben von Petitionen zum Umweltschutz aufzurufen (vgl. Paramita et al., 2020). Dabei können Kooperationen mit Influencer*innen eingegangen werden, wodurch die Aufmerksamkeit für diese Themen auch bei Personen außerhalb der Follower*innenschaft der NGOs erhöht und umweltfreundliches Verhalten in der Community der Influencer*innen gefördert werden kann (z.B. Chwialkowska, 2019; Johnstone & Lindh, 2018). Zielgruppen können durch solche Kooperationen sowie bezahlte Anzeigen vergleichsweise einfach definiert und adressiert werden. Die bisher durchgeführten Studien zum Zusammenhang von Wertappellen und Wertorientierung wurden mit herkömmlichen Anzeigen durchgeführt, wobei jedoch insbesondere junge Nutzende sozialer Medien eher egoistische Tendenzen aufweisen und weniger prosoziales Verhalten zeigen können (McCain & Campbell, 2018; Paramita et al., 2020). Es ist deshalb besonders relevant, die zielgruppenspezifische Gestaltung von Beiträgen in sozialen Medien zu betrachten.

Als Stimulusmaterial diente deshalb der Beitrag einer fiktiven Influencerin, in welchem diese in Partnerschaft mit einer realen Umweltorganisation (Oceana) zum Unterschreiben einer Petition für saubere Weltmeere aufruft (s. Abbildung 2). Dabei wurden im Bild des Beitrags entweder Umweltaspekte (ST-Appell: *The plastic used once tortures the ocean forever*) oder Gesundheitsaspekte (SE-Appell: *What goes in the ocean ends up on your plate*) hervorgehoben (vgl. Kareklas et al., 2014). Außerdem wurde variiert, ob die Wirksamkeit des Individuums zur Lösung eines Umweltproblems besonders betont wird und der Text zum Bild persönliche Ansprache beinhaltet (*You can change it!*) oder nicht. Die unmittelbare Verhaltensaufforderung und das Bild eines in einer Plastikflasche gefangenen Fisches wurden in allen Bedingungen konstant gehalten. Der Beitrag der verifizierten Influencerin (@juliaschultzofficial) wurde als bezahlte Partnerschaft gekennzeichnet.

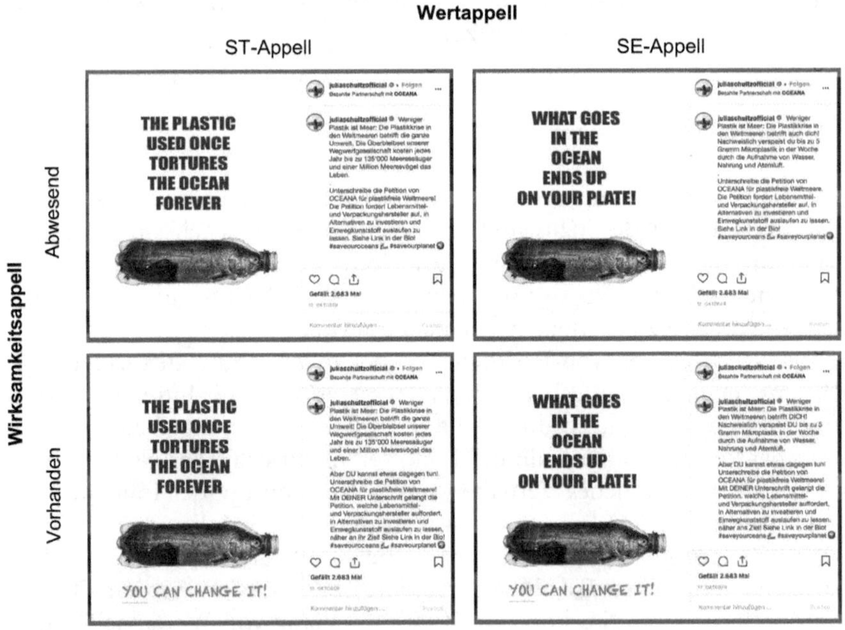

Abbildung 2: Stimulusmaterial

3.2 Pretests

Zunächst wurden zwei Pretests durchgeführt, um die Manipulation zu überprüfen. Im ersten Pretest (N = 30, 50 % männlich, M_{Alter} = 29.13, SD_{Alter} = 11.98) wurden acht Items auf einer 7-stufigen Skala abgefragt, die erfassen, ob der Schutz der Umwelt (α =.80, z.B. *Der Umweltschutz steht im Fokus des Instagram-Posts*) oder der eigenen Gesundheit (α =.88, z.B. *Der Schutz der eigenen Gesundheit steht im Fokus des Instagram-Posts*) hervorgehoben wird. Es wurde eine multivariate Varianzanalyse durchgeführt, die zeigt, dass es Unterschiede in der Wahrnehmung der Appelle gibt (Wilks' Λ =.34, $F(1, 27) = 25.44$, $p < .001$). Gemäß den Erwartungen führen ST-Appelle (M = 6.36, SD = 0.70) zu einer höheren Einschätzung des Umweltbezugs als SE-Appelle (M = 4.71, SD = 1.40). Umgekehrt wird bei SE-Appellen (M = 5.13, SD = 0.98) ein stärkerer Fokus auf die eigene Gesundheit berichtet als bei ST-Appellen (M = 2.60, SD = 1.44). Daneben wurden vier Items abgefragt, die die Wirksamkeit des Individuums zur Lösung eines Umweltproblems adressieren (α =.88; z.B. *Nachdem ich den Instagram-Beitrag gesehen habe, denke ich, dass ich etwas gegen Plastik im Ozean unternehmen kann*). Es ergaben sich jedoch keine signifikanten Unterschiede, weshalb expliziter beschrieben wurde, dass die eigene Unterschrift die Petition näher ans Ziel bringt.

Im zweiten Pretest (N = 54, 50 % männlich, M_{Alter} = 29.50, SD_{Alter} = 12.14) wurde die Manipulation des Wirksamkeitsappells mit zwei neuen Items geprüft (α =.77; z.B. *Der Instagram-Post vermittelt mir das Gefühl, dass ich persönlich in der Lage bin, etwas gegen diese Plastik-Misere bewirken zu können*). Dabei zeigte sich, dass mit Appell eine höhere Wirksamkeit (M = 4.91, SD = 1.29) berichtet wird als ohne (M = 4.04, SD = 1.75; $F(1, 51) = 4.31$, p =.04, η_p^2 =.08).

3.3 Messung

In der Hauptstudie wurde die persönliche Wertorientierung nach Schwartz (1992) mit 12 Items zur STW und SEW erfasst. Die Teilnehmenden konnten auf einer 7-stufigen Skala angeben, wie wichtig ihnen verschiedene Werte sind (z.B. *Umweltschutz (den Schutz der Umwelt zu gewährleisten)*). Anschließend wurden ein Index für die STW (α =.74, M = 5.68, SD = 0.75) und die SEW (α =.72, M = 4.62, SD = 0.91) gebildet. Andere Studien haben bereits gezeigt, dass die Werte von STW und SEW korrelieren können (Gifford, 2011; Nordlund & Garvill, 2002; Stern et al.,

1993), wobei die Korrelation in dieser Studie eher schwach ausfällt ($r(306) = .15$, $p = .01$).

Die Bereitschaft, die Petition zu unterschreiben (Verhaltensintention) wurde mit drei Items (7-stufig) in Anlehnung an Eckler und Bolls (2011) sowie Ulo et al. (2019) abgefragt ($\alpha = .85$, $M = 4.15$, $SD = 1.65$; z.B. *Ich könnte mir vorstellen, die Petition zu unterschreiben*). Daneben wurde die direkte, spezifische wahrgenommene Selbstwirksamkeit erfasst, also ob das Unterschreiben der Petition positive Auswirkungen zum Schutz des Ozeans haben kann (vgl. Ellen et al., 1991; Hanss et al., 2016; Hanss & Böhm, 2013). Dazu wurden in Anlehnung an Hanss et al. (2016) und Doran et al. (2017) sechs Items (7-stufig) abgefragt ($\alpha = .90$, $M = 4.10$, $SD = 1.47$, z.B. *Der Instagram-Post vermittelt mir das Gefühl, dass meine Unterschrift etwas bewirkt*). Da die Quelle konstant gehalten wurde, wurde die Glaubwürdigkeit der Botschaft betrachtet (vgl. Jäger & Weber, 2020). Dazu wurde die Zustimmung zu vier Items (7-stufig) erfasst ($\alpha = .76$, $M = 5.21$, $SD = 1.13$; z.B. *Der Instagram-Post wirkt glaubwürdig auf mich*; vgl. Ganz & Grimes, 2018; Johnson et al., 2019).

4. Hypothesenprüfung

Zur Prüfung der Hypothesen wurden lineare Regressionsanalysen mit Wertappell, Wirksamkeitsappell sowie den Indexen für die STW und SEW durchgeführt (s. Tabelle 1). Zunächst zeigen die Ergebnisse den Hypothesen entsprechend, dass eine ausgeprägte STW mit einer höheren Bereitschaft zu unterschreiben einhergeht ($b = 0.67$, $t = 5.56$, $p < .001$). Für die wahrgenommene Selbstwirksamkeit zeigt sich ebenfalls, dass Personen mit ausgeprägter STW höhere Werte berichten ($b = 0.64$, $t = 6.10$, $p < .001$). Auch die Glaubwürdigkeit des Beitrags steigt mit einer zunehmenden STW ($b = 0.31$, $t = 3.67$, $p < .001$). Die Hypothesen H1a-c können somit bestätigt werden.

Zur Überprüfung von H2 wurden Interaktionseffekte zwischen Wertappell und Wertorientierung betrachtet (multiplikativer Term ohne Mittelwertzentrierung), wobei sich weder für die Verhaltensintention noch die Glaubwürdigkeit des Beitrags signifikante Effekte ergeben (s. Tabelle 1). Mit Blick auf die wahrgenommene Selbstwirksamkeit zeigt sich – entgegen der Erwartungen – dass eine Übereinstimmung von SE-Appell mit einer SEW einen negativen Einfluss hat ($b = -0.20$, $t = -2.25$, $p = .03$): Wenn Teilnehmende einen ST-Appell erhalten, steigt die wahrgenommene Selbstwirksamkeit mit einer erhöhten SEW. Erhalten Befragte jedoch einen SE-Appell, dann führt eine höhere SEW zu einer vergleichsweise geringeren wahrgenommenen Selbstwirksamkeit (s. Abbildung 4 im Anhang). Die Hypothesen 2a-c müssen somit abgelehnt werden.

Hinsichtlich des Wirksamkeitsappells zeigen die Ergebnisse lediglich, dass die Glaubwürdigkeit tendenziell sinkt, wenn ein Wirksamkeitsappell enthalten ist verglichen mit der Botschaft ohne Wirksamkeitsappell (b = -0.12, t = -1.90, p =.06). H3a-c müssen somit ebenfalls abgelehnt werden.

Tabelle 1: Regressionskoeffizienten zur Vorhersage von Verhaltensintention, Selbstwirksamkeit und Glaubwürdigkeit

Variable	Verhaltensintention		Wahrgenommene Selbstwirksamkeit		Glaubwürdigkeit des Beitrags	
	Schätzer	p	Schätzer	p	Schätzer	p
Konstante	0.57	.47	-0.33	.62	3.43	<.001
Wertappell	0.18	.81	0.17	.80	-0.39	.48
Wirksamkeitsappell	-0.14	.11	0.04	.58	-0.12	.06
STW	0.67	<.001	0.64	<.001	0.31	<.001
SEW	0.01	.64	0.18	.04	-0.003	.97
Wertappell×STW	0.002	.99	0.11	.29	0.004	.97
Wertappell×SEW	-0.06	.57	-0.20	.03	0.07	.33
R^2	.11		.16		.06	
F	5.91	<.001	9.29	<.001	3.33	.003

Anmerkung: N = 308. ST-Appell = -1, SE-Appell = 1. Wirksamkeitsappell = 1, kein Wirksamkeitsappell = -1.

Zur Prüfung der Hypothesen H4 und H5 wurde eine Pfadanalyse (s. alle Pfade in Abbildung 3) durchgeführt (Lavaan Package, Rosseel, 2012), wobei die Konfidenzintervalle mit Bootstrapping (1000 Samples) bestimmt wurden. Der Fit des Models ist gut mit χ^2 = 10.58 (df = 6), CFI = 0.975, RMSEA = 0.05 (90 % CI: [.000;.098]), SRMR =.021. Zunächst ergeben sich keine signifikanten Effekte der Wert- und Wirksamkeitsappelle (H4a/b, H5a/b abgelehnt). Es zeigt sich jedoch den vorherigen Befunden entsprechend, dass eine erhöhte STW sowohl mit einer höheren wahrgenommenen Selbstwirksamkeit (*b* = 0.64, *SE* = 0.12, KI[0.368, 0.853]) als auch mit einer gesteigerten Glaubwürdigkeit des Beitrags (*b* = 0.31, *SE* = 0.09, KI[0.149, 0.482]) einhergeht (s. auch Tabelle 2 im Anhang für alle Pfade). Sowohl die Steigerung der wahrgenommenen Selbstwirksamkeit (*b* = 0.27, *SE* = 0.07, KI[0.138, 0.429]) als auch der Glaubwürdigkeit des Beitrags (*b* = 0.13, *SE* = 0.05, KI[0.049, 0.236]) durch die STW führen indirekt zu einer Steigerung der Bereitschaft, die Petition zu unterschreiben (H4c und H5c bestätigt). Daneben hat eine Übereinstimmung von Wertappell und SEW einen signifikanten indirekten, Einfluss auf die Bereitschaft zu unterschreiben, mediiert durch die wahrgenommene Selbstwirksamkeit. Dieser ist jedoch negativ (*b* = -0.08, *SE* = 0.04, KI[-0.178, -0.011]), weshalb H4d abgelehnt wird. Andere indirekte Effekte sind nicht signifikant (H4d und H5d abgelehnt).

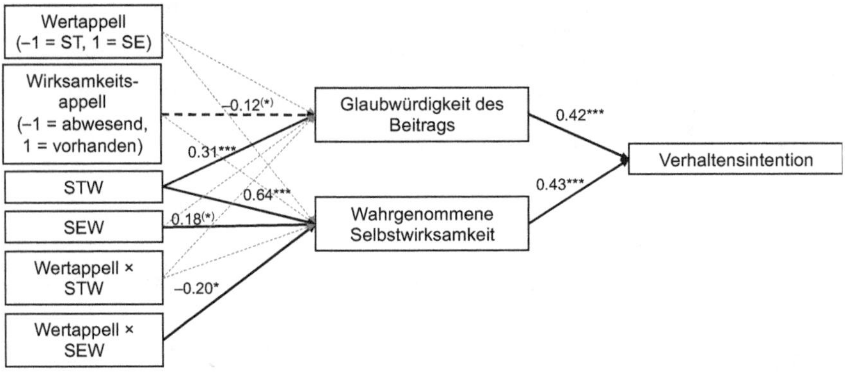

Abbildung 3: Nicht-standardisierte Regressionskoeffizienten. $^{(*)}$ *p* <.10, * *p* <.05, ** *p* <.01, *** *p* <.001. *Gestrichelte Linien stellen postulierte, nicht signifikante Effekte dar. Die Effekte der STW auf die Verhaltensintention werden durch die wahrgenommene Selbstwirksamkeit (ab =.27; KI[0.14, 0.41]) und Glaubwürdigkeit des Beitrags mediiert (ab =.13; KI[0.05, 0.25]). Eine Übereinstimmung von Wertappell und SEW hat einen indirekten, negativen Einfluss auf die Verhaltensintention, mediiert durch die wahrgenommene Selbstwirksamkeit (ab = -0.08, SE = 0.04, KI[-0.178, -0.011])*

5. Diskussion

In der vorliegenden Studie wurde untersucht, welche Rolle die Übereinstimmung von Wertappellen und Wertorientierung bei der Förderung umweltfreundlichen Verhaltens spielt und ob es förderlich ist, wenn die

Wirksamkeit der eigenen Handlung besonders hervorgehoben wird. Zunächst zeigen die Ergebnisse, dass weder unterschiedliche Wertappelle noch ein Wirksamkeitsappell zur Förderung von umweltfreundlichem Verhalten nach einmaliger Exposition eines Instagram-Beitrags direkte Auswirkung auf die Verhaltensintention haben. Die Ergebnisse zeigen jedoch, dass die wahrgenommene Selbstwirksamkeit gemindert werden kann, wenn Rezipierende eine hohe SEW haben und einen SE-Appell betrachten (verglichen mit einem ST-Appell), was wiederum negative Auswirkungen auf Verhaltensabsicht haben kann. Möglicherweise berichten Personen mit ausgeprägter SEW eine geringere Selbstwirksamkeit, wenn persönliche, gesundheitliche Aspekte hervorgehoben werden, weil sie das Unterschreiben einer Petition zum Schutz ihrer Gesundheit als weniger sinnvoll empfinden als zum Schutz von Tier und Umwelt. Personen mit ausgeprägter STW sind dagegen generell bereiter, eine Petition zu unterschreiben.

Dass die Unterschiede dabei für eine SEW auftreten, entspricht teilweise vorherigen Studien, die zeigen, dass verschiede Wertappelle keine unterschiedliche Wirkung je nach Ausprägung der STW haben, jedoch Unterschiede nach Ausprägung der SEW auftreten. Dabei sollte eine Übereinstimmung von SEW und Wertappell jedoch positive Auswirkungen haben (De Dominicis et al., 2017; Vinzenz et al., 2018). Auffallend ist bei diesen Studien, dass SE-Appelle sehr unterschiedlich operationalisiert sind. In Studien zu finanziellen Vorteilen, handelt es sich in der Regel um Situationen, in denen durch das Verhalten Geld gespart wird (z.B. Bolderdijk et al., 2013; Schuhwerk & Lefkoff-Hagius, 1995) oder ein Unternehmen bzw. eine Organisation weitere Vergünstigungen gibt, wenn ein bestimmtes Verhalten gezeigt wird (z.B. De Dominicis et al., 2017). Bolderdijk et al. (2013) verwenden beispielsweise einen SE-Appell ganz ohne Nachhaltigkeitsbezug und kommen zu dem Ergebnis, dass biosphärische Argumente in diesem Fall wirksamer sind. Aufgrund des Mangels an direkten, persönlichen Vorteilen bei umweltfreundlichem Verhalten beziehen sich SE-Appelle jedoch häufig darauf, ein gutes Gefühl durch eine gute Tat zu erlangen (Grimmer & Woolley, 2014; Vinzenz et al., 2018) oder Risiken für die eigene Gesundheit zu verringern (Hansla, 2011). In beiden Fällen ist auffallend, dass zwischen SE- und ST-Appellen häufig nicht eindeutig differenziert werden kann: Wenn Umweltschutzmaßnahmen einen Vorteil für die eigene Person haben, dann ist diesem in den meisten Fällen auch ein Vorteil für die Umwelt inhärent. Die gesundheitlichen Auswirkungen von Mikroplastik im Meer sind beispielsweise relativ abstrakt, während es leichter vorstellbar ist, dass Meerestiere unter der Belastung leiden. Dies kann in dieser Studie durch das konstant gehaltene Bild eines in Plastik gefangenen Fischs verstärkt worden sein. In zukünftigen Studien sollte deshalb einbezogen werden, inwiefern die Konsequenzen oder Vorteile der SE-Appelle tatsächlich als nützlich oder wirksam für die eigene Person (oder Umwelt) betrachtet werden.

Hinsichtlich des Wirksamkeitsappells zeigen die Ergebnisse, dass es keine positiven Auswirkungen auf die Bereitschaft zu unterschreiben und die wahrgenommene Selbstwirksamkeit hat, wenn im Beitrag explizit hervorgehoben wird, dass jede einzelne Unterschrift zu einem Wandel bezüglich der plastikverschmutzten Ozeane beitragen kann. Lediglich die Glaubwürdigkeit des Beitrags wird tendenziell geschwächt. Die Ergebnisse deuten darauf hin, dass ein Fokus auf die Wirksamkeit des einzelnen Individuums in sozialen Dilemmasituationen nicht die gewünschte Wirkung erzielt und es zu Backfire-Effekten kommen kann, wenn die Verhaltensintention sinkt. Bereits in anderen Studien (z.B. Hanss & Doran, 2020; Vermeier & Verbeke, 2006) hat sich die Beeinflussung der wahrgenommenen Selbstwirksamkeit als problematisch herausgestellt und es erwies sich nicht als effektiv, Konsumierenden Informationen zu den Auswirkungen ihres Verhaltens auf nachhaltigkeitsbezogene Zielgrößen zu liefern (z.B. Klimaschutz oder Arbeitsbedingungen). Es sollte demnach mit Appellen, welche die Wirksamkeit des Individuums zur Lösung eines Umweltproblems hervorheben, vorsichtig umgegangen werden, da diese die Glaubwürdigkeit, und dadurch die Bereitschaft zu umweltfreundlichem Verhalten, schwächen können.

Die Ergebnisse der vorliegenden Studie können dadurch beschränkt sein, dass in der Stichprobe STW deutlich stärker ausgeprägt sind als SEW. Auch wenn dies bereits in anderen Studien beobachtet wurde (z.B. Nordlund & Garvill, 2002), kann dies möglicherweise auf den hohen Frauenanteil in der Stichprobe zurückgeführt werden. So berichten Frauen im allgemeinen umweltfreundlichere Einstellungen und zeigen eher entsprechendes Verhalten als Männer (Gifford & Nilsson, 2014; Stern et al., 1993). Andererseits zeigen Stern et al. (1993), dass zwischen den Geschlechtern keine Unterschiede auftreten, wenn um die Wertorientierung kontrolliert wird, wodurch die ungleiche Verteilung in dieser Stichprobe relativiert werden kann. Nichtsdestotrotz würden die Differenzen zwischen den Gruppen gegebenenfalls deutlicher ausfallen, wenn die Stichprobe vielfältiger wäre und mehr Varianz bei der Wertorientierung aufweisen würde.

Daneben ist anzumerken, dass sich in Studien zu Werten und Wertappellen verschiedene Vorgehensweisen zur Einteilung der persönlichen Wertorientierung finden. Beispielsweise wird in einigen Studien mit einem *Difference Score* gearbeitet, bei dem der SEW-Index vom STW-Index abgezogen wird, wodurch höhere Werte für eine biosphärisch-altruistische

Wertorientierung und niedrige Werte für eine SEW stehen (z.B. De Dominicis et al., 2017; Vinzenz et al., 2018). Anschließend erfolgt die Einteilung der Wertorientierung nach Quantilen (Vinzenz et al., 2018) oder via Mediansplit (De Dominicis et al., 2017). Der Difference Score ermöglicht es zwar, Personen entweder eine STW oder eine SEW zuzuordnen, es wird jedoch nicht berücksichtigt, ob die Werte generell hoch bzw. niedrig ausfallen, weshalb in dieser Studie beide Ausprägungen einbezogen wurden.

Überdies muss angemerkt werden, dass die Werte der abhängigen Variablen generell nah an der Skalenmitte liegen und teilweise sogar darunter. Die Bereitschaft, die Petition zu unterschreiben ist somit allgemein niedrig, was jedoch bereits in anderen Studien zur Bereitschaft Petitionen zu unterschreiben zu sehen ist (z.B. Burgers et al., 2012; Koenig & McLaughlin, 2018). Womöglich werden Petitionen generell nicht als sinnvolle Maßnahmen betrachtet und es wäre vorteilhaft gewesen, auch die Bereitschaft zu umweltfreundlichem Verhalten zu erfassen, beispielsweise die Reduktion von Plastik.

Danksagung

Die Studie wurde im Rahmen eines Bachelor Forschungsseminars durchgeführt unter der Leitung von Friederike Vinzenz und Anna Schorn. Für die Datenerhebung danke ich Jean Paulo Alves Chaveiro, Lauren Antelmann, Alina Chip, Oguzhan Karagözoglu, Wiona Rohner und Petra Weber.

Literaturverzeichnis

Allen, C. T. (1982). Self-perception based strategies for stimulating energy conservation. *Journal of Consumer Research*, *8*(4), 381–390. https://doi.org/10.1086/208878

Berger, I. E., & Corbin, R. M. (1992). Perceived consumer effectiveness and faith in others as moderators of environmentally responsible behaviors. *Journal of Public Policy & Marketing*, *11*(2), 79–89. JSTOR. https://doi.org/10.1177/074391569201100208

Bolderdijk, J. W., Steg, L., Geller, E. S., Lehman, P. K., & Postmes, T. (2013). Comparing the effectiveness of monetary versus moral motives in environmental campaigning. *Nature Climate Change*, *3*(4), 413–416. https://doi.org/10.1038/nclimate1767

Burgers, C., de Graaf, A., & Callaars, S. (2012). Differences in actual persuasiveness between experiential and professional expert evidence. *Journal of Argumentation in Context*, *1*(2), 194–208. https://doi.org/10.1075/jaic.1.2.03deg

Chwialkowska, A. (2019). How sustainability influencers drive green lifestyle adoption on social media: The process of green lifestyle adoption explained through the lenses of the Minority Influence Model and Social Learning Theory. *Management of Sustainable Development*, *11*(1), 33–42. https://doi.org/10.2478/msd-2019-0019

De Dominicis, S., Schultz, P. W., & Bonaiuto, M. (2017). Protecting the environment for self-interested reasons: Altruism is not the only pathway to sustainability. *Frontiers in Psychology*, *8*, 1065. https://doi.org/10.3389/fpsyg.2017.01065

De Groot, J. I. M., & Steg, L. (2009). Morality and prosocial behavior: The role of awareness, responsibility, and norms in the Norm Activation Model. *The Journal of Social Psychology*, *149*(4), 425–449. https://doi.org/10.3200/SOCP.149.4.425-449

de Groot, J. I. M., & Steg, L. (2010). Relationships between value orientations, self-determined motivational types and pro-environmental behavioural intentions. *Journal of Environmental Psychology*, *30*(4), 368–378. https://doi.org/10.1016/j.jenvp.2010.04.002

Doran, R., Hanss, D., & Larsen, S. (2017). Intentions to make sustainable tourism choices: Do value orientations, time perspective, and efficacy beliefs explain individual differences? *Scandinavian Journal of Hospitality and Tourism*, *17*(3), 223–238. https://doi.org/10.1080/15022250.2016.1179129

Eckler, P., & Bolls, P. (2011). Spreading the virus: Emotional tone of viral advertising and its effect on forwarding intentions and attitudes. *Journal of Interactive Advertising*, *11*(2), 1–11. https://doi.org/10.1080/15252019.2011.10722180

Ellen, P. S., Wiener, J. L., & Cobb-Walgren, C. (1991). The role of perceived consumer effectiveness in motivating environmentally conscious behaviors. *Journal of Public Policy & Marketing*, *10*(2), 102–117. JSTOR.

Ellen, P. S., Wiener, J. L., & Cobb-Walgren, C. (1991). The role of perceived consumer effectiveness in motivating environmentally conscious behaviors. *Journal of Public Policy & Marketing*, *10*(2), 102–117. JSTOR. https://doi.org/10.1177/074391569101000206

Facebook IQ. (2019). *The 2020 topics and trends report*. https://de-de.facebook.com/business/news/insights/2020-topics-and-trends-report

Facebook IQ. (2020). *The 2021 topics and trends report*. https://www.facebook.com/business/news/insights/2021-topics-and-trends-report

Ganz, B., & Grimes, A. (2018). How claim specificity can improve claim credibility in green advertising: Measures that can boost outcomes from environmental product claims. *Journal of Advertising Research*, *58*(4), 476–486. https://doi.org/10.2501/JAR-2018-001

Gifford, R. (2011). The dragons of inaction: Psychological barriers that limit climate change mitigation and adaptation. *American Psychologist*, *66*(4), 290–302. https://doi.org/10.1037/a0023566

Gifford, R., & Nilsson, A. (2014). Personal and social factors that influence pro-environmental concern and behaviour: A review. *International Journal of Psychology*, *49*(3), 141–157. https://doi.org/10.1002/ijop.12034

Graham, T., & Abrahamse, W. (2017). Communicating the climate impacts of meat consumption: The effect of values and message framing. *Global Environmental Change*, *44*, 98–108. https://doi.org/10.1016/j.gloenvcha.2017.03.004

Grimmer, M., & Woolley, M. (2014). Green marketing messages and consumers' purchase intentions: Promoting personal versus environmental benefits. *Journal of Marketing Communications*, *20*(4), 231–250. https://doi.org/10.1080/13527266.2012.684065

Hansla, A. (2011). Value orientation and framing as determinants of stated willingness to pay for eco-labeled electricity. *Energy Efficiency*, *4*(2), 185–192. https://doi.org/10.1007/s12053-010-9096-0

Hanss, D., & Böhm, G. (2010). Can I make a difference? The role of general and domain-specific self-efficacy in sustainable consumption decisions. *Umweltpsychologie*, *14*(2), 46–74.

Hanss, D., & Böhm, G. (2013). Promoting purchases of sustainable groceries: An intervention study. *Journal of Environmental Psychology*, *33*, 53–67. https://doi.org/10.1016/j.jenvp.2012.10.002

Hanss, D., Böhm, G., Doran, R., & Homburg, A. (2016). Sustainable consumption of groceries: The importance of believing that one can contribute to sustainable development. *Sustainable Development*, *24*(6), 357–370. https://doi.org/10.1002/sd.1615

Hanss, D., & Doran, R. (2020). Perceived Consumer Effectiveness. In W. Leal Filho, A. M. Azul, L. Brandli, P. G. özuyar, & T. Wall (Hrsg.), *Responsible Consumption and Production* (S. 535–544). Springer International Publishing. https://doi.org/10.1007/978-3-319-95726-5_33

Hardeman, G., Font, X., & Nawijn, J. (2017). The power of persuasive communication to influence sustainable holiday choices: Appealing to self-benefits and norms. *Tourism Management*, *59*, 484–493. https://doi.org/10.1016/j.tourman.2016.09.011

Huber, F., Meyer, F., & Vollmann, S. (2015). Credibility as a key to sustainable advertising success. In M. C. Dato-on (Hrsg.), *The Sustainable Global Marketplace* (S. 419–422). Springer International Publishing.

Jäger, A.-K., & Weber, A. (2020). Can you believe it? The effects of benefit type versus construal level on advertisement credibility and purchase intention for organic food. *Journal of Cleaner Production*, *257*, 120543. https://doi.org/10.1016/j.jclepro.2020.120543

Johnson, B. K., Potocki, B., & Veldhuis, J. (2019). Is that my friend or an advert? The effectiveness of Instagram native advertisements posing as social posts. *Journal of Computer-Mediated Communication*, *24*(3), 108–125. https://doi.org/10.1093/jcmc/zmz003

Johnstone, L., & Lindh, C. (2018). The sustainability-age dilemma: A theory of (un)planned behaviour via influencers. *Journal of Consumer Behaviour*, *17*(1), 127–139. https://doi.org/10.1002/cb.1693

Kareklas, I., Carlson, J. R., & Muehling, D. D. (2014). "I eat organic for my benefit and yours": Egoistic and altruistic considerations for purchasing organic food and their implications for advertising strategists. *Journal of Advertising, 43*(1), 18–32. https://doi.org/10.1080/00913367.2013.799450

Kim, Y. (2011). Understanding green purchase: The influence of collectivism, personal values and environmental attitudes, and the moderating effect of perceived consumer effectiveness. *Seoul Journal of Business, 17*(1), 65–92. https://doi.org/10.35152/SNUSJB.2011.17.1.003

Kim, Y., & Choi, S. M. (2005). Antecedents of green purchase behavior: An examination of collectivism, environmental concern, and PCE. *Advances in Consumer Research, 32*, 592–599.

Koenig, A., & McLaughlin, B. (2018). Change is an emotional state of mind: Behavioral responses to online petitions. *New Media & Society, 20*(4), 1658–1675. https://doi.org/10.1177/1461444817689951

Lee, J., & Cho, M. (2019). New insights into socially responsible consumers: The role of personal values. *International Journal of Consumer Studies, 43*(2), 123–133. https://doi.org/10.1111/ijcs.12491

Lee, Y.-K., Kim, M., Katz-Gerro, T., & Kim, Y. (2019). Personal values, perceived consumer effectiveness and demographic effects on green purchasing behavior of korean consumers. *Environmental Engineering and Management Journal, 18*(2), 349–358.

Liobikienė, G., & Juknys, R. (2016). The role of values, environmental risk perception, awareness of consequences, and willingness to assume responsibility for environmentally-friendly behaviour: The Lithuanian case. *Journal of Cleaner Production, 112*, 3413–3422. https://doi.org/10.1016/j.jclepro.2015.10.049

McCain, J. L., & Campbell, W. K. (2018). Narcissism and social media use: A meta-analytic review. *Psychology of Popular Media Culture, 7*(3), 308–327. https://doi.org/10.1037/ppm0000137

Nordlund, A. M., & Garvill, J. (2002). Value structures behind proenvironmental behavior. *Environment and Behavior, 34*(6), 740–756. https://doi.org/10.1177/001391602237244

Paramita, W., Septianto, F., Rostiani, R., Winahjoe, S., & Audita, H. (2020). Turning narcissists into prosocial agents: Explaining young people's online donation behavior. *Young Consumers, 21*(4), 369–388. https://doi.org/10.1108/YC-11-2019-1070

Rosseel, Y. (2012). lavaan: An R Package for Structural Equation Modeling. *Journal of Statistical Software, 48*(2), 1–36. doi:http://dx.doi.org/10.18637/jss.v048.i02

Schuhwerk, M. E., & Lefkoff-Hagius, R. (1995). Green or non-green? Does type of appeal matter when advertising a green product? *Journal of Advertising, 24*(2), 45–54. https://doi.org/10.1080/00913367.1995.10673475

Schultz, P. W., Gouveia, V. V., Cameron, L. D., Tankha, G., Schmuck, P., & Franěk, M. (2005). Values and their relationship to environmental concern and conservation behavior. *Journal of Cross-Cultural Psychology, 36*(4), 457–475. https://doi.org/10.1177/0022022105275962

Schultz, P. W., & Zelezny, L. (2003). Reframing environmental messages to be congruent with American values. *Human Ecology Review*, *10*(2), 126–136. JSTOR.

Schwartz, S. H. (1992). Universals in the content and structure of values: Theoretical advances and empirical tests in 20 countries. *Advances in Experimental Social Psychology*, *25*, 1–65. https://doi.org/10.1016/S0065-2601(08)60281-6

Schwartz, S. H. (1994). Are there universal aspects in the structure and contents of human values? *Journal of Social Issues*, *50*(4), 19–45. https://doi.org/10.1111/j.1540-4560.1994.tb01196.x

Schwartz, S. H., & Bilsky, W. (1987). Toward a universal psychological structure of human values. *Journal of Personality and Social Psychology*, *53*(3), 550–562. https://doi.org/10.1037/0022-3514.53.3.550

Stern, P. C., Dietz, T. A., Abel, T. D., Guagnano, G. A., & Kalof, L. (1999). A value-belief-norm theory of support for social movements: The case of environmentalism. *Research in Human Ecology*, *6*(2), 81–97.

Stern, P. C., Dietz, T., & Kalof, L. (1993). Value orientations, gender, and environmental concern. *Environment and Behavior*, *25*(5), 322–348. https://doi.org/10.1177/0013916593255002

Ulo, K. L. M., Hidayanto, A. N., Sandhyaduhita, P. I., Fitriani, W. R., Meyliana, M., & Abidin, Z. (2019). Factors influencing internet users' intention to sign e-petitions. *Transforming Government: People, Process and Policy*, *13*(3/4), 257–275. https://doi.org/10.1108/TG-01-2019-0006

Vermeir, I., & Verbeke, W. (2006). Sustainable food consumption: Exploring the consumer "attitude – behavioral intention" gap. *Journal of Agricultural and Environmental Ethics*, *19*(2), 169–194. https://doi.org/10.1007/s10806-005-5485-3

Vinzenz, F., Priskin, J., Wirth, W., Ponnapureddy, S., & Ohnmacht, T. (2019). Marketing sustainable tourism: The role of value orientation, well-being and credibility. *Journal of Sustainable Tourism*, *27*(11), 1663–1685. https://doi.org/10.1080/09669582.2019.1650750

Vinzenz, F., Wirth, W., Priskin, J., Ponnapureddy, S., & Ohnmacht, T. (2018). Perceived social–environmental and emotional well-being as a benefit of sustainable tourism products and services. In T. Ohnmacht, J. Priskin, & J. Stettler (Hrsg.), *Advances in Culture, Tourism and Hospitality Research* (Bd. 15, S. 49–65). Emerald Publishing Limited. https://doi.org/10.1108/S1871-317320180000015007

Anhang

Tabelle 2: Ergebnisse der Pfadanalyse

Schätzfunktion	*z*-Statistik Schätzer	SE	*z*	*p*-Wert	Bootstrapping (1000 Samples) Unteres 95 % KI	Oberes 95 % KI
Wertappell → S-E	0.17	0.73	0.23	.82	-1.241	1.601
Wirksamkeitsappell → S-E	0.04	0.08	0.57	.57	-0.107	0.195
STW → S-E	0.64	0.12	5.21	<.001	0.368	0.853
SEW → S-E	0.18	0.09	1.91	.06	-0.002	0.368
Wertappell × STW → S-E	0.11	0.12	0.95	.34	-0.113	0.343
Wertappell × SEW→ S-E	-0.20	0.09	-2.08	.04	-0.387	-0.024
Wertappell → GB	-0.39	0.58	-0.67	.51	-1.472	0.657
Wirksamkeitsappell → GB	-0.12	0.06	-1.94	.05	-0.236	0.008
STW → GB	0.31	0.09	3.59	<.001	0.149	0.482
SEW → GB	0.00	0.07	0.04	.97	-0.137	0.152
Wertappell × STW → GB	0.00	0.09	0.04	.97	-0.166	0.174
Wertappell × SEW→ GB	0.07	0.07	0.93	.35	-0.066	0.209
S-E → Intention	0.43	0.06	7.16	<.001	0.303	0.536
GB → Intention	0.42	0.08	4.99	<.001	0.247	0.594

Anmerkung: GB = Glaubwürdigkeit des Beitrags. S-E = Self-Efficacy. Die Bereitschaft zu Unterschreiben kann indirekt durch eine Erhöhung der STW gesteigert werden, wobei dieser Effekt durch die wahrgenommene Selbstwirksamkeit (*ab* = 0.27, *SE* = 0.07, KI[0.138, 0.429]) und die Glaubwürdigkeit des Beitrags (*ab* = 0.13, *SE* = 0.05, KI[0.049, 0.236]) mediiert wird. Eine Übereinstimmung von Wertappell und SEW hat einen indirekten, negativen Einfluss auf die Bereitschaft zu unterschreiben, mediiert durch die wahrgenommene Selbstwirksamkeit (*ab* = -0.08, *SE* = 0.04, KI[-0.178, -0.011]). ST-Appell = -1, SE-Appell = 1. Wirksamkeitsappell = 1, kein Wirksamkeitsappell = -1.

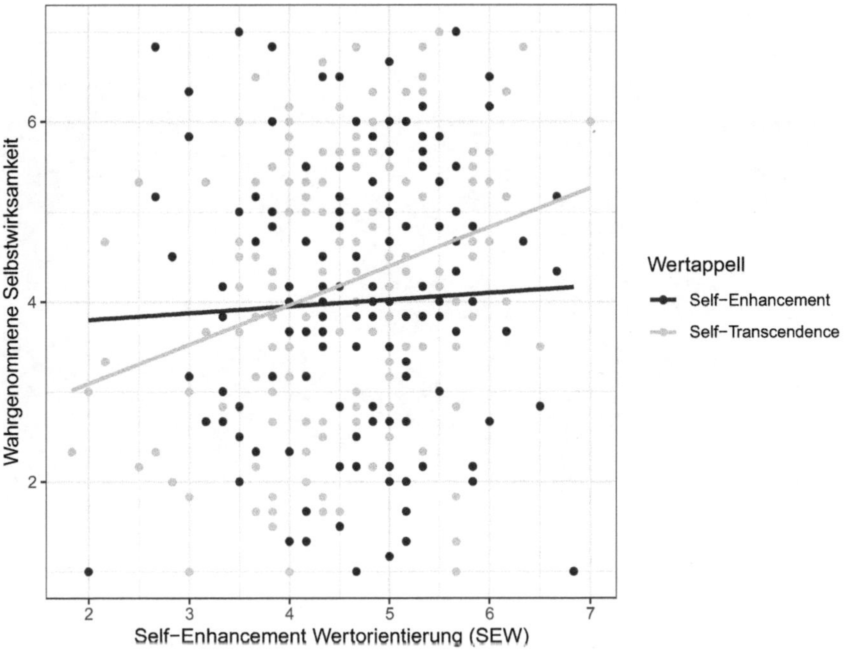

Abbildung 4: Interaktionsdiagramm für den Einfluss von Self-Enhancement Wertorientierung (SEW) und unterschiedlichen Wertappellen auf die wahrgenommene Selbstwirksamkeit. Die Interaktion ist signifikant mit p =.03

Extreme Botschaften und die Rolle von Empathie – Analyse der Effektivität der Kommunikation von Tierschutzorganisationen mit extremen furchtinduzierenden Botschaften und Personifizierung

Tanja Habermeyer, Janine N. Blessing & Rebecca Hellmeier

Abstract:
Die vorliegende Untersuchung konzentriert sich auf die Nachhaltigkeitskommunikation von Tierschutzorganisationen zur Reduktion tierbasierter Ernährung. Die beiden sehr häufig eingesetzten Strategien in diesem Kontext – extreme furchtinduzierende Botschaften sowie Personifizierung, eine menschenähnliche Darstellung von nicht-menschlichen Objekten – werden in einem 2x2 Between-Subject Online-Experiment untersucht. Eine Kombination aus den Strategien sowie Personifizierung alleine wurde im Rahmen der Tierschutzkommunikation noch nicht untersucht, es wird jedoch eine Steigerung umweltrelevanter Einstellungen und Verhaltensintentionen von zahlreichen Autor*innen erwartet. In der vorliegenden Untersuchung zeigten sich extreme furchtinduzierende Botschaften und linguistische Personifizierung als nicht signifikant für umweltrelevante Einstellungen und Verhaltensweisen. Eine Kombination aus beiden Strategien führte außerdem zu einem negativen Interaktionseffekt für Einstellung zwei Wochen nach der Rezeption. Anhand der Erkenntnisse werden weitere mögliche Studien sowie praktische Empfehlungen für eine effektive Kommunikation in diesem Kontext abgeleitet.

1. *Nachhaltige Ernährung als aktuelle und künftige Herausforderung*

Eine der relevantesten aktuellen und künftigen Herausforderungen ist es, eine Ernährung für die ständig anwachsende Weltbevölkerung zu ermöglichen. Ein entscheidender Anteil der weltweiten Ernährung besteht derzeit aus tierbasierten Produkten (FAO, 2021). Die Konsequenzen hiervon: Neben zahlreichen negativen gesundheitlichen Konsequenzen (wie Herz-Kreislauf-Erkrankungen) haben die Fleisch-Massenproduktion sowie der -konsum auch einen negativen Einfluss auf die Umwelt. Tierbasierte Produkte sind verantwortlich für 24 % der globalen Emissionen (Risku-Norja & Kurppa, 2009). Die Reduktion von tierbasierter Ernährung spielt deshalb auch eine entscheidende Rolle im Kampf gegen den Klimawandel. Zudem bedeutet die derzeitige Massenproduktion ein für die Tiere meist qualvolles Leben in zu kleinen Käfigen etc., was unzählige Krankheiten bei Tieren sowie im Nachgang bei Menschen auslösen kann (WBA, 2015).

Tierschutzorganisationen setzen verschiedene Kommunikationsstrategien ein, um Aufmerksamkeit zu generieren und Rezipierende für die Problematik der tierbasierten Ernährung zu sensibilisieren (Fernández, 2020a). Die folgende Studie analysiert in einem experimentellen Design die Wirkung dieser Kommunikationsstrategien auf Rezipierende und untersucht, inwiefern diese einen Beitrag zu einem nachhaltigen Konsumverhalten leisten können. Nach Shelton und Rogers (1981) könnten die bisher im Tierschutzkontext häufig eingesetzten Strategien, furchtinduzierende Botschaften und Personifizierung, besonders effektiv für Tierschutzeinstellungen und -verhalten sein. So können Furchtappelle – wie im Rahmen der Forschung zu Gesundheitskommunikation gezeigt – dazu beitragen, dass Menschen sich selbst schützen wollen. Darüber hinaus könnte der Einsatz von Furchtappellen auch zu einer größeren Bereitschaft führen, andere Tiere und Menschen schützen zu wollen, wenn sie mit dem Auslösen von Empathie, wie durch Personifizierung, kombiniert werden. Die folgende Studie untersucht aus diesem Grund die beiden in der Tierschutzkommunikation am häufigsten eingesetzten Kommunikationsstrategien, extreme furchtinduzierende Botschaften (Jasper, 1999, auch Furchtappelle genannt) und Personifizierung (Tam, 2014). Unter dem Begriff der Personifizierung wird die Darstellung von nicht-menschlichen Entitäten, wie Tieren, als menschlich verstanden. Ausgelöste Furcht könnte dementsprechend bei Rezipierenden das Bedürfnis für Handlungen (*need for action*; Jasper, 1999) aktivieren, was in der Kombination mit Empathie-auslösender Personifizierung insbesondere Einstellungen und Verhaltensweisen zum Wohl der Tiere fördern kann. Die Strategie der Personifizierung wurde im Kontext der Tierschutzkommunikation bisher kaum untersucht, und beide Strategien in Kombination ebenfalls nicht. Die vorliegende Studie setzt an dieser Stelle an und analysiert zudem, bei einer zweiten Befragung nach zwei Wochen, die Stabilität der Wirkung auf Einstellung sowie die Wirkung auf durchgeführtes Verhalten und Intentionssuche. Im Rahmen eines 2 (furchtinduzierende Botschaften vs. keine furchtinduzierenden Botschaften) x 2 (Personifizierung vs. keine Personifizierung) Between-Subject Online-Experiments soll folgende Forschungsfrage untersucht werden:

> *Inwiefern wirkt sich die Kommunikation von Tierschutzorganisationen mit extremen furchtinduzierenden Botschaften und Personifizierung auf Einstellung, Verhaltensintention und Intention zur Informationssuche von Rezipierenden direkt nach der Rezeption sowie auf die Stabilität der Einstellung sowie durchgeführtes Verhalten und Informationssuche nach zwei Wochen aus?*

2. Theoretischer Hintergrund

Aufbauend auf theoretischer und empirischer Literatur wird nachfolgend das Forschungsdesign entwickelt. Zudem werden die Hypothesen sowie Unterforschungsfragen aufgestellt.

2.1 Von Fleisch und Mord – Extreme Furchtappelle und ihre Effekte

Wie von verschiedenen Autor*innen (Cherry, 2010; Fernández, 2020a; 2020b; Jasper, 1999) beschrieben, verwenden Tierschutzorganisationen häufig eine extreme Rhetorik mit furchtinduzierenden Botschaften (Jasper, 1999), um Rezipierende auf ihre Anliegen aufmerksam zu machen. Die Organisationen zielen darauf ab, durch explizite und konfrontative Inhalte eine emotionale Reaktion hervorzurufen, um einen Handlungsbedarf (*need for action*) und folglich eine Verhaltensänderung anzustoßen (Schulte, 2019). Jasper und Nelkin (1992) beschreiben diese Strategie als die möglicherweise stärkste Kommunikationsform von Tierschutzorganisationen.

Die Strategie des Einsatzes von furchtinduzierenden Botschaften (genannt: Furchtappelle) wird erstmals von Janis und Feshbach (1953) im Kontext der Forschung zur Gesundheitskommunikation beschrieben. Die Verwendung von Furchtappellen basiert gemäß des Extended Parallel Process Modells (Witte, 1992) auf der Annahme, dass die Darstellung einer Gefahr oder Bedrohung eine emotionale Spannung und folglich einen Handlungsbedarf (*need for action*) bei Rezipierenden auslöst, um die emotionale Spannung aufgrund der Gefahr oder Bedrohung aufzulösen (Janis & Feshbach, 1953). Die Darstellung von lösenden (Nicht-)Handlungen kann das Handlungsbedürfnis dementsprechend in eine Verhaltensänderung überführen (Gelbrich & Schröder, 2008; Witte, 1992). Furchtappelle wurden insbesondere in den Bereichen der Gesundheitskommunikation (z. B. Gelbrich & Schröder, 2008; Janis & Feshbach, 1953; Metaanalyse von Witte & Allen, 2000) und der Umweltkommunikation (z. B. Chen, 2015; Hartmann et al., 2014; Meijnders et al., 2001) untersucht. Studien zeigen insgesamt positive Effekte auf Einstellungen und Verhaltensabsichten. In Bezug auf die höhere Effektivität von starken oder moderaten furchtinduzierenden Botschaften kommen die Untersuchungen jedoch zu unterschiedlichen Ergebnissen (Ruiter et al., 2014; Witte & Allen, 2000). Gerade im Umweltkontext gehen neuere Studien insgesamt von einer hohen Wirksamkeit von starken furchtinduzierenden Botschaften (im Vergleich zu moderaten Botschaften) aus (Hartmann et al., 2014; Meijnders et al., 2001). Im Kontext der Tierschutzkommunikation wird nach Studien von Fernández (2020a) und Munro (2012) insbesondere eine Form der furchtauslösenden Kommunikation eingesetzt, die auf Radikalität und Extremität in den Kommunikationsmaterialien setzt. Studien von Nabi (1998) sowie Sifuentes García und Paneque Gálvez (2019) zeigen hierzu, dass gewaltbezogene Inhalte effektiver auf die Intention zu nachhaltiger Ernährung wirken als weniger gewaltbezogene Inhalte. Scudder und Mills (2009, Studie zu PETA-Videos) wie auch Bertolaso (2015, Facebook-Posts) analysieren, dass extreme schockinduzierende Darstellungen effektiv auf Verhaltensänderungen wirken können. Die dargestellten Studien zeigen, dass extreme explizite Inhalte eine relevante Rolle im Tieraktivismus spielen können. Allerdings kommen einige Untersuchungen auch in diesem Kontext zu gegenteiligen Ergebnissen (z. B. Chen, 2015) und zeigen, dass bereits ein moderates Level effektiv sein kann. Zu hohe Furcht kann demnach Defensivreaktionen auslösen (Witte & Allen, 200), zu Ablehnungsreaktionen führen (Fernández, 2020a; Munro, 2012; Fernandez, 2020a) und die Rezipierenden somit an einer weiteren Auseinandersetzung mit dem Thema hindern.

Bereits 1953 betonen Janis und Feshbach (1953) im Kontext der Gesundheitskommunikation, dass zu starke Furchtgefühle und fehlende Möglichkeiten, diese emotionalen Spannungen zu reduzieren, zu Unaufmerksamkeit, Abwertung und Ablehnung von Kommunikator*in und Thema führen können, da sich Personen bei extremer Kommunikation in ihrer Freiheit eingeschränkt fühlen könnten (*psychologische Reaktanz*, Brehm, 1966; Brehm & Brehm, 1981). Mika (2006) zeigt hierzu in Fokusgruppenanalysen mit bisher noch nicht im Tierschutz aktiven Teilnehmenden, dass eine Kommunikation mit extremer Sprache oder Bildern zu abschreckenden Reaktionen führen kann. Die Teilnehmenden beschreiben, dass bei der Rezeption zu viele negative Gefühle ausgelöst werden, die sie an der Auseinandersetzung mit den Inhalten hindern. Schulte (2019) kommt nach der Durchführung von qualitativen Interviews mit konsequenten Fleischkonsumierenden zu dem Ergebnis, dass emotionale Appelle in Form von schockierenden Bildern als zu intensiv und abschreckend empfunden werden. Die Befragten geben auch hier an, dass extreme Darstellungen dazu führen, dass sie sich nicht mit den Inhalten auseinandersetzen möchten. Jedoch nicht nur die Personen, die sich bisher wenig nachhaltig ernähren und wenig im Tierschutz aktiv sind, geben an, sich von der extremen Kommunikation befremdet zu fühlen. Auch in der qualitativen Studie von Fernández (2020a) erklären einige Befragte, sehr extreme Inhalte zu meiden („intentionally not looking at it", S. 9), da sie sich nicht „emotionally strong enough" (S. 9) fühlen. Für die Wirkung der Furchtappelle wird folglich anhand einer forschungsleitenden Unterforschungsfrage analysiert, inwiefern die extremen furchtinduzierenden Botschaften der Tierschutzkommunikation zu einer effektiveren Wirkung auf Tierschutzeinstellungen und -verhalten führen können.

Die Literaturübersicht von Fernández (2020b) kommt außerdem zu dem Schluss, dass die Wirkung von extremen emotionsbezogenen Darstellungen zur Aktivierung im Tierschutzkontext in weiteren Settings analysiert werden sollte, insbesondere im Zusammenhang mit einer Kommunikation, die Tiere und Menschen als gleich ansieht (s. Personifizierung).

2.2 *Personifizierung und die Rolle von Empathie*

Die zweite Kommunikationsstrategie der vorliegenden Studie ist demnach Personifizierung (Cherry, 2010; Jasper, 1999;) Tam, 2014), das Darstellen von nicht-menschlichen Entitäten wie Tieren oder Objekten in menschen-ähnlicher – anthropomorphisierter – Form. Hierzu werden visuelle (menschliche Körper- oder Verhaltensmerkmale) oder linguistische Elemente (z. B. das Verwenden von Personalpronomen „er/sie" oder Begriffen, die üblicherweise im Kontext von Personenbeschreibung verwendet werden) zur Beschreibung nicht-menschlicher Entitäten verwendet.

Das Einsetzen der Personifizierung zielt darauf ab, den Prozess der Anthropomorphisierung bei Rezipierenden auszulösen – ein Mechanismus der Interpretation der Umgebung, demzufolge gewissen Elementen zusätzlich menschliche Merkmale zugeschrieben werden (z. B., Urquiza-Haas & Kotrschal, 2015). Personen suchen demnach automatisch nach Verbindungen zu menschlichen Formen oder Verhaltensweisen, um ihrer Umwelt einen Sinn zu geben (Bartneck et al., 2009). Personifizierung beschreibt folglich ein visuelles oder sprachliches Gestaltungselement (Tam, 2014), während sich Anthropomorphisierung auf Prozesse der Rezipierenden zur Interpretation von eingehenden Informationen bezieht (Delbaere et al., 2011). Personifizierung zeigt sich in kommunikationswissenschaftlichen, Marketing-, Unterhaltungs-, Lern- und Designkontexten als förderlich für Informationsverarbeitung, emotionale Bindung, Rezeptionsmotivation sowie Behalten und Transfer von Wissen (z. B. Başfirinci & Çilingir, 2015; Delbaere et al., 2011; Pfeifer et al., 2013; Schneider et al., 2018; Sherman & Haidt, 2011).

Durch Personifizierung im Tierschutzkontext zielen Organisationen darauf ab, dass Tiere Aufmerksamkeit und Schutz im gleichen Ausmaß wie Menschen verdienen (Cherry, 2010; Mika, 2006). Personifizierung soll die Ähnlichkeit von menschlichen Eigenschaften mit denen von Tieren hervorheben. Ziel ist, dass Rezipierende die Perspektive von Tieren übernehmen und sich mit diesen identifizieren (Cohen, 2014). Tierschutzorganisationen möchten hier gegen *Speziesismus* Stellung beziehen, „the idea that humans are superior to non-human animals" (Munro, 2012, S. 170).

Nach Plous (1993; Urquiza-Haas & Kotrschal, 2015) wird angenommen, dass Menschen natürlicherweise Tiere schützen, die sie als ihnen ähnlich wahrnehmen. Das Ziel ist, Empathie (Shelton & Rogers, 1981; Urquiza-Haas & Kotrschal, 2015) bei den Rezipierenden auszulösen, die sich auf Einstellungen und Verhalten in Bezug auf Tierschutz im Alltag positiv auswirken kann. Shelton und Rogers (1981) definieren Empathie als die Übernahme der Perspektive von Lebewesen. Malecki und Kolleg*innen (2019) stellen in einem experimentellen Setting fest, dass Empathie einen signifikant positiven Effekt auf die Einstellung gegenüber Tieren und Tierschutz ausübt. Nach Cohen (2014) ermöglicht Personifizierung den Rezipierenden, Tiere zu verstehen und sich mit ihnen zu identifizieren, was zu positiven Effekten auf Einstellungen und Verhalten im Tierschutzkontext führen kann. Nach Delbaere und Kolleg*innen (2011) stellt Personifizierung eine implizite, unterschwellige Kommunikationsstrategie dar, die bei Rezipierenden zu weniger Gegenargumenten und Ablehnung führt.

Es wird folglich erwartet, dass die Strategie der Personifizierung relevant für Tierschutzeinstellungen und -verhaltensweisen ist. Eine Effektivität von Personifizierung zeigt sich bereits in der Umweltkommunikation in Studien von Tam und Kolleg*innen (2013): Die Personifizierung des Planeten Erde erhöht in einem experimentellen Setting die Verbundenheit zur Natur und die Bereitschaft, diese zu schützen (Tam et al., 2013). In zwei weiteren experimentellen Studien zeigt Tam (2014), dass Personifizierung im Umweltkontext bei bestimmten Zielgruppen auch umweltrelevantes Verhalten hervorrufen kann. Vergleichbar hierzu stellen Ahn und Kolleg*innen (2014) in drei experimentellen Studien fest, dass die Verwendung von Personifizierung in persuasiven Umweltbotschaften zu stärkerem prosozialem Verhalten (Spenden, Recycling, Energiesparen) führt. Für den Tierschutzkontext analysiert Fernández (2020b) in qualitativen Interviews, dass Rezipierende von Tieraktivismus-Kommunikation Inhalte bevorzugen, die sich auf Individualität, kognitive Fähigkeiten und das Gefühlsleben von Tieren konzentrieren.

Personifizierung zeigt sich folglich bisher in anderen Bereichen der Umweltkommunikation als effektiv. Eine Untersuchung der Wirkung dieser Strategie im Tierschutzkontext kann nicht nur einen Beitrag zur weiteren Erforschung dieser Kommunikationsstrategie leisten (Tam, 2014), sondern es können auch konkrete Handlungsempfehlungen für Organisationen abgeleitet werden. Delbaere et al. (2011) und Tam (2014) plädieren dafür, das Stilmittel in ein größeres theoretisches Modell zu integrieren und mögliche moderierende und mediierende Variablen mit zu untersuchen. Darüber hinaus ist es – wie ausgeführt – für die Analyse der Kommunikationsform im Tierschutzkontext unerlässlich (Shelton & Rogers, 1981), die radikale Strategie über Furchtappelle der Tierschutzaktivist*innen einzubeziehen.

2.3 Entwicklung der relevanten abhängigen Variablen im Tierschutzkontext

Die vorliegende Studie untersucht die Effekte von furchtinduzierenden Botschaften in Kombination mit Personifizierung auf die folgenden abhängigen Variablen: Einstellung, Verhaltensintentionen und Intention zur Informationssuche. Zudem soll die Stabilität der Einstellung ebenso wie das tatsächlich durchgeführte Verhalten sowie die tatsächlich durchgeführte Informationssuche zwei Wochen nach der Rezeption untersucht werden. Tierschutzorganisationen kommunizieren grundsätzlich mit dem Ziel, einen Beitrag zu einem tierschutzrelevanten Verhalten zu leisten. Im Kontext von altruistischen und umweltrelevanten Verhaltensweisen zeigt sich Verhaltensintention als bester Prädiktor für durchgeführtes Verhalten (Ajzen & Fishbein, 1980). Einstellung beschreibt die Haltung von Personen zu verschiedenen Elementen eines Themas (Pürer, 2015) und stellt deshalb eine weitere relevante abhängige Variable im Kontext des Tierschutzes dar. Die Wirkung der Kommunikationsstrategien soll im Rahmen der Studie sowohl direkt nach der Rezeption als auch längerfristig betrachtet werden, weshalb die Stabilität der Einstellung nach zwei Wochen erneut abgefragt werden soll. Um zusätzlich eine erste Tendenz der Rezipierenden abzutesten, noch weitere Informationen zur Thematik einholen zu wollen, wird außerdem die Intention zur Informationssuche einbezogen (Mancha & Yoder, 2015). Die Erfassung erfolgt auch hier direkt nach der Rezeption sowie zwei Wochen später, um Informationen zur tatsächlich durchgeführten Informationssuche zu erhalten.

2.4 Entwicklung des Forschungsdesigns und Aufstellen der Hypothesen

Für eine effektive Wirkung von Tierschutzkommunikation könnten folglich die bisher häufig eingesetzten Strategien, furchtinduzierende Botschaften und Personifizierung, besonders relevant sein, um einen Handlungsbedarf mit der Perspektivübernahme von Tieren für ein Tierschutzverhalten auszulösen. Shelton und Rogers (1981) schlagen in diesem Zusammenhang im Rahmen der Umweltkommunikation vor, dass der Einsatz von Furchtappellen, die in der Gesundheitskommunikation dazu beitragen können, dass Menschen sich selbst schützen, auch zu einer größeren Bereitschaft führen können, Tiere und Menschen zu schützen, wenn sie mit dem Auslösen von Empathie, wie durch Personifizierung, kombiniert werden. Shelton und Rogers (1981) stellen hierzu in einem Experiment fest, dass Rezipierende eher bereit sind, eine bedrohte Tierart zu schützen, wenn Furchtappelle mit Empathieappellen kombiniert werden. Empathie wird bereits durch Furchtappelle alleine erhöht und wirkt in Kombination mit ausgelöster Empathie in besonderen Maße auf Einstellung und Verhaltensabsichten. Personifizierung als häufig eingesetzte Strategie von Tierschutzorganisationen zur Auslösung von Empathie könnte daher in Kombination mit einer emotionsauslösenden Kommunikationsform sehr hohes Potenzial haben.

Diese Studie analysiert deshalb die Wirkung einer Kommunikationsform, wie sie von Tierschutzorganisationen eingesetzt wird, die eine extreme Darstellung von furchtinduzierenden Botschaften mit Personifizierung kombiniert. Hierzu wird ein Online-Experiment im 2 (Personifizierung vs. keine Personifizierung) x 2 (furchtinduzierende Botschaften vs. keine furchtinduzierenden Botschaften) Between-Subject Design zur Beantwortung der folgenden Forschungsfrage durchgeführt:

> *Inwiefern wirkt sich die Kommunikation von Tierschutzorganisationen mit extremen furchtinduzierenden Botschaften und Personifizierung auf Einstellung, Verhaltensintentionen und Intention zur Informationssuche und Verhalten von Rezipierenden im Tierschutzkontext direkt nach der Rezeption sowie auf die Stabilität der Einstellung sowie durchgeführtes Verhalten und Informationssuche nach zwei Wochen aus?*

Aufgrund unterschiedlicher theoretischer Annahmen und der gemischten empirischen Ergebnislage zu extremen furchtinduzierenden Botschaften (z. B. Ruiter et al., 2014; Witte & Allen, 2000) wird folgende forschungsleitende Unterforschungsfrage für die Wirkung von furchtinduzierenden Botschaften im Tierschutzkontext aufgestellt:

> SRQ1: In welcher Form wirken furchtinduzierende Botschaften verglichen mit nicht-furchtinduzierenden Botschaften auf Einstellung (a), Verhaltensintention (b) und Intention zur Informationssuche (c), wie auf die Stabilität der Einstellung (d), das ausgeführte Verhalten (e) und die durchgeführte Informationssuche (f)?

Entsprechend der positiven Erkenntnisse aus verschiedenen Forschungsbereichen zu Personifizierung (z. B. Mika, 2006; Cohen, 2014) werden folgende Haupteffekten der Strategie vermutet:

> H1: Personifizierung verglichen mit keiner Personifizierung wirkt sich positiv auf Einstellung (a), Verhaltensintention (b) und Intention zur Informationssuche (c) im Kontext des Tierschutzes, wie auf die Stabilität der Einstellung (d), das ausgeführte Verhalten (e) und die durchgeführte Informationssuche (f) aus.

Da Ergebnisse von Shelton und Rogers (1981) und Fernández (2020a) insbesondere positive Effekte einer Kombination beider Strategien vermuten lassen, und diese Kombination eine häufig angewendete Kommunikationsform von Tierschutzorganisationen ist, werden Interaktionseffekte beider Strategien erwartet:

> H2: Die Kombination aus Personifizierung und furchtinduzierenden Botschaften führt zu den stärksten Effekten auf tierschutzrelevante Einstellung (a), Verhaltensintention (b) und Intention zur Informationssuche (c), wie auf die Stabilität der Einstellung (d), das ausgeführte Verhalten (e) und die durchgeführte Informationssuche (f) im Vergleich zu den Gruppen, die nur eine Strategie oder keine Strategie rezipieren.

Gemäß des theoretischen Hintergrunds zu den relevanten Wirkungsprozessen der Strategien furchtinduzierende Botschaften und Personifizierung wird eine Interaktion beider Strategien über die Mediatorvariablen ausgelöste Emotion Furcht (EPPM) wie auch Empathie (Shelton & Rogers, 1981) auf die abhängigen Variablen erwartet. Zudem wird eine mögliche hemmende Wirkung der Reaktanz als Defensivreaktion und weitere Mediationsvariable (Brehm, 1966) untersucht. Entsprechend der Erkenntnisse wird davon ausgegangen, dass diese Wirkungsprozesse parallel und nicht sequentiell ablaufen. Das experimentelle Design wird in Abbildung 1 modellhaft dargestellt. Die entsprechende Hypothese und Forschungsfrage lauten:

> H3: Die Kombination aus furchtinduzierenden Botschaften und Personifizierung wirkt über Furcht, wie auch über Empathie in stärkender Form auf die abhängigen Variablen Einstellung (Furcht: a, Empathie: b), Verhaltensintention (Furcht: c, Empathie: d) und Intention zur Informationssuche (Furcht: e, Empathie: f), wie auf die Stabilität der Einstellung (Furcht: g, Empathie: h), das ausgeführte Verhalten (Furcht: i,

Empathie: j) und die durchgeführte Informationssuche (Furcht: k, Empathie: l).

SRQ2: Inwiefern spielt Reaktanz als Mediator eine Rolle bei der Wirkung von der Kombination aus furchtinduzierenden Botschaften und Personifizierung auf die abhängigen Variablen Einstellung (a), Verhaltensintention (b) und Intention zur Informationssuche (c), wie auf die Stabilität der Einstellung (d), das ausgeführte Verhalten (e) und die durchgeführte Informationssuche (f)?

3. Methode

Nachfolgend wird die Methode der im Dezember 2019 durchgeführten experimentellen Studie vorgestellt.

3.1 Forschungsdesign

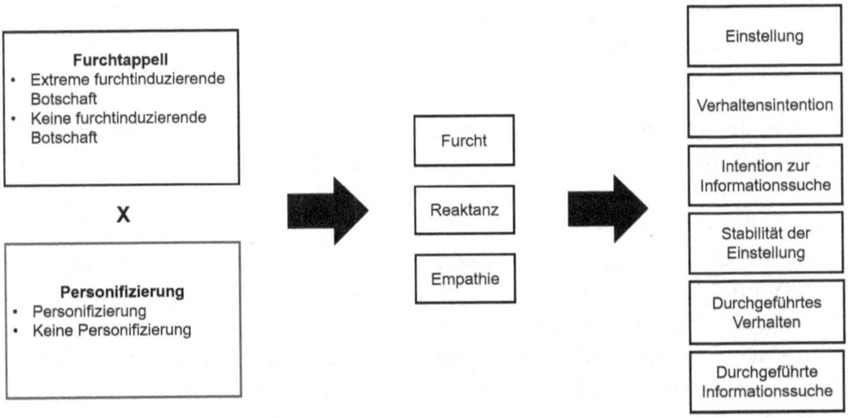

Abbildung 1: Modellhafte Darstellung des experimentellen Designs

Im Rahmen der vorliegenden Untersuchung wurde ein 2 (Bildbeschreibung: Furchtappell vs. kein Furchtappell) x 2 (Text: Personifizierung vs. keine Personifizierung) Online-Experiment im Between-Subject Design durchgeführt. Die Teilnehmenden bekamen einen Online-Artikel, bevor ihnen im Anschluss Fragen zu den relevanten Konstrukten gestellt wurden. Abschließend erhielten sie ein Debriefing. Um die Stabilität der Strategien auf die Einstellung und das tatsächlich ausgeführte Verhalten zu testen, wurden die Teilnehmenden nach zwei Wochen gebeten, einen zweiten Fragebogen auszufüllen, wodurch das Studiendesign um eine Within-Subject-Komponente erweitert wurde.

3.2 Stichprobe

Insgesamt nahmen 218 Personen an der Studie teil (64,77 % weiblich), von denen 115 auch den zweiten Fragebogen nach zwei Wochen beantworteten. Das Alter der Befragten lag zwischen 18 und 69 Jahren ($M = 27{,}34$; $SD = 11{,}75$).

3.3 Stimulusmaterial

Da Tierschutzorganisationen vor allem in der Online-Kommunikation für ihr Anliegen werben (Shorter, 2012), wurde ein fiktiver Online-Artikel in Anlehnung an einen Online-Artikel der Tierschutzorganisation PETA aufgesetzt, der über Missstände in der Kuh- und Rinderhaltung berichtet. Furchtappelle wurden, wie häufig in der Gesundheits- und Umweltkommunikation, visuell in Form von Bildern im Rahmen des Online-Artikels umgesetzt (Haltungsbedingungen in der Fleischindustrie). Personifizierung (bisher visuell und textuell untersucht) wurde im Rahmen des Artikels in textueller Form eingearbeitet. Wie in der PETA-Kommunikation enthielt das Stimulusmaterial aller Gruppen einen kurzen Appell, sich vegetarisch oder vegan zu ernähren, um Tierleid zu reduzieren. Nach einem qualitativen Pretest mit 12 Personen wurde das Stimulusmaterial entsprechend modifiziert.

3.4 Operationalisierung

Alle Items wurden auf einer 7-stufigen Likert-Skalen gemessen, die von (1) ‚stimme überhaupt nicht zu' bis (7) ‚stimme voll und ganz zu' reicht.

Einstellung und Einstellungsstabilität. Die Skala zur Einstellung basierte auf der Skala von Clonan und Kolleg*innen (2015), die Einstellungen zum Kauf und Konsum von Fleisch und Tierschutz misst. Ein Beispielitem der Skala war: „Ich finde es wichtig, dass keine Tiere für mein Essen leiden mussten". Die Skala zeigte eine hohe Reliabilität im ersten Fragebogen (8 Items; α = ,77; *M* = 5,95; *SD* = 0,82), sowie im zweiten Fragebogen nach zwei Wochen zur Überprüfung der Einstellungsstabilität (8 Items; α = ,79; *M* = 5,95; *SD* = 0,82).

Verhaltensintention und durchgeführtes Verhalten. In Anlehnung an Mancha und Yoder (2015) wurde die Skala zu Verhaltensintention entwickelt. Die Items basierten auf den im Stimulus präsentierten Inhalten (9 Items, α = ,94; *M* = 3,99; *SD* = 1,68). Ein Item der Skala erfasste hierzu beispielsweise: „Ich werde im nächsten Monat nur Produkte konsumieren, für die keine Tiere leiden mussten". Das tatsächlich ausgeführte Verhalten wurde im zweiten Fragebogen nach zwei Wochen gemessen. Hierzu wurden die Items der Verhaltensintention angepasst, um das tatsächliche Verhalten im Zeitraum der letzten zwei Wochen zu erfragen (9 Items; α = ,92; *M* = 3,83; *SD* = 1,70).

Informationssuche und durchgeführte Informationssuche. Die zwei Items zur Informationssuche wurden ebenfalls in Anlehnung an Mancha und Yoder (2015) entwickelt und konzentrierten sich darauf, ob die Teilnehmenden beabsichtigen, nach Informationen über Tierschutz oder alternative Produkte zum tierischen Konsum zu suchen (α = ,92; *M* = 3,79; *SD* = 1,84). Ein Beispielitem hierzu lautete: „Ich werde mich im nächsten Monat über Wege informieren, wie man Nutztiere schützen kann." Der zweite Fragebogen enthielt ebenfalls zwei Items in Bezug auf die durchgeführte Informationssuche innerhalb der letzten zwei Wochen (α = ,89; *M* = 3,26; *SD* = 1,93).

Furcht. Um mögliche Effekte der induzierten Furcht zu analysieren, wurde die Skala von Hunt & Shehryar (2002) einbezogen, die auf der Positive and Negative Affect Scale (Watson et al., 1988) basiert. Es handelte sich dabei um Adjektive wie „ängstlich". Die sieben Items wurden in Anlehnung an die deutsche Version der Skala von Krohne et al. (1996) übersetzt und entsprechend der im Kontext des Tierschutzes und nicht Selbstschutzes relevanten Emotionen auf fünf Items gekürzt (α = ,84; *M* = 4,07; *SD* = 1,39).

Empathie. Empathie wurde auf der Grundlage einer Skala von Shelton und Rogers (1981) gemessen. Die Skala wurde für den Tierschutz-Kontext von dreizehn auf neun Items gekürzt (α = ,93; *M* = 4,85; *SD* = 1,39). Hierbei wurden Adjektive wie „mitfühlend" eingesetzt.

Reaktanz. Die Skala zur Reaktanz wurde von Dillard und Shen (2005) adaptiert und besteht aus vier Items (α = ,82; *M* = 2,74; *SD* = 1,07), wie beispielsweise „Der Artikel versucht, mich unter Druck zu setzen".

4. Ergebnisse

Im Folgenden werden die Ergebnisse der Studie dargestellt. Für jede abhängige Variable wurde der spezifische Wirkungsprozess untersucht. Hierzu wurden moderierte Mediationsanalysen mit dem IBM SPSS PROCESS-Makro von Andrew Hayes (2021) durchgeführt. Mit diesen Berechnungen wurde die Wirkung der Kommunikationsstrategien alleine und in Kombination direkt auf die abhängige Variable betrachtet. Zudem wurde der Effekt der Kombination der beiden Kommunikationsstrategien auf die abhängigen Variablen mit den möglichen Mediatoren Furcht, Empathie und Reaktanz untersucht. Die Mediatoren wurden im Modell parallel betrachtet, da diese nach den theoretischen Annahmen im Wirkungsprozess nebeneinander parallel wirken. Deskriptive Ergebnisse der experimentellen Gruppen für abhängige und mediierende Variablen werden in Tabelle 1 im Anhang dargestellt. Die Korrelationstabelle der abhängigen Variablen ist in Tabelle 2 im Anhang aufgeführt. Tabelle 3 weist die Werte der direkten und indirekten Effekte der moderierten Mediationsanalysen auf. Tabelle 3 zeigt folglich gemäß der Hypothesen, welche Wirkung die in den Zeilen aufgeführten möglichen beeinflussenden Variablen auf die in den Spalten aufgeführten möglichen beeinflussten Variablen zeigen. Die Tabelle führt zuerst die direkten Wirkungen der unabhängigen Variablen (Zeile 1 bis 3) auf die abhängigen Variablen (in Spalten 1 bis 6) sowie auf die Mediatoren (in Spalten 7 bis 9) auf. In Zeile 1 werden die Werte der UV1, furchtinduzierende Botschaften (zu Sub-Research Question SRQ1), und in Zeile 2 der UV2, Personifizierung (zu Hypothese H1), dargestellt. Zeile 3 zeigt die Werte der Interaktion aus beiden Strategien (zu H2). Die direkte Wirkung der Mediatoren (Zeile 4 bis 6) auf die abhängigen Variablen (Spalte 1 bis 6) wird im Folgenden aufgeführt. Die Indices der moderierten Mediationen zeigen gemäß Hypothese H3 und Sub-Research Question SRQ2, wie sich eine Kombination aus furchtinduzierenden Botschaften und Personifizierung über die einzelnen Mediatoren auf die abhängigen Variablen auswirkt. Sie werden in den folgenden Abschnitten für jeden Mediator-Wirkungsprozess einzeln aufgeführt.

4.1 Analyse der Auswirkungen der Kommunikationsstrategien unter Betrachtung der möglichen Mediatoren Furcht, Empathie und Reaktanz auf die abhängige Variable Einstellung direkt nach der Rezeption

Es wurde eine moderierte Mediationsanalyse durchgeführt, um die Wirkung der Kommunikationsstrategien alleine und in Kombination direkt auf die abhängige Variable Einstellung zu betrachten, sowie die Kombination der beiden Strategien über die möglichen Mediatoren Furcht, Empathie und Reaktanz. Die moderierten Mediationen waren für jeden der relevanten Mediatoren nicht signifikant: Die Kommunikationsstrategien zeigten im Modell also keine Relevanz für die Einstellung direkt, wie auch nicht über die Mediatoren auf Einstellung (siehe Tabelle 3) (Indices der moderierten Mediationen: über Furcht *index* < 0,01; 95%-KI[-0,025, 0,019], über Empathie *index* = -0,08; 95% - KI[-0,231, 0,060], über Reaktanz *index* < -0,01; 95% - KI[-0,033, 0,020]). Es ließ sich im Modell erkennen, dass Empathie einen direkten Einfluss auf Einstellung hat (0,38***).

4.2 *Analyse der Auswirkungen der Kommunikationsstrategien unter Betrachtung der möglichen Mediatoren Furcht, Empathie und Reaktanz auf die abhängige Variable Verhaltensintention*

Eine moderierte Mediationsanalyse zur Untersuchung möglicher Effekte auf die abhängige Variable Verhaltensintention ließ erkennen, dass die Kommunikationsstrategien alleine und in Kombination keinen Einfluss zeigten (Tabelle 3). Zudem war kein Effekt der Kombination der beiden Strategien über die Mediatoren auf die Variable Verhaltensintention signifikant (Indices der moderierten Mediationen: über Furcht *index* < 0,01; 95%-KI[-0,070, 0,069], über Empathie *index* = -0,11; 95% - KI[-0,332, 0,074], über Reaktanz *index* = -0,01; 95% - KI[-0,086, 0,048]). Es zeigte sich im Modell ein positiver direkter Effekt von Empathie auf Verhaltensintention (0,51***), wie auch ein negativer direkter Effekt von Reaktanz auf Verhaltensintention (-0,19*).

4.3 *Analyse der Auswirkungen der Kommunikationsstrategien unter Betrachtung der möglichen Mediatoren Furcht, Empathie und Reaktanz auf die abhängige Variable Intention zur Informationssuche*

Eine moderierte Mediationsanalyse für die abhängige Variable Intention zur Informationssuche ergab keine signifikanten Effekte der Kommunikationsstrategien alleine und in Kombination. Auch die Kombination der beiden Strategien über die Mediatoren (Tabelle 3) erwies sich als nicht signifikant (Indices der moderierten Mediationen: über Furcht *index* < 0,01; 95% - KI[-0,126 0,127], über Empathie *index* = -0,10; 95% - KI[-0,295, 0,076], über Reaktanz *index* = -0,02; 95% - KI[-0,108, 0,057]). Die möglichen Mediatoren Empathie (0,46***) und Furcht (0,28*), wie auch in negativer Form Reaktanz (-0,26*) zeigten einen direkten Einfluss auf Intention zur Informationssuche.

4.4 *Analyse der Auswirkungen der Kommunikationsstrategien unter Betrachtung der möglichen Mediatoren Furcht, Empathie und Reaktanz auf die abhängige Variable Einstellung zwei Wochen nach der Rezeption*

Eine moderierte Mediationsanalyse für die abhängige Variable Einstellung nach zwei Wochen zeigte keine signifikanten Effekte der Kommunikationsstrategien alleine. Es ergab sich ein signifikanter Interaktionseffekt beider Kommunikationsstrategien in direkter Form auf Einstellung nach zwei Wochen (0,14*) (Tabelle 3). Die Kombination aus keiner furchtinduzierenden Botschaft und keiner Personifizierung führte hier zu den höchsten Werten der stabilen Einstellung (M = 6,14; SD = 0,74), gefolgt von der Kombination aus furchtinduzierender Botschaft und Personifizierung (M = 5,98; SD = 0,93) (siehe Tabelle 2). Die Kombination der beiden Strategien über die Mediatoren auf die Einstellung nach zwei Wochen erwies sich allerdings als nicht signifikant (Indices der moderierten Mediationen: über Furcht *index* < 0,01; 95% - KI[-0,042 0,057], über Empathie *index* = -0,06; 95% - KI[-0,259, 0,102], über Reaktanz *index* < 0,01; 95% - KI[-0,050, 0,054]). Empathie zeigte sich allerdings als signifikant in Bezug auf die Einstellung nach zwei Wochen (0,36***), wurde vom Stimulus jedoch nicht beeinflusst.

4.5 *Analyse der Auswirkungen der Kommunikationsstrategien unter Betrachtung der möglichen Mediatoren Furcht, Empathie und Reaktanz auf die abhängige Variable durchgeführtes Verhalten innerhalb von zwei Wochen nach der Rezeption*

Eine moderierte Mediationsanalyse für die abhängige Variable durchgeführtes Verhalten innerhalb von zwei Wochen nach der Rezeption zeigte keine signifikanten Effekte der Kommunikationsstrategien alleine, wie auch in Kombination (Tabelle 3). Es wurden zudem keine Effekte über die Mediatoren evident (Indices der moderierten Mediationen: über Furcht *index* = 0,01; 95% - KI[-0,110 0,139], über Empathie *index* = -0,11; 95% - KI[-0,485, 0,219], über Reaktanz *index* = -0,02; 95% - KI[-0,161, 0,069]).

Empathie zeigte sich auch für diese abhängige Variable als direkter Effekt relevant (0,69***).

4.6 *Analyse der Auswirkungen der Kommunikationsstrategien unter Betrachtung der möglichen Mediatoren Furcht, Empathie und Reaktanz auf die abhängige Variable durchgeführte Informationssuche innerhalb von zwei Wochen nach der Rezeption*

Eine moderierte Mediationsanalyse für die abhängige Variable durchgeführte Informationssuche innerhalb von zwei Wochen nach der Rezeption ergab keine signifikanten Effekte der Kommunikationsstrategien alleine, wie auch in Kombination (Tabelle 3). Es wurden zudem keine Effekte über die Mediatoren evident (Indices der moderierten Mediationen: über Furcht *index* < 0,01; 95% - KI[-0,165 0,180], über Empathie *index* = -0,10; 95% - KI[-0,432, 0,177], über Reaktanz *index* = -0,09; 95%-KI[-0,279, 0,050]). Empathie (0,60**) und Reaktanz (negativ: -0,36*) führten zu einem direkten Effekt auf durchgeführte Informationssuche, wurden jedoch vom Stimulusmaterial nicht signifikant beeinflusst.

5. *Diskussion und Ausblick*

Die vorliegende Studie analysierte eine von Tierschutzorganisationen häufig eingesetzte Kommunikationsform, die furchtinduzierende Botschaften und Personifizierung verbindet (z. B. Mika, 2006) und die nach der theoretischen Ableitung beider Strategien in Kombination als effektiv erwartet werden kann (Shelton & Rogers, 1981; Fernández, 2020a, b). Furchtinduzierende Botschaften wurden im Stimulusmaterial der vorliegenden Studie mit einem starken Schweregrad in visueller Gestaltung aufgesetzt und Personifizierung wurde textuell dargestellt (in Tierschutzkommunikation sowohl visuell als auch textuell eingesetzt). Die Effekte der Strategien waren nicht nur für sich genommen nicht signifikant, sondern es zeigte sich sogar in Kombination für langfristige Einstellungen ein Interaktionseffekt, der den Nicht-Einsatz beider Strategien als beste Kommunikationsform darstellt (H1a-H3f nicht bestätigt). In Bezug auf die Unterforschungsfragen zeigten sich extreme furchtinduzierende Botschaften als nicht effektiv für die Steigerung umweltrelevanter Einstellungen und Verhaltensweisen (SRQ1). Reaktanz spielte als Mediator keine Rolle für die Kombination aus furchtinduzierenden Botschaften und Personifizierung (SRQ2).

Die Rolle von stark furchtinduzierenden Botschaften zeigte sich auch in bisherigen Studien als kontrovers (bspw. Chen, 2015 im Gegensatz zu Scudder & Mills, 2009). Da Tierschützer*innen ein sehr starkes Ausmaß an dargestelltem Schweregrad einsetzen (z. B., Munro, 2012) und andere Ergebnisse in der Umweltkommunikation positive Effekte für ein höheres Ausmaß des Schweregrads zeigten, wurde der Schweregrad der Furcht in dieser Studie entsprechend vorheriger Tierschutzkommunikation aufgesetzt. In der vorliegenden Studie erwies sich dieses extreme Ausmaß an linguistischer Darstellung jedoch als nicht positiv (siehe Anhang Tabelle 3). Die extreme Darstellung könnte an dieser Stelle eher hemmend für die weitere Auseinandersetzung mit der Thematik gewirkt und zu einer Ablehnung der dargestellten Zusammenhänge geführt haben. Wie von Witte (1992) vorgeschlagen, könnte ein weniger starker Schweregrad, wie beispielsweise ein mittleres Level an kommunizierter Furcht, als alternative Kommunikationsstrategie zu einer effektiveren Aktivierung der Rezipierenden führen. Um diesen vermuteten kurvilinearen Effekt von dargestelltem Schweregrad zu untersuchen, sollten in künftigen Studien zu Tierschutzkommunikation drei Abstufungen (Tannenbaum et al., 2015) des Schweregrades der dargestellten Furcht untersucht werden. Furchtinduzierende Botschaften zeigten in dieser Studie nicht nur keinen signifikanten Effekt für die abhängige Variable Verhalten, sondern deskriptiv lässt sich sogar eine negative Tendenz für die abhängige Variable Verhalten erkennen: Nach Witte (1992) wird empfohlen, zusätzlich zur Darstellung einer Bedrohung nicht nur Lösungsmöglichkeiten für das kommunizierte Problem darzustellen (wie in unserer Studie als Verhaltensempfehlungen am Ende des Artikels), sondern auch die Wirksamkeit dieser Handlungsmöglichkeiten darzulegen. Rezipierende sollten nach Witte (1992) also bei der Konfrontation mit einer (hier sehr starken) Bedrohung auch über ein erfolgreiches Auflösen der Bedrohung informiert werden, da das Bewältigungspotenzial äquivalent zur Bedrohung wahrgenommen werden muss.

Shelton und Rogers (1981) zeigten in ihrer Untersuchung im Tierschutzkontext signifikante Effekte von in Filmen dargestellten Furchtappellen über Empathie auf tierschutzrelevante Einstellung und Verhaltensintention. Auch in der vorliegenden Studie zeigte sich die Relevanz von Empathie auf die abhängigen Variablen im Kontext der Tierschutzkommunikation. Allerdings hatte die Kombination der beiden Kommunikationsstrategien in der vorliegenden Untersuchung keinen Einfluss auf die Empathie. In dieser Studie wurden furchtinduzierende Botschaften nur visuell in Form eines Bildes dargestellt, das den Online-Artikel begleitete. Eine emotionale Verbindung zu einem Lebewesen in einem Film über einen längeren Zeitraum kann möglicherweise leichter aufgebaut werden als bei der Rezeption eines Bildes (Horvat et al., 2015), was Möglichkeiten für eine Anschlussstudie bietet.

Um die Rolle von ausgelöster Furcht im Tieraktivismus zu analysieren, wurden in dieser Studie – in Anlehnung an die Forschung zu Furchtappellen – Kommunikationsstrategien mit dem möglichen Mediator Furcht analysiert. Limitierend muss jedoch angemerkt werden, dass sich die Emotion Furcht im Rezeptionsprozess als nicht relevant gezeigt hat, obwohl furchtinduzierende Botschaften eingesetzt wurden. Extreme negative Botschaften zu künftigen Konsequenzen fleischbasierter Ernährung in Kombination mit Personifizierung könnten sich statt auf Furcht eventuell auch auf andere Emotionen wie Ekel, Schuldgefühle (bisherige Verhaltensweisen) oder Verzweiflung auswirken. Künftige Studien sollten deshalb zusätzliche Emotionen in die Analyse miteinbeziehen. Die Strategie der Personifizierung, die effektiv in zahlreichen anderen Forschungsfeldern ist, zeigte sich im Rahmen dieser Studie in linguistischer Form für den Kontext von Tierschutzkommunikation über einen Online-Artikel als nicht signifikant (auch deskriptiv sogar negativ) für tierschutzrelevante Einstellungen, Verhaltensweisen und Empathie. Nach Delbaere und Kolleg*innen (2011) wird die Strategie der Personifizierung als besonders effektiv erachtet, da diese implizit und subliminal wirken könnte und so Gegenargumente und Ablehnung reduziert. Im Falle einer linguistischen Personifizierung wie in dieser Studie könnte das direkte Ansprechen der Ähnlichkeiten zu Menschen jedoch diese beabsichtigte unterschwellige Wirkung aufheben und als zu übertrieben wahrgenommen werden. Wenn Ähnlichkeiten von Tieren zu Menschen stattdessen nur in visueller Form subliminal angedeutet werden würden, könnten Rezipierende hier möglicherweise eher unterbewusst Bezüge zu menschen-ähnlichen Eigenschaften von Tieren herstellen (Fernández, 2020b). Das von Fernández (2020a) in Interviews beschriebene Bedürfnis nach emotionaler Verbindung von Rezipierenden könnte deshalb möglicherweise eher in visueller Form erreicht werden.

Tierschutzorganisationen versuchen im Rahmen ihrer Kommunikation für die Problematiken der Massentierhaltung und des erhöhten Fleischkonsums zu sensibilisieren. Eine Reduzierung fleischbasierter Ernährung ist sowohl für das Tierwohl als auch für eine langfristige, nachhaltige Ernährung der Weltbevölkerung unerlässlich, um negative Konsequenzen für Mensch und Tier im Umwelt- sowie Gesundheitskontext zu vermeiden. Im Kontext von Tierschutzkommunikation wurden die Strategien furchtinduzierende Botschaften und Personifizierung untersucht, da ein effektiver Einsatz dieser von zahlreichen Forscher*innen (Shelton & Rogers, 1981; Fernández, 2020a; b) erwartet wird. Die Analyse von furchtinduzierenden Botschaften mit mittlerem Schweregrad (verglichen mit einem niedrigen und hohen Schweregrad) mit der Darstellung der Wirksamkeit von auflösenden Verhaltensweisen könnte vielversprechendere Ergebnisse in Bezug auf tierschutzrelevante Einstellungen und Verhaltensweisen liefern. Personifizierung zeigte sich als nicht effektiv in textueller Form und könnte in weiteren Studien in visueller oder multimedialer Form analysiert werden. Die Rolle von ausgelöster Empathie könnte somit in Stimuli untersucht werden, die eine längerfristige emotionale Verbindung zu den dargestellten Lebewesen ermöglichen (z. B. Film). Auch weitere ausgelöste Emotionen extremer Darstellungen, neben Furcht, sollten in künftigen Studien betrachtet werden. Eine Analyse von effektiven Kommunikationsstrategien in diesem Kontext könnte zur Identifikation eines Weges beitragen, um erhöhten Fleischkonsum zu reduzieren und möglichen negativen Konsequenzen im Umwelt- und Gesundheitskontext vorzubeugen.

Literaturverzeichnis

Ahn, H-K., Kim, H. K., & Aggarwal, P. (2014). Helping fellow beings. Anthropomorphized social causes and the role of anticipatory guilt. *Psychological Science, 25*(1), 224–229. https://doi.org/10.1177/0956797613496823

Ajzen, I., & Fishbein, M. (1980). *Understanding attitudes and predicting social behavior.* Englewood Cliffs, NJ: Prentice-Hall.

Bartneck, C., Kulić, D., Croft, E., & Zoghbi, S. (2009). Measurement instruments for the anthropomorphism. *International Journal of Social Robotics, 1*(1), 71–81. https://doi.org/10.1007/s12369-008-0001-3

Başfirinci, C., & Çilingir, Z. (2015). Anthropomorphism and advertising effectiveness. Moderating roles of product involvement and the type of consumer need. *Journal of Social and Administrative Sciences,* 2(3), 108–131.

Bertolaso, C. (2015). Investigating the effectiveness of message framing and regulatory fit in increasing positive animal attitude and reducing animal products consumption. *A study for animal equality*. Universiteit van Amsterdam. https://doi.org/10.1093/her/cyp061

Brehm, J. W. (1966). *A theory of psychological reactance*. Academic Press.

Brehm, J. W., & Brehm, S. S. (1981). *Psychological reactance. A theory of freedom and control*. Academic Press.

Hayes, A. (2021). *Introduction to mediation, moderation, and conditional process analysis. A regression-based approach*. Third Edition. Guilford Press.

Chen, M.-F. (2015). Impact of fear appeals on pro-environmental behavior and crucial determinants. *International Journal of Advertising, 35*(1), 74–92. https://doi.org/10.1080/02650487.2015.1101908

Cherry, E. (2010). Shifting symbolic boundaries. Cultural strategies of the animal rights movement. *Sociological Forum, 25*(3), 450–75. https://doi.org/10.1111/j.1573-7861.2010.01191.x

Clonan, A., Wilson, P., Swift, J.A., Leibovici D.G., & Holdsworth, M. (2015). Red and processed meat consumption and purchasing behaviours and attitudes. *Public Health Nutrition, 18*(13). 2446–2456. https://doi.org/10.1017/S1368980015000567

Cohen, R. J. (2014). Brand personification. Introduction and overview. *Psychology and Marketing, 31*(1), 1–30. https://doi.org/10.1002/mar.20671

Delbaere, M., McQuarrie, E. F., & Phillips, B. J. (2011). Personification in advertising. *Journal of Advertising, 40*(1), 121–130.

Dillard, J. P., & Shen, L. (2005). On the nature of reactance and its role in persuasive health communication. *Communication Monographs*, 72(2), 144–168. https://doi.org/10.1080/03637750500111815

FAO (2021). *Production Indices*. http://www.fao.org/faostat/en/#data/QI

Fernández, L. (2020a). Images that liberate. Moral shock and strategic visual communication in animal liberation activism. *Journal of Communication Inquiry, online*, 1–21. https://doi.org/10.1177/0196859920932881

Fernández, L. (2020b). The emotional politics of images. Moral shock, explicit violence and strategic visual communication in the animal liberation movement. *Journal for Critical Animal Studies, 17(4).*

Gelbrich, K., & Schröder, E. (2008). Werbewirkung von Furchtappellen: Stand der Forschung. *Ilmenauer Schriften zur Betriebswirtschaftslehre*. ProWiWi.

Hartmann, P., Apaolaza, V., D'Souza, C., Barrutia, J. M., & Echebarria, C. (2014). Environmental threat appeals in green advertising. *International Journal of Advertising, 33*(4), 741–765. https://doi.org/10.2501/ija-33-4-741-765

Horvat, M., Kukolja, D., & Ivanec, D. (2015). Comparing affective responses to standardized pictures and videos. A study report. *MIPRO, 2015 Proceedings of the 38th International Convention, IEEE* (S. 1394–1398).

Janis, I. L., & Feshbach, S. (1953). Effects of fear-arousing communications. *The Journal of Abnormal and Social Psychology, 48*(1), 78–92.

Jasper, J. (1999). Recruiting intimates, recruiting strangers. Building the contemporary animal rights movement. *Waves of Protest: Social Movements Since the Sixties*, 65–82.

Jasper, J., & Nelkin, D. (1992). *The animal rights crusade. The growth of a moral protest. Social Change*, 225–232. The Free Press.

Malecki, W., Pawlowski, B., Sorokowski, P., & Oleszkiewicz, A. (2019). Feeling for textual animals. Narrative empathy across species lines. *Poetics, 74*, 1–8. https://doi.org/10.1016/j.poetic.2018.11.003

Mancha, R. M., & Yoder, C. Y. (2015). Cultural antecedents of green behavioral intent. An environmental theory of planned behavior. *Journal of Environmental Psychology, 43*, 151–152. https://doi.org/10.1016/j.jenvp.2015.06.005

Mika, M. (2006). Framing the issue. Religion, secular ethics and the case of animal rights Mobilization. *Social Forces, 85*, 915–941. https://doi.org/10.1353/sof.2007.0017

Meijnders, A. L., Midden, C. J. H., & Wilke, H. A. M. (2001). Communications about environmental risks and risk-reducing behavior. The impact of fear on information processing. *Journal of Applied Social Psychology, 31*(4), 754–777. https://doi.org/10.1111/j.1559-1816.2001.tb01412.x

Munro, L. (2012). The animal rights movement in theory and practice. *Sociology Compass, 6*(2), 166–181. https://doi.org/10.1111/j.1751-9020.2011.00440.x

Nabi, R. L. (1998). The effect of disgust-eliciting visuals on attitudes toward animal experimentation. *Communication Quarterly, 46*, 472–484. https://doi.org/10.1080/01463379809370116

Pfeifer, K., Gröppel-Klein, A., & Helfgen, J. (2013). Humanized products in TV ads. How anthropomorphism can elicit emotions, enhance attitudes, and affect purchase likelihood. In G. Cornelissen, E. Reutskaja, & A. Valenzuela (Hrsg.), *European Advances in Consumer Research* (S. 265–266). Association for Consumer Research.

Plous, S. (1993). Psychological mechanisms in the human use of animals. *Journal of Social Issues, 49*(1), 11–52.

Pürer, H. (Hrsg.) (2015). *Kommunikationswissenschaft als Sozialwissenschaft*. Konstanz: UVK Verlagsgesellschaft mbH.

Risku-Norja, H., & Kurppa, S. (2009). Dietary choices and greenhouse gas emissions. Assessment of impact of vegetarian and organic options at national scale. *Progress in Industrial Ecology – An International Journal, 6*(4), 340–354.

Ruiter, R. A. C., Kessels, L. E. E., Peters, G-J. Y., & Kok, G. (2014). Sixty years of fear appeal research. *International Journal of Psychology, 49*(2). 63–70. https://doi.org/10.1002/ijop.12042

Schneider, S., Häßler, A., Habermeyer, T., Beege, M., & Rey, G. D. (2019). The more human, the higher the performance? Examining the effects of anthropomorphism in learning with media. *Journal of Educational Psychology, 111*(1), 57–72. https://doi.org/10.1037/edu0000273

Schulte, C. (2019). „Wenn du es nicht ansehen kannst, solltest du es auch nicht essen“. Die Wahrnehmung von Tierschutz- und Tierrechtsorganisationen bei Fleischkonsumenten. *Corporate Communications Journal, 4*(2), 7–11.

Scudder, J. N., & Mills, C. B. (2009). The credibility of shock advocacy. Animal rights attack messages. *Public Relations Review, 35*(2), 162–164. 10.1016/j.pubrev.2008.09.007

Shelton, M. L., & Rogers, R. W. (1981). Fear-arousing and empathy-arousing appeals to help. *Journal of Applied Social Psychology, 11*(4), 366–378. https://doi.org/10.1111/j.1559-1816.1981.tb00829.x

Sherman, G. C., & Haidt, J. (2011). Cuteness and disgust. The humanizing and dehumanizing effects of emotion. *Emotion Review, 3*, 245–251. https://doi.org/10.1177/1754073911402396

Shorter, J. E. R. (2012). *The use of mass communication in animal rights fundraising campaigns*. The University of Maine.

Sifuentes García, P. A., & Paneque Gálvez, J. (2019). Efficacy of audiovisual materials on animal exploitation to motivate changes in food consumption of Mexican students. *Revista Latinoamericana de Estudios Críticos Animales, 6*(1), 277–307.

Tam, K.-P. (2014). Are anthropomorphic persuasive appeals effective? *British Journal of Social Psychology, 54*, 187–200. https://doi.org/10.1111/bjso.12076

Tam, K.-P., Lee, S.-L., & Chao, M. M. (2013). Saving Mr. Nature. Anthropomorphism enhances connectedness to and protectiveness toward nature. *Journal of Experimental Social Psychology, 49*(3), 514–521. https://doi.org/10.1016/j.jesp.2013.02.001

Tannenbaum, M. B., Hepler, J., Zimmerman, R. S., Saul, L., Jacobs, S., Wilson, K., & Albarracín, D. (2015). Appealing to fear. A meta-analysis of fear appeal effectiveness and theories. *Psychological Bulletin, 141*(6), 1178–1204. https://doi.org/10.1037/a0039729

Urquiza-Haas, E. G., & Kotrschal, K. (2015). The mind behind anthropomorphic thinking. Attribution of mental states to other species. *Animal Behaviour, 109*, 167–176. https://doi.org/10.1016/j.anbehav.2015.08.011

Wissenschaftlicher Beirat für Agrarpolitik (WBA) (2015). *Wege zu einer gesellschaftlich akzeptierten Nutztierhaltung*. https://www.bmel.de/SharedDocs/Downloads/Ministerium/Beiraete/Agrarpolitik/GutachtenNutztierhaltung.pdf%3F__blob%3DpublicationFile

Witte, K. (1992). Putting the fear back into fear appeals. The extended parallel process model. *Communication Monographs, 59*(4), 329–349. https://doi.org/10.1080/03637759209376276

Witte, K., & Allen, M. (2000). A meta-analysis of fear appeals. Implications for effective public health campaigns. *Health Education & Behavior, 27*(5), 591–615. https://doi.org/10.1177/109019810002700506

Anhang

Tabelle 1: Deskriptive Ergebnisse der experimentellen Gruppen für abhängige und mediierende Variablen.

	Furchtappell und Personifizierung (N_1=55; N_2=27)		Furchtappell und keine Personifizierung (N_1=55; N_2=25)		Kein Furchtappell und Personifizierung (N_1=55; N_2=34)		Kein Furchtappell und keine Personifizierung (N_1=53; N_2=29)	
Variable	*M*	*SD*	*M*	*SD*	*M*	*SD*	*M*	*SD*
Einstellung_1	5,85	0,81	5,88	0,86	5,69	0,93	5,67	0,98
$\text{Verhaltensintention}_1$	4,10	1,42	4,20	1,74	3,63	1,59	4,01	1,91
Intention zur Informationssuche $_1$	4,01	1,67	4,10	1,92	3,48	1,82	3,58	1,93
Einstellung (2 Wochen)$_2$	5,98	0,93	5,84	0,82	5,85	0,78	6,14	0,74
Durchgeführtes Verhalten_2	3,71	1,70	3,72	1,55	3,55	1,61	4,36	1,88
Durchgeführte $\text{Informationssuche}_2$	2,98	1,81	3,88	2,27	2,88	1,64	3,41	1,96
Furcht_1	4,18	1,36	4,12	1,35	4,00	1,46	3,95	1,42
Empathie_1	4,91	1,43	5,06	1,34	4,87	1,37	4,58	1,42
Reaktanz_1	2,85	1,05	2,73	0,98	2,69	1,21	2,70	1,04

Anmerkung. Variablen wurden auf einer 7-stufigen Likert Skala erhoben. Zu den Variablen und der Anzahl der Teilnehmenden, die aus den Experimentalgruppen die Skala beantwortet haben, ist über tiefgestellte Zahlen (1 = direkte Erhebung nach Stimulus, 2 = erneute Erhebung nach zwei Wochen) vermerkt, auf welche Erhebung sich die Angaben beziehen.

Tabelle 2: Korrelationstabelle der abhängigen Variablen.

Abhängige Variablen	Abhängige Variablen					
	Einstellung$_1$	Verhaltensintention$_1$	Intention zur Informationssuche$_1$	Stabilität der Einstellung$_2$	Durchgeführtes Verhalten$_2$	Durchgeführte Informationssuche$_2$
Einstellung$_1$	1	,696**	,460**	,690**	,485**	,210*
Verhaltensintention$_1$	,696**	1	,650**	,675**	,780**	,450**
Intention zur Informationssuche$_1$	,460**	,650**	1	,419**	,509**	,610**
Stabilität der Einstellung$_2$	,690**	,675**	,419**	1	,742**	,370**
Durchgeführtes Verhalten$_2$	,485**	,780**	,509**	,742**	1	,571**
Durchgeführte Informationssuche$_2$	,210*	,450**	,610**	,370**	,571**	1

Anmerkung. Korrelationswerte werden als Korrelationskoeffizient nach Pearson angegeben. Die Signifikanz (p-Werte) wird zu jedem Korrelationskoeffizient angeführt: * <,05; ** <,01; *** <,001.

Tabelle 3: Werte der direkten und indirekten Effekte der moderierten Mediationen.

Mögliche beeinflussende Variablen	**Mögliche beeinflusste Variablen**								
	Einstellung direkt nach der Rezeption$_1$	Verhaltensintention$_1$	Intention zur Informationssuche$_1$	Einstellung zwei Wochen nach der Rezeption$_2$	Durchgeführtes Verhalten$_2$	Durchgeführte Informa- tionssuche$_2$	Furcht$_1$	Empathie$_1$	Reaktanz$_1$
Furchtinduzierende Botschaft	0,05	0,09	0,19	-0,10	-0,21	0,09	0,09	0,13	0,05
Personifizierung	-0,01	-0,14	-0,06	-0,02	-0,17	-0,31	0,03	0,03	0,03
Furchtinduzierende Botschaft x Personifizierung	0,03	0,13	0,06	0,14*	0,27	<0,01	<0,01	-0,11	0,03
Furcht$_1$	<-0,01	0,14	0,28*	-0,02	-0,14	-0,26	–	–	–
Empathie$_1$	0,38***	0,51***	0,46***	0,36***	0,69***	0,60**	–	–	–
Reaktanz$_1$	-0,06	-0,19*	-0,26*	<0,01	-0,09	-0,36*	–	–	–

Anmerkung. Werte der direkten und indirekten Effekte der moderierten Mediationen werden mit Signifikanzwerten (p-Werte) angeführt: * <,05; ** <,01; *** <,001.

Die Stimme der Natur – Eine experimentelle Untersuchung zum Einfluss der moralischen Emotion Schuld bei der Rezeption von Naturdokumentationen auf umweltschützende Verhaltensintentionen

Anica Lammers & Anna Freytag

Abstract:
Naturdokumentationen werden immer beliebter in der Medienproduktion und -nutzung. Zunehmend zeigen sie neben wunderschönen Aufnahmen des Planeten auch die dramatischen Folgen des Klimawandels. In einem Online-Experiment (N = 146) untersucht diese Studie die Auswirkungen von Schuldappellen in Naturdokumentationen auf umweltschützende Verhaltensintentionen. Dazu wurde in einem Between-Subjects-Design die Wirkung zweier unterschiedlicher Ausschnitte der Naturdokumentation *Unser Planet* – mit und ohne Schuldapell – miteinander verglichen. Die Ergebnisse bestätigen die Annahme, dass Naturdokumentationen, die Schuldapelle beinhalten, zu größeren umweltschützenden Verhaltensintentionen (z. B. vermeiden, Wasser in Plastikflaschen zu kaufen oder Produkte von Unternehmen zu kaufen, die die Umwelt schädigen) führen als Naturdokumentationen, die lediglich neutral über Flora und Fauna berichten. Dabei ist vor allem die Rolle der tatsächlich empfundenen Emotion Schuld hervorzuheben, welche den Einfluss von Naturdokumentationen mit Schuldappellen auf umweltschützende Verhaltensintentionen mediiert. Diskutiert werden Implikationen für Folgeforschung, Nachhaltigkeitskommunikation und Umweltbildung.

1. Naturdokumentationen: Ein beliebtes Genre im Wandel

Ob *Unser Planet*, *Planet Erde* oder *Terra X* – Naturdokumentationen scheinen ein immer beliebteres Format in der Medienproduktion und -nutzung zu werden. In den letzten 20 Jahren sind zahlreiche, aufwändig produzierte Naturdokumentationen auf der ganzen Welt veröffentlicht worden, die versuchen, die Naturwunder der Erde einzufangen und damit dem Publikum einen besonderen Blickwinkel auf die Pflanzen- und Tierwelt zu geben. Mittlerweile sind viele bekannte Anbieter*innen, sowohl öffentlich-rechtliche Rundfunkanstalten wie die *BBC* oder *ARD* und *ZDF*, als auch Streaming-Dienste wie *Netflix*, auf den Zug des ‚brummenden' Geschäfts mit den Tierfilmen – wie es *Der Standard* (Priesching, 2019) bezeichnet – aufgesprungen. Laut der bevölkerungsrepräsentativen ARD/ZDF-Onlinestudie sind Natur- und Tierdokumentationen das beliebteste Doku-Format; ihre Nutzungshäufigkeit entspricht der von Filmen und Serien (Kupferschmitt, 2017).

Während traditionelle Naturdokumentationen vor allem mit ihren Bildern über die Natur, die Pflanzen- und die Tierwelt unseres Planeten überzeugen, fällt in neueren Produktionen zunehmend auf, dass der Klimawandel und seine Folgen bewusst in den Fokus gerückt werden. So spricht die 2019 von *Netflix* veröffentlichte Naturdokumentation *Unser Planet* laut einer Studie von Jones et al. (2019) deutlich mehr über die Bedrohung von Arten und Ökosystemen sowie über den Naturschutz, als die letzten drei von der *BBC* produzierten Naturdokumentationen. Außerdem wird das Thema konsequent in jeder Folge angesprochen, während sich der Appell in den vorherigen Dokumentationen hauptsächlich auf die letzte Folge beschränkt.

Damit werden dem Publikum gemeinsam mit wunderschönen Bildern unseres Planeten direkt auch die verheerenden Gefahren und Folgen des Klimawandels gezeigt, für die in großem Maße der Mensch selbst, beispielsweise durch das Abholzen von Wäldern oder durch Braunkohlekraftwerke, verantwortlich ist (Greenpeace, 2019). Unweigerlich werden durch die teils drastischen Bilder sowie durch die Betonung der Bedrohung der Umwelt Emotionen von negativer Valenz evoziert. Serienkritiker Böhme (2019) spricht bei der Netflix-Dokureihe *Unser Planet* beispielsweise von „Schuldzuweisungen" oder dem „vorwurfsvollen Ton". Dieser soll laut den Filmschaffenden als Appell an die Zuschauer*innen dienen, aktiv zu werden und etwas gegen die Klimaerwärmung und die damit einhergehenden Umweltzerstörungen zu tun. Das verdeutlicht unter anderem ein Zitat von Alastair Fothergill, Produzent von *Unser Planet*, in dem er die Veränderung der Inhalte von Naturfilmen beschreibt: „For a long time, conservation and wildlife filmmaking was about pretty animals. Now it's about saying that without this biodiversity there won't be air to breathe or water to drink. It is about empowering people" (Stewart, 2019, Abs. 25). Der britische Tierfilmer und Naturforscher David Attenborough sagt sogar, dass er das Publikum mit seinem neusten Film „A Life on Our Planet" angesichts der drohenden Klimakatastrophe zum Weinen bringen will (Licuria, 2021).

Emotionen negativer Valenz, die in Naturdokumentationen evoziert werden können, lassen sich der Gruppe der moralischen Emotionen zuordnen. Aktuelle Forschung zeigt, dass insbesondere das Empfinden der moralischen Emotion Schuld eine motivierende Wirkung auf umweltschützende Verhaltensintentionen haben kann, da sie mit der Tendenz zu Wiedergutmachungsmaßnahmen einhergeht (z. B. Ferguson & Branscombe, 2010; Mallett, 2012; Rees et al., 2014). Wie wirksam das Ansprechen von Schuld jedoch in Naturdokumentationen ist und ob es tatsächlich den von den Produzent*innen gewünschten Effekt auf die Zuschauer*innen hat, ist bisher noch nicht empirisch untersucht worden. Dabei steigt angesichts der zunehmenden Umweltbedrohung der Bedarf an sowie die Bedeutung von erfolgreicher Umwelt- und Klimakommunikation (Moser, 2010, 2016). Auch das Bewusstsein für und die Besorgnis über den Klimawandel spielt in der Bevölkerung und der Politik eine immer größere Rolle (Witt, 2019).

Die inhaltliche Veränderung von Naturdokumentationen, die Notwendigkeit überzeugender Nachhaltigkeits- und Klimakommunikation, das wachsende Interesse an den Themen Klimawandel und Umweltschutz in Gesellschaft und Politik sowie die großen Nutzungszahlen von Naturdokumentationen unterstreichen die Relevanz, folgende Forschungsfrage genauer zu untersuchen:

> Welchen Einfluss haben Naturdokumentationen mit einem Fokus auf Klimawandel und Umweltzerstörung sowie die dadurch entstehende moralische Emotion Schuld auf die umweltschützenden Verhaltensintentionen der Rezipient*innen?

2. *Wirkung von Naturdokumentationen und moralischen Emotionen auf umweltschützendes Verhalten*

Der Großteil der frühen Forschung zur Wirkung von Medieninhalten auf umweltschützendes Verhalten untersuchte den Effekt von Nachrichten zu den Themen Umweltbedrohung und -zerstörung auf Verhaltensintentionen und tatsächliches Verhalten (z. B. Gardos & Dodd, 1995). Zunehmend stehen jedoch auch unterhaltsamere Medienformate und deren Darstellung von Klimawandel im Fokus der Forschung (Dudo et al., 2017). Bisherige empirische Studien konnten bestätigen, dass Naturdokumentationen grundsätzlich zum Umweltschutz motivieren können – also die Verhaltensintention, umweltschützend zu handeln, steigern (z. B. Hofman & Hughes, 2018; Holbert et al., 2003; Janpol & Dilts, 2016).

Als potentielle Erklärungen für diese Wirkung werden die Lenkung von Aufmerksamkeit auf das Thema (Hynes et al., 2021), der Wissenszuwachs (Dunn et al., 2020), Kultivierungseffekte (Holbert et al., 2003) oder eine gesteigerte Verbundenheit zur Natur angeführt (Arendt & Matthes, 2016). Bisher wurden Naturdokumentationen jedoch undifferenziert betrachtet und es wurden vor allem klassische Naturdokumentationen untersucht, die schöne Natur- und Tierbilder zeigen. Die veränderten Inhalte und die neue emotionale, schuldzuweisende Ansprache in Naturdokumentationen wurden empirisch bisher noch nicht beleuchtet.

Eine theoretische Erklärung dafür, dass sich die emotionalen, moralischen Appelle in den aktuellen Naturdokumentationen positiv auf das umweltschützende Verhalten der Zuschauer*innen auswirken könnten, liefert unter anderem das *Modell kognitiver und emotionaler Framing-Effekte* (Kühne, 2015). Demnach regen Medien-Frames zunächst kognitive Prozesse an, indem sie die Einschätzungen der Rezipient*innen beeinflussen. Hierdurch werden wiederum Emotionen ausgelöst. Dabei ist eine Emotion umso stärker, je mehr Einschätzungen einer Person von dem Medien-Frame beeinflusst wurden und je stärker die Einschätzungen des Frames von den ursprünglichen Einschätzungen abweichen. Die durch Medien-Frames initiierten kognitiven und emotionalen Prozesse können schließlich die Einstellungen und das Verhalten von Rezipient*innen beeinflussen (Kühne, 2015). Dabei haben sie vor allem Einfluss auf die Verarbeitung und Urteilsbildung der Rezipient*innen: „Die mit Emotionen assoziierten Einschätzungen, Gefühle und [Handlungs-]Motive beeinflussen, welchen Informationen Aufmerksamkeit geschenkt wird, wie Situationen interpretiert werden und was für Einstellungen gebildet werden. Jede Emotion begünstigt somit spezifische Urteile“ (Kühne, 2015, S. 180).

Das Modell sieht Medien-Frames und die durch sie ausgelösten Gefühle als relevante Einflussfaktoren auf Einstellungen und Verhalten an. Dabei werden die bei der Medienrezeption entstehenden Emotionen als Mediatoren zwischen den durch die Frames angeregten kognitiven Prozessen und den Einstellungs- sowie Verhaltensänderungen definiert. Auch Naturdokumentationen betreiben Framing durch gezieltes Auslassen und Betonen von bestimmten Aspekten. Wie oben beschrieben, werden in neueren Naturdokumentationen, stärker negative Aspekte, wie der Klimawandel oder das Artensterben, betont (Jones et al., 2019). Durch diese Betonung und die explizite Verantwortungszuschreibung des Menschen für die gezeigten Schäden kommt es zu einem Schuldapell. Die hierdurch ausgelösten Emotionen könnten sich wiederum auf die Verhaltensabsichten auswirken.

Die Annahmen des Modells von Kühne (2015) lassen sich an dieser Stelle mit der Forschung zu den mit spezifischen Emotionen einhergehenden Handlungstendenzen zusammenführen. Emotionspsychologischer Forschung zufolge ist Wut beispielsweise mit einer hochgradig fokussierten Aufmerksamkeit und dem Wunsch verbunden, die Person, die für das Vergehen als schuldig angesehen wird, anzugreifen oder sich auf irgendeine Weise an ihr oder ihm zu rächen (Nabi, 2002), während Trauer eher zu Apathie und Tatenlosigkeit führt (Lazarus, 1991). Die in den Naturdokus dargestellten Szenen von Zerstörung, gepaart mit Aussagen zur menschlichen Verantwortung für diese, lösen vermutlich unter anderem Schuldgefühle aus. Das quälende Gefühl, etwas Falsches getan zu haben, sorgt für die Handlungstendenz, den angerichteten Schaden zu sühnen oder wiedergutmachen zu wollen (Lazarus, 1991). Typisch für Schuldgefühle ist somit die Bereitschaft, sich zu entschuldigen oder Wiedergutmachungsmaßnahmen einzuleiten (Tangney et al., 1996).

Emotionen wie Wut und Schuld gehören zu der Gruppe der moralischen Emotionen, welche im Kontext der Erforschung von Effekten der Klimaberichterstattung oftmals im Fokus stehen (z. B. Rees & Bamberg, 2014; Rees et al., 2014). Moralische Emotionen unterscheiden sich von anderen Emotionen insofern, dass sie über die direkten Interessen des Selbst hinausgehen. Zu ihnen gehören beispielsweise die Emotionen Scham, Ekel, Mitgefühl sowie wie bereits beschrieben Wut und Schuld (Haidt, 2003). Analog zu den Annahmen von Kühne (2015) gelten moralische Emotionen als stark motivierende Kraft für moralisches Handeln (Haidt, 2003). Bisherige Studien fanden heraus, dass insbesondere das Empfinden von Schuld umweltschützende Verhaltensintentionen steigert (z. B. Ferguson & Branscombe, 2010; Mallett, 2012; Rees et al., 2014). Im Kontext von Naturdokumentationen und dem Klimawandel könnte die durch das Empfinden von Schuld ausgelöste Motivation für Wiedergutmachungsmaßnahmen damit einhergehen, sich selbst umweltschützender zu verhalten. Sie steht daher in der hier vorliegenden Studie im Fokus.

Das übergeordnete Ziel dieser Studie ist es, herauszufinden, welchen Beitrag moderne Naturdokumentationen, die nicht nur auf die Schönheit von Flora und Fauna, sondern auch auf ihre Gefährdung eingehen, für eine erfolgreiche Nachhaltigkeitskommunikation leisten können. Auf Basis der obigen Ausführungen könnten Schuldappelle in Naturdokumentationen eine relevante Rolle für die Frage spielen, wie Kommunikations- und Medieninhalte gestaltet sein müssen, um Rezipient*innen zu nachhaltigem Verhalten zu animieren. Basierend auf der Forschung zu mit Emotionen verbundenen Handlungstendenzen kann dem tatsächlichen Empfinden von Schuld während der Rezeption von Naturdokus eine zentrale Funktion für die Förderung umweltschützender Verhaltenstendenzen eingeräumt werden. Anzunehmen ist daher:

> H1: Naturdokumentationen, die Schuldappelle beinhalten, lösen stärkere umweltschützende Verhaltensintentionen aus als Naturdokumentationen, die keine Schuldappelle beinhalten.

sowie

> H2: Der Einfluss von Naturdokumentationen auf umweltschützende Verhaltensintentionen wird vermittelt über das tatsächliche Empfinden von Schuld. Demnach führen Naturdokumentationen, die

Schuldappelle beinhalten, zu einem höheren Schuldempfinden als Naturdokumentationen, die keine Schuldappelle beinhalten. Ein erhöhtes Schuldempfinden wiederum führt zu stärkeren umweltschützenden Verhaltensintentionen.

3. *Methodisches Vorgehen*

Zur Beantwortung der Hypothesen wurde ein 2x1 Online-Experiment durchgeführt. Den Befragten wurde nach Zufallsprinzip einer von zwei unterschiedlichen, jeweils rund 7-minütigen Ausschnitten der Naturdokumentation *Unser Planet* gezeigt. Die Experimentalgruppe (n = 78) erhielt einen Stimulus mit Schuldappell, die Kontrollgruppe (n = 78) einen neutralen Stimulus ohne Schuldappell.

3.1 *Stimulus-Material*

Für die Erstellung des Stimulus wurden zwei möglichst identische Video-Ausschnitte benötigt, um mögliche andere Störvariablen, die Einfluss auf die Wirkung der Naturdokumentation nehmen könnten, konstant zu halten. Die Naturdokumentation *Unser Planet*, die 2019 auf *Netflix* erschienen ist, eignete sich besonders als Grundlage für das Stimulus-Material. Die Serie beinhaltet einerseits eine Vielzahl neutraler Szenen aus der Pflanzen- und Tierwelt, bietet aber andererseits auch Potenzial für Video-Ausschnitte, die Schuldappelle beinhalten. So heißt es auf der begleitenden Website der Serie: „Die Filmserie erforscht die reichen Naturwunder, legendären Tierarten und Naturschauspiele, die noch immer erhalten sind, und offenbart die Schlüsselprobleme, die eine akute Bedrohung ihrer Existenz darstellen" (*Das ist unser Planet*, o.J.). Für eine hohe interne Validität stammten die zwei Video-Ausschnitte aus derselben Szene, in der es um das Leben von Orang-Utans im Regenwald von Borneo geht, sodass die Szenen hinsichtlich der Tierart und des Lebensraums identisch waren. In der neutralen Version (Stimulus A) wurde im Stile einer traditionellen Naturdokumentation lediglich das Leben der Orang-Utans gezeigt, in der experimentellen Version (Stimulus B) hingegen ist ein klarer Schuldappell enthalten, der den Menschen für den Klimawandel und das Artensterben verantwortlich macht. So wurde beispielsweise gezeigt, wie viel Regelwald bereits für das Erschaffen von Ölpalmfeldern gerodet wurde und welche Auswirkungen dies auf die Lebensgrundlage und den Lebensraum der

Orang-Utans hat. Diese schuld-appellierenden Elemente wurden aus der neutralen Version herausgeschnitten – dafür wurden neutrale Szenen etwas länger gezeigt, sodass die beiden Videos ungefähr gleich lang waren.

3.2 *Operationalisierung*

Nach der Rezeption des Stimulus wurden die Teilnehmenden zu ihrem empfundenen Schuldgefühl während der Rezeption sowie zu ihrer Intention, umweltschützend zu handeln, befragt. Schuld wurde dabei basierend auf der M-DAS-Skala von Renaud & Unz (2006) anhand der Adjektive „reumütig", „schuldig" und „tadelnswert" gemessen, die anschließend in einem Mittelwertindex verdichtet wurden (M = 2,05, SD = 0,98, Cronbach's α = .82). Die Teilnehmenden sollten sich jede der Emotionen durchlesen und angeben, inwiefern diese auf einer 5er-Skala auf sie persönlich zutrifft (1 = gar nicht, 2 = ein bisschen, 3 = einigermaßen, 4 = erheblich, 5 = äußerst). Für die Messung der umweltschützenden Verhaltensintentionen wurde aus bestehender Literatur (Holbert et al., 2003; Howell, 2014; Stern et al., 1999) eine Item-Batterie erstellt, die mit 14 Items die Intention, innerhalb der nächsten 12 Monate umweltschützend zu handeln, abfragt (z. B. „In den nächsten 12 Monaten werde ich vermeiden, Produkte von Unternehmen zu kaufen, die die Umwelt schädigen", „In den nächsten 12 Monaten werde ich eine Gruppe unterstützen, deren Ziel es ist, die Umwelt zu bewahren", „In den nächsten 12 Monaten werde ich bereit sein, höhere Steuern zu zahlen, um die Umwelt zu schützen", vollständige Itemliste siehe Online-Zusatzmaterial). Die Teilnehmenden konnten für jedes Item auf einer 7er-Likert-Skala von 1 (sehr unwahrscheinlich) bis 7 (sehr wahrscheinlich) einschätzen, wie wahrscheinlich sie dieses Verhalten innerhalb der nächsten zwölf Monate ausführen werden. Nach zufriedenstellender Konsistenzprüfung (Cronbach's α = .87), wurde auch hier ein Mittelwertindex gebildet (M = 4,64, SD = 1,10). Zusätzlich zum Schuldempfinden und den umweltschützenden Verhaltensintentionen wurden außerdem die soziodemografischen Daten der Befragten (Geschlecht, höchster Bildungsabschluss, aktueller beruflicher Status, Alter) sowie für weitere Auswertungen außerhalb dieses Beitrags das Unterhaltungserleben während der Rezeption erhoben. Der Fragebogen und die Stimuli wurden vor dem Feldstart umfassend gepretestet.

3.3 Rekrutierung, Feldzeit und Datenbereinigung

Die Rekrutierung erfolgte durch eine willkürliche Auswahl im Sinne des Convenience-Samples. Dieses Vorgehen ist einfach und praktisch und ermöglicht, trotz der Einschränkung, dass es nicht für Inferenzschlüsse geeignet ist, das Zeigen von Korrelationen oder kausalen Zusammenhängen (Möhring & Schlütz, 2019). Über verschiedene Kanäle wurde für die Studie geworben, so zum Beispiel über soziale Medien wie *WhatsApp*, *Facebook* und *Instagram* sowie über den E-Mail-Verteiler der Hochschule. Zusätzlich zum Convenience-Sample wurde ein weiterer Teil der Stichprobe im Schneeballverfahren rekrutiert, indem die Proband*innen gebeten wurden, den Link der Studie zu teilen.

Der Fragebogen wurde in der Feldzeit vom 18.11.2019 bis 03.12.2019 insgesamt 640 Mal aufgerufen. 379 Personen nahmen daraufhin an der Studie teil, von denen 223 die Teilnahme abbrachen (Abbruchquote 59 %). Die durchschnittliche Teilnahmedauer lag bei 18 Minuten. Aus dem Datensatz entfernt wurden alle Fälle, die das Video nicht vollständig ansehen ($n = 6$) oder anhören ($n = 11$) konnten. Außerdem wurde ein Fall mit einer stark abweichenden Teilnahmedauer ausgeschlossen. Insgesamt ergab sich demnach eine Stichprobengröße von $N = 146$ Fällen.

3.4 Randomisierungscheck

Die Zuordnung der Teilnehmenden auf die Versuchsgruppen erfolgte zufallsbasiert, um die Gleichverteilung potentieller Störvariablen über beide Gruppen sicherzustellen. Durch die Zufallszuordnung verteilen sich die Befragten gleichmäßig auf die beiden Versuchsgruppen (Experimentalgruppe: $n = 73$, Kontrollgruppe: $n = 73$). Im Rahmen eines Randomisierungschecks zeigten sich keine signifikanten Unterschiede der Versuchsgruppen hinsichtlich der soziodemografischen Variablen Geschlecht ($V = .06$; df = 2; $p > .05$), höchster Bildungsabschluss ($V = .17$; df = 5; $p > .05$), aktueller beruflicher Status ($V = .24$; df = 6; $p > .05$) und Alter ($F(1,141) = 0,34$; $p > .05$).

3.5 Stichprobenbeschreibung

Die Stichprobe ($N = 146$) setzt sich aus 59,60 Prozent weiblichen, 39,70 Prozent männlichen und 0,70 Prozent diversen Teilnehmenden zusammen. Das Durchschnittsalter liegt bei 28,27 Jahren (*SD* = 12,97 Jahre). Das Bildungsniveau der Stichprobe kann als sehr hoch bezeichnet werden (57,50 % Abitur, 30,80 % Hochschulabschluss), was bei der Ergebnisinterpretation berücksichtigt werden sollte. Bezüglich des aktuellen beruflichen Status gaben die meisten Teilnehmenden an, zu studieren (64,40 %). Die restlichen Befragten waren zum Zeitpunkt der Befragung berufstätig (26,70 %), in Ausbildung (2,70 %), in Rente (2,10 %) oder in einer sonstigen beruflichen Tätigkeit (4,10 %).

4. Ergebnisse

Zur Überprüfung unserer Annahmen wurde ein Mediationsmodell mit dem PROCESS-Makro von Hayes (v3.4, 2017) gerechnet. Die beiden Stimulus-Versuchsgruppen (Neutraler Stimulus vs. Schuld-Stimulus) wurden im Modell als unabhängige Variable, der Mittelwertindex zur empfundenen Schuld der Rezipient*innen als Mediator und der Index der umweltschützenden Verhaltensintentionen als abhängige Variable definiert. Der totale Effekt des Modells zeigt, dass Personen, die den Schuld-Stimulus gesehen haben (*M* = 4,86, *SD* = 1,02), im Vergleich zu Personen, die den neutralen Stimulus gesehen (*M* = 4,43, *SD* = 1,15), signifikant stärkere Intentionen haben, sich umweltschützend zu verhalten (c = 0,43, p < .05). Dies bestätigt zunächst Hypothese 1: Naturdokumentationen, die Schuldapelle beinhalten, lösen größere umweltschützende Verhaltensintentionen aus, als Naturdokumentationen, die keine Schuldapelle beinhalten.

Des Weiteren zeigt das Mediationsmodell, dass die Emotion Schuld den Einfluss der unterschiedlichen Naturdokumentationen auf umweltschützende Verhaltensintentionen komplett mediiert (siehe Abbildung 1). Die Naturdokumentation mit Schuldappell löste ein stärkeres Schuldempfinden aus (a = 1,27; p < .001), welches wiederum die Intention zu umweltschützendem Verhalten erhöht (b = 0,42, p < .001). Der direkte Effekt von Naturdokumentationen auf umweltschützende Verhaltensintentionen ist im kompletten Mediationsmodell nicht mehr signifikant (c‘ = -0,10; p = .66), was die vermittelnde Rolle des tatsächlichen Empfindens von Schuld verdeutlicht. Aufgrund des signifikanten, indirekten Effekts (ab = 0,53, 95 %-KI[0,28; 0,80]) kann auch Hypothese 2 angenommen werden: Naturdokumentationen mit Schuldapellen führen zu einem signifikant größeren Schuldempfinden, welches wiederum mit größeren umweltschützenden Verhaltensintentionen einhergeht.

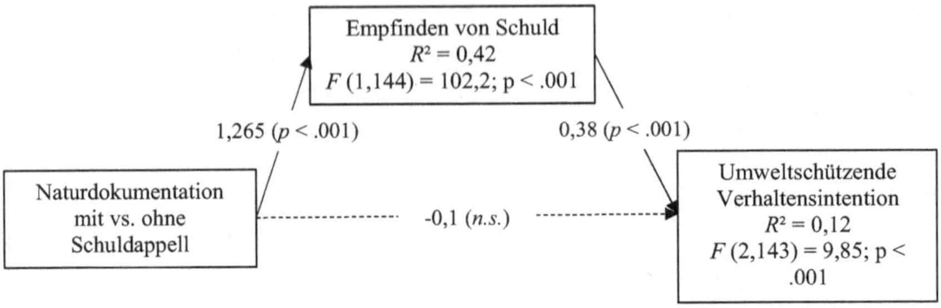

Abbildung 1: Mediationsmodell von Naturdokumentationen mit vs. ohne Schuldappell auf umweltschützende Verhaltensintentionen über Schuld

Anmerkung. $N = 146$; bei allen angegebenen Regressionskoeffizienten handelt es sich um nicht-standardisierte Koeffizienten; 10.000 Bootstrapping-Samples. Indirekter Effekt: $ab = 0{,}53$, 95 %-KI[0,28; 0,80], Totaler Effekt: $c = 0{,}43$, $p < .05$

5. Diskussion & Limitationen

Diese Studie beschäftigte sich mit der Wirkung von moralischen Emotionen in Naturdokumentationen auf umweltschützende Verhaltensintentionen. Ein Experiment mit der *Netflix*-Produktion *Unser Planet* hat gezeigt, dass Schuld appellierende Stimuli zu größeren umweltschützenden Verhaltensintentionen führen als neutrale Stimuli. Dabei spielt insbesondere das tatsächliche Empfinden der moralischen Emotion Schuld eine große Rolle, die den Einfluss von Naturdokumentationen mit Schuldappellen auf umweltschützende Verhaltensintentionen mediiert. Im Folgenden sollen die Ergebnisse sowie Limitationen der Studie diskutiert werden.

Die erste Hypothese bestätigend, konnte herausgefunden werden, dass Naturdokumentationen, die Schuldappelle beinhalten, einen signifikant größeren Einfluss auf umweltschützende Verhaltensintentionen haben als Naturdokumentationen, die lediglich neutral über die Natur berichten. Das bedeutet, dass Naturdokumentationen, die den Menschen für die Folgen des Klimawandels mitverantwortlich machen, Rezipient*innen dazu motivieren können, sich umweltschützender zu verhalten.

Die Ergebnisauswertung hat gezeigt, dass das tatsächliche Erleben der Emotion Schuld wie erwartet eine wichtige Rolle im Wirkungsprozess einnimmt: Der Einfluss der unterschiedlichen Naturdokumentationen auf umweltschützende Verhaltensintentionen wird durch die von Rezipient*innen empfundene Emotion Schuld vermittelt. Personen erleben nach der Rezeption der schuldappellierenden Naturdokumentation also zunächst ein stärkeres Schuldgefühl, welche dann zu einer Stärkung der Intention, sich umweltschützend zu verhalten, führt. Die Intention von Personen, die eine neutrale Naturdokumentation schauen und kein Schuldgefühl empfinden, fällt entsprechend schwächer aus. Diese Erkenntnis bestätigt das *Modell kognitiver und emotionaler Framing-Effekte* (Kühne, 2015), in dem Emotionen als Mediator zwischen Medien-Framing und Verhaltensintentionen definiert werden. Eine interessante Erkenntnis ist in diesem Zusammenhang, dass das Modell, das sich bisher auf textliche Frames fokussierte, offenbar auch auf audiovisuelle Medien-Frames übertragbar ist.

Ebenso gehen die Befunde mit bisheriger Forschung dazu, dass Schuld umweltschützendes Verhalten motiviert (z. B. Ferguson & Branscombe, 2010; Graton et al., 2016; Mallett, 2012; Rees et al., 2014) einher. Die Annahme, dass moralische Emotionen eine stark motivierende Kraft des moralischen Handels darstellen (Haidt, 2003) und insbesondere Schuld Personen dazu motiviert, Handlungen zur Wiedergutmachung einzuleiten (Lazarus, 1991; Nabi, 2002), lässt sich durch die dargestellten Ergebnisse bestätigen. Die in der Studie präsentierte Naturdokumentation evoziert Schuld durch die angesprochene Abholzung des Regenwaldes und die daraus resultierenden Folgen. Explizit wird der Mensch als Verursacher dieser Schäden herausgestellt. Demnach kann man davon ausgehen, dass sich das ausgelöste Schuldgefühl der Rezipient*innen nicht auf ein spezifisches, individuelles Fehlverhalten der Rezipient*innen bezieht. Indem sich die Rezipient*innen der sozialen Gruppe der Menschen zuordnen, fühlen sie sich anscheinend gruppenbasiert schuldig, ausgelöst durch die von Menschen verursachten Schäden. Diese gruppenbasierte Schuld führte in der Studie vermutlich dazu, dass die Teilnehmenden eher bereit waren, umweltschützend zu handeln.

Die Erkenntnisse der vorliegenden Studie implizieren, dass bestimmte Formen von Naturdokumentationen einen bedeutsamen Beitrag für die Umweltbildung und den Umweltschutz leisten können. So können Rezipient*innen neben der Unterhaltung durch atemberaubende Aufnahmen unseres Planeten gleichzeitig darüber aufgeklärt werden, welche Folgen es hat, wenn Menschen die Umwelt nicht schützen. Die Abholzung des Regenwaldes, das Bauen von Braunkohlekraftwerken, die Überfischung, die Verschmutzung der Weltmeere durch Plastik, das Artensterben oder das Ansteigen des Meeresspiegels sind nur einige Themen, die durch Naturdokumentationen an die Menschen herangeführt werden können. Die Thematisierung der Umweltbedrohung informiert die Zuschauer*innen jedoch nicht nur, sondern sie kann laut den Ergebnissen dieser Studie über die Evokation von Schulgefühlen auch zu einem umweltschützenden

Verhalten motivieren. Naturdokumentationen können demnach gezielt eingesetzt werden, um für mehr Klima- und Umweltschutz zu werben. Neben negativen moralischen Emotionen wie Schuld sind jedoch auch positive moralische Emotionen nicht außer Acht zu lassen. So empfehlen Forschende beispielsweise auch die Ansprache von Hoffnung, Stolz oder Dankbarkeit, um zu mehr Umweltschutz zu motivieren (z. B. Markowitz & Shariff, 2012). Insbesondere die Kombination von negativen und positiven Emotionen im Sinne eines „Emotional Flow“ (Nabi & Green, 2015) könnte Potenzial für eine nachhaltige Einstellungs- und/oder Verhaltensänderung haben. Beispielsweise könnte eine Naturdokumentation zunächst das Aussterben einer Art aufgrund des Klimawandels adressieren und im Anschluss ein positives Beispiel aufzeigen, bei dem sich ein Artbestand durch erfolgreichen Umweltschutz erholt hat. Dies könnte unter Umständen Reaktanzreaktionen oder defensive Verarbeitungsstrategien bei der Konfrontation mit Schuldappellen verhindern (Graton et al., 2016).

Aus den Limitationen der Studie ergibt sich weiteres Potential für Folgestudien. Neben dem Testen weiterer Naturdokumentationen, die Schuldappelle auf unterschiedliche Art und Weise vermitteln, könnte auch die Messung der umweltschützenden Verhaltensintentionen variiert bzw. erweitert werden. Insbesondere sollte weiter untersucht werden, inwiefern die Intention von Rezipient*innen, umweltschützend zu handeln, weiterverfolgt wird und in tatsächlichem Verhalten resultiert. Zudem erscheint es sinnvoll, in Folgestudien vor der Präsentation des Stimulus das aktuelle Umweltschutzverhalten abzufragen und somit Veränderungseffekte zu erheben.

Wie bereits im Methodenteil beschrieben, war das Bildungsniveau der Studie sehr hoch, was zu Verzerrungen in den Ergebnissen geführt haben könnte. So zeigte sich in anderen Studien, dass mit einer höheren Bildung beispielsweise ein höheres Wissen über den Klimawandel einhergeht (Thaller & Brudermann, 2020), was in unserer Studie schließlich auch zu einer größeren Handlungsintention für umweltschützende Maßnahmen geführt haben kann. Es bedarf weiterer Forschung, um die moderierende Wirkung des Bildungsgrads genauer zu untersuchen und auch Aussagen über den Effekt von Schuldappellen in Naturdokumentationen auf die umweltschützenden Intentionen von niedriger gebildeten Rezipient*innen treffen zu können.

Auch andere potenziell moderierende Variablen wie das tatsächliche Wissen über den Klimawandel oder die eigene wahrgenommene Verantwortlichkeit wären interessante und wichtige Zusatzinformationen, die den Effekt von moralischen Emotionen in Naturdokumentationen auf umweltschützendes Verhalten umfassender erklären könnten. Schließlich wäre mit Blick auf die Publikumsattraktivität von Naturdokumentationen zu untersuchen, ob die für ökologisch nachhaltige Verhaltensintentionen günstige Wirkung von Schuldappellen (ab einer bestimmten Dosis) zu Lasten der Unterhaltsamkeit geht. Zu starke erwartete oder erlebte Schuldgefühle könnten langfristig zur Vermeidung von Dokumentationen führen und damit den hier gezeigten günstigen Effekt konterkarieren.

Wenngleich die vorliegende Studie bereits einen wichtigen Beitrag für die Forschung über Naturdokumentationen und deren Wirkungen leistet, ist es dennoch von großer Relevanz, das Medienformat weiter zu erforschen. Mit steigender Kenntnis über Naturdokumentationen können wir diese nutzen, um dem Klima- und Umweltschutz mehr Bedeutung zu schenken und damit unseren Planeten ein Stück weit zu schützen.

Literaturverzeichnis

Ajzen, I. (2005). *Attitudes, personality and behavior* (2. Aufl.). Open Univ. Press.

Arendt, F., & Matthes, J. (2016). Nature documentaries, connectedness to nature, and pro-environmental behavior. *Environmental Communication*, *10*(4), 453–472.

Böhme, F. (2019, April 5). *Our Planet: Lehrreich und vorwurfsvoll zugleich—Neue Natur-Doku auf Netflix.*

Das ist Unser Planet. (o. J.).

Dudo, A., Copple, J., & Atkinson, L. (2017). Entertainment film and TV portrayals of climate change and their societal impacts. In A. Dudo, J. Copple, & L. Atkinson, *Oxford Research Encyclopedia of Climate Science*. Oxford University Press.

Dunn, M. E., Mills, M., & Veríssimo, D. (2020). Evaluating the impact of the documentary series *Blue Planet II* on viewers' plastic consumption behaviors. *Conservation Science and Practice*, *2*(10).

Ferguson, M. A., & Branscombe, N. R. (2010). Collective guilt mediates the effect of beliefs about global warming on willingness to engage in mitigation behavior. *Journal of Environmental Psychology*, *30*(2), 135–142.

Gardos, V. T., & Dodd, D. K. (1995). An immediate response to environmentally disturbing news and the environmental attitudes of college students. *Psychological Reports*, 77(3_suppl), 1121–1122.

Graton, A., Ric, F., & Gonzalez, E. (2016). Reparation or reactance? The influence of guilt on reaction to persuasive communication. *Journal of Experimental Social Psychology*, *62*, 40–49.

Greenpeace. (2019). *Der Mensch heizt der Erde ein. Die Ursachen des Klimawandels.*

Haidt, J. (2003). The moral emotions. In K. R. Scherer & H. H. Goldsmith (Hrsg.), *Handbook of affective sciences* (S. 852–870). Oxford University Press.

Hayes, A. F. (2017). *Introduction to mediation, moderation, and conditional process analysis: A regression-based approach*. Guilford Publications.

Hofman, K., & Hughes, K. (2018). Protecting the Great Barrier Reef: Analysing the impact of a conservation documentary and post-viewing strategies on long-term conservation behaviour. *Environmental Education Research*, *24*(4), 521–536.

Holbert, R. L., Kwak, N., & Shah, D. V. (2003). Environmental concern, patterns of television viewing, and pro-environmental behaviors: Integrating models of media consumption and effects. *Journal of Broadcasting & Electronic Media*, *47*(2), 177–196.

Howell, R. A. (2014). Investigating the long-term impacts of climate change communications on individuals' attitudes and behavior. *Environment and Behavior*, *46*(1), 70–101.

Hynes, S., Ankamah-Yeboah, I., O'Neill, S., Needham, K., Xuan, B. B., & Armstrong, C. (2021). The impact of nature documentaries on public environmental preferences and willingness to pay: Entropy balancing and the blue planet II effect. *Journal of Environmental Planning and Management*, *64*(8), 1428–1456.

Janpol, H. L., & Dilts, R. (2016). Does viewing documentary films affect environmental perceptions and behaviors? *Applied Environmental Education & Communication*, *15*(1), 90–98.

Jones, J. P. G., Thomas-Walters, L., Rust, N. A., & Veríssimo, D. (2019). Nature documentaries and saving nature: Reflections on the new Netflix series Our Planet. *People and Nature*, *1*(4), 420–425.

Kühne, R. (2015). *Emotionale Framing-Effekte auf Einstellungen*. Nomos.

Kupferschmitt, T. (2017). Onlinevideo: Gesamtreichweite stagniert, aber Streamingdienste punkten mit Fiction bei Jüngeren. *Media Perspektiven*, *9*, 447–462.

Lazarus, R. S. (1991). *Emotion and adaptation*. Oxford University Press.

Licuria, R. (2021, Juni 12). *Steven Price ('David Attenborough: A Life on Our Planet' composer): 'We have to make people cry with this film'*. /

Mallett, R. K. (2012). Eco-guilt motivates eco-friendly behavior. *Ecopsychology*, *4*(3), 223–231.

Markowitz, E. M., & Shariff, A. F. (2012). Climate change and moral judgement. *Nature Climate Change*, *2*(4), 243–247.

Möhring, W., & Schlütz, D. (2019). Die standardisierte Befragung als wissenschaftlich-empirische Methode. In W. Möhring & D. Schlütz, *Die Befragung in der Medien- und Kommunikationswissenschaft* (S. 1–40). Springer Fachmedien Wiesbaden.

Moser, S. C. (2010). Communicating climate change: History, challenges, process and future directions. *WIREs Climate Change*, *1*(1), 31–53.

Moser, S. C. (2016). Reflections on climate change communication research and practice in the second decade of the 21st century: What more is there to say? *WIREs Climate Change*, *7*(3), 345–369.

Muralidharan, S., & Sheehan, K. (2018). The role of guilt in influencing sustainable pro-environmental behaviors among shoppers: differences in response by gender to messaging about england's plastic-bag levy. *Journal of Advertising Research*, *58*(3), 349–362.

Nabi, R. L. (2002). Discrete emotions and persuasion. In *The Persuasion Handbook: Developments in Theory and Practice* (S. 289–308). SAGE Publications, Inc.

Nabi, R. L., & Green, M. C. (2015). The role of a narrative's emotional flow in promoting persuasive outcomes. *Media Psychology*, *18*(2), 137–162.

Priesching, D. (2019, April 5). „Our Planet“: Netflix und das große Geschäft mit den Naturfilmen. *Der Standard [Online]*.

Rees, J. H., Klug, S., & Bamberg, S. (2014). Guilty conscience: Motivating pro-environmental behavior by inducing negative moral emotions. *Climatic Change*, *130*(3), 439–452.

Rees, J. H., & Bamberg, S. (2014). Climate protection needs societal change: Determinants of intention to participate in collective climate action: Collective climate action intention. *European Journal of Social Psychology*, *44*(5), 466–473.

Renaud, D., & Unz, D. (2006). Die M-DAS – eine modifizierte Version der Differentiellen Affekt Skala zur Erfassung von Emotionen bei der Mediennutzung. *Zeitschrift für Medienpsychologie*, *18*(2), 70–75.

Stern, P. C., Dietz, T., Abel, T., Guagnano, G. A., & Kalof, L. (1999). A value-belief-norm theory of support for social movements: the case of environmentalism. *Human Ecology Review*, *6*(2), 81–97.

Stewart, D. (2019, März 28). David Attenborough isn't sure we can save the natural world. But at 92, he's not giving up trying. TIME. *TIME*. /

Tangney, J. P., Miller, R. S., Flicker, L., & Barlow, D. H. (1996). Are shame, guilt, and embarrassment distinct emotions? *Journal of Personality and Social Psychology*, *70*(6), 1256–1269.

Thaller, A., & Brudermann, T. (2020). „You know nothing, John Doe“ – Judgmental overconfidence in lay climate knowledge. *Journal of Environmental Psychology*, *69*, 101427.

Witt, G. (2019). *Langzeitstudie: Immer mehr Deutsche sorgen sich um Klima und Umwelt.*

Durch Social Media zu politischem Konsum? Eine Experimentalstudie zur Wirkung von journalistischen und mobilisierenden Hinweisen über die Nachhaltigkeit von Unternehmen

Ole Kelm & Marco Dohle

Abstract:

Immer mehr Menschen berücksichtigen Nachhaltigkeitsaspekte bei ihren Konsumentscheidungen. Ein häufig angeführter Grund hierfür ist die gestiegene Nutzung von Social-Media-Plattformen, da Konsument:innen dort Informationen über Unternehmenspraktiken erhalten und von anderen Personen zu politischen Konsumaktivitäten mobilisiert werden können. Weitgehend unklar ist allerdings, welche Wirkungen die Rezeption themenspezifischer journalistischer Hinweise, die Rezeption mobilisierender Statements von Freund:innen und die Interaktion beider Faktoren in diesem Zusammenhang haben. Daher wurde eine als 2×3-Between-Subjects-Experiment angelegte Online-Befragung unter Facebook-Nutzer:innen durchgeführt. Die journalistische Bewertung einer nachhaltigen Modelinie (positiv/negativ) und die Bewertung aus dem Freund:innenkreis (positiv/negativ/keine) wurde variiert. Varianzanalysen zeigen, dass die Informations- und Kommunikationsaktivitäten der Proband:innen und ihr Eindruck vom Unternehmen nicht von den unterschiedlichen Bewertungen beeinflusst werden. Die journalistische Bewertung beeinflusst dagegen in der erwarteten Richtung die Konsumintentionen. Die Bewertung aus dem Freund:innenkreis hat – wie die Interaktion beider Faktoren – hierauf keinen Einfluss. Ausbleibende Interaktionseffekte deuten darauf hin, dass von Journalist:innen und Freund:innen stammende Informationen getrennt voneinander verarbeitet werden.

1. *Ausgangspunkt*

In den vergangenen Jahrzehnten ist Nachhaltigkeit zu einem zentralen Thema der Werbebranche geworden (Wonneberger & Matthes, 2016). Statt nur den Preis oder die Qualität von Produkten hervorzuheben, betonen Unternehmen zunehmend ressourcenschonende Herstellungsweisen oder die Verwendung von Materialien, die recyclebar sind oder aus biologischem Anbau stammen. Gleichzeitig lassen immer mehr Menschen politische, ethische und ökologische Aspekte in ihre Kaufentscheidungen einfließen, wodurch sie zu politischen Konsument:innen werden (Stolle & Micheletti, 2013). Politische Konsumentscheidungen sind oft ganz wesentlich von der Motivation geprägt, nachhaltig und umweltbewusst zu handeln (Copeland & Boulianne, 2022).

Als ein Grund für den Anstieg politischen Konsums wird die Nutzung von Social-Media-Plattformen angeführt (Gil de Zúñiga et al., 2014; Kelm & Dohle, 2018). Auf den Plattformen können sich Individuen informieren, orientieren und mit anderen austauschen. Dabei können Nutzer:innen etwa von Unternehmen (Reilly & Hynan, 2014), Journalist:innen (Lunenberg et al., 2016), Influencer:innen (Johnstone & Lindh, 2018) oder Freund:innen (Barnes, 2015) über die (mangelnde) Nachhaltigkeit von Produkten aufmerksam gemacht werden. Bemerkenswert ist, dass diese Inhalte von anderen Akteur:innen weitergeleitet, kommentiert oder bewertet werden können. Somit kann sich beispielsweise die Situation ergeben, dass Social-Media-Nutzer:innen von Freund:innen auf journalistische Einordnungen und Bewertungen unternehmerischer Entscheidungen hingewiesen werden. Ob solche Informationen und Bewertungen aber Auswirkungen auf die Empfänger:innen dieser Inhalte haben, und falls ja, ob die von Journalist:innen oder Freund:innen vermittelten Hinweise hierbei eine größere Bedeutung haben, ist offen. Daher stellt sich die Frage: *Welchen Einfluss haben über Social-Media-Plattformen geteilte Informationen und Einschätzungen zur Nachhaltigkeit von Unternehmen auf Informations- und Kommunikationsaktivitäten, auf Einstellungen sowie auf politische Konsumabsichten – und somit auf (geplantes) nachhaltiges Handeln?*

Antworten auf diese Frage sind zum einen relevant, weil immer mehr Menschen Informationen über Social-Media-Plattformen erhalten (Newman et al., 2021) – und dies von ganz unterschiedlichen Kommunikator:innen. Erkenntnisse darüber, welchen Einfluss die Äußerungen professional-journalistischer Akteur:innen und die von Personen aus der unmittelbaren Umgebung jeweils ausüben, und welche Wechselwirkungen es gibt, sind wichtig für das Verständnis von Kommunikations- und Persuasionsprozessen in der Online-Welt. Zum anderen ist es wichtig zu erfahren, unter welchen Bedingungen nachhaltigkeitsbezogene Botschaften Wirkungen erzielen können – wichtig für die strategische Kommunikation von Unternehmen oder politischen Akteur:innen, wichtig aber vor allem, um nachhaltiges Denken und Handeln individuell und gesellschaftlich zu verankern.

2. *Theoretischer Hintergrund und Forschungsstand*

2.1 *Nachhaltigkeit und politischer Konsum*

Das Nachhaltigkeitskonzept wurde wesentlich von dem im Jahr 1987 veröffentlichten Bericht „Our Common Future" der Weltkommission für Umwelt und Entwicklung der Vereinten Nationen geprägt. In dem Bericht wird die Notwendigkeit einer nachhaltigen Entwicklung in verschiedenen Lebensbereichen betont. Eine nachhaltige Entwicklung liege demnach vor, wenn die Bedürfnisse der Gegenwart befriedigt werden können, ohne zu riskieren, dass diese Bedürfnisbefriedigung zukünftigen Generationen verwehrt wird. Dieses Prinzip fordert Unternehmen, Organisationen und Konsument:innen gleichermaßen auf, Verantwortung für die Folgen des eigenen Verhaltens zu übernehmen. Bereits im Bericht der Vereinten Nationen wird auf die zentrale Bedeutung des Konsums für das Gelingen einer nachhaltigen Entwicklung hingewiesen. Die Förderung nachhaltiger Konsum- und Produktionsaktivitäten wird auch in der im Jahr 2015 verabschiedeten Agenda 2030 der Vereinten Nationen als eines von 17 Nachhaltigkeitszielen definiert. Daran anschließend hat die deutsche Bundesregierung 2016 ein „Nationales Programm für nachhaltigen Konsum" verabschiedet. Zudem wurde im Jahr 2019 ein Klimaschutzgesetz zur Senkung der Treibhausgasemissionen in Deutschland beschlossen. Zwei Jahre später wurde das Gesetz nach einem Beschluss des Bundesverfassungsgerichts verschärft.

Parallel zur Entwicklung institutioneller Fördermaßnahmen für nachhaltige Konsumaktivitäten berücksichtigen immer mehr Menschen politische, ethische oder ökologische Aspekte bei ihren Kaufentscheidungen (Boström et al., 2019; Stolle & Micheletti, 2013). Sie wollen damit Verantwortung für die Folgen des eigenen Konsumverhaltens übernehmen. Durch ihre Verantwortungsübernahme werden diese Menschen zu politischen Konsument:innen.

Im Allgemeinen kann politischer Konsum definiert werden als „consumers' use of the market as an arena for politics in order to change institutional or market practices found to be ethically, environmentally, or politically objectionable" (Stolle & Micheletti, 2013, S. 39). Im Speziellen wird dabei zumeist zwischen vier politischen Konsumformen unterschieden (Boström et al., 2019; Stolle & Micheletti, 2013): Konsument:innen können Produkte und Dienstleistungen aus politischen, ethischen oder ökologischen Gründen (1) *boykottieren* oder (2) *buykottieren* (d. h. gezielt kaufen). Sie können versuchen, (3) auf die Konsumentscheidungen anderer Personen einzuwirken (*diskursiver politischer Konsum*) und sie können (4) ihren eigenen Lebensstil ändern (*political lifestyle consumerism*) – etwa, indem sie ihre Ernährung umstellen oder umweltschädliche Aktivitäten wie zum Beispiel Flugreisen vermeiden.

Dass politische Konsumaktivitäten von immer mehr Menschen ausgeführt werden, wird auch auf die Verbreitung des Internets und auf die gestiegene Nutzung von Social-Media-Plattformen zurückgeführt (Gil de

Zúñiga et al., 2014; Stolle & Micheletti, 2013). In einigen Studien konnte ein positiver Zusammenhang zwischen der Nutzung digitaler Medien und politischen Konsumaktivitäten nachgewiesen werden (Gil de Zúñiga et al., 2014; Kelm & Dohle, 2018; Leissner, 2020; Meta-Analyse: Copeland & Boulianne, 2022). In den Studien wird argumentiert, dass politische Konsument:innen das Internet und Social-Media-Plattformen nutzen, um sich über Unternehmenspraktiken zu informieren, sich mit Gleichgesinnten auszutauschen und andere Personen zu politischen Konsumaktivitäten zu motivieren. Empirische Studien, die untersuchen, welche dieser digitalen Informations- und Kommunikationsaktivitäten für den positiven Zusammenhang mit politischen Konsumaktivitäten verantwortlich sind, sind jedoch rar (Stolle & Micheletti, 2013, S. 275). In der vorliegenden Studie wird daher untersucht, welchen Einfluss die auf Social-Media-Plattformen verbreiteten journalistischen Informationen über Unternehmenspraktiken haben, welchen Einfluss die auf Social-Media-Plattformen vorzufindenden Mobilisierungsaktivitäten von Freund:innen haben und welchen Einfluss die Interaktion beider Faktoren hat.

2.2 *Einfluss journalistischer Informationen*

Neben spezifischen Fallstudien zur Berichterstattung über umweltbezogene Themen (z. B. zu genetisch veränderten Lebensmitteln; Rucht et al., 2008) haben einige Studien die journalistische Berichterstattung zum Thema Nachhaltigkeit allgemein untersucht (im Überblick: Hoppe & Wolling, 2017). Fischer et al. (2017) zeigen beispielsweise, dass deutsche Printangebote den Begriff Nachhaltigkeit zwischen 1995 und 2005 immer häufiger verwendet haben. Barkemeyer et al. (2020) zufolge hat sich in den letzten Jahren die Berichterstattung über Unternehmensskandale einerseits intensiviert, andererseits sind aber die Zeiträume, in denen über diese Skandale berichtet wird, kürzer geworden.

Der mittels Social-Media-Plattformen verbreiteten journalistischen Berichterstattung über Unternehmenspraktiken kann aus drei Gründen ein besonderes Einflusspotenzial unterstellt werden. *Erstens* kommen viele Menschen über das Internet oder Social-Media-Plattformen mit solchen Nachrichten in Kontakt (Newman et al., 2021; Yang & Baringhorst, 2019, S. 192). Die journalistische Thematisierung spezifischer unternehmerischer Aktivitäten dient *zweitens* als Hinweis für die gesellschaftliche Relevanz eben dieser Aktivitäten (Carroll & McCombs, 2003; McCombs & Shaw, 1972). *Drittens* ist das Vertrauen in die Berichterstattung etablierter Medien in Deutschland hoch – gerade auch dann, wenn über Umweltthemen berichtet wird (z. B. Jakobs et al., 2021). Darüber hinaus wird Journalist:innen in Deutschland eine hohe Kompetenz zugesprochen (Prochazka & Schweiger, 2020). Zusammengefasst ist es wahrscheinlich, dass Menschen, wenn sie über Social-Media-Plattformen mit relevanten Nachrichten etablierter Medienangebote über Unternehmenspraktiken in Kontakt kommen, diese Nachrichten nicht nur als gesellschaftlich relevant, sondern auch als vertrauenswürdig wahrnehmen.

Daran anknüpfend ist es naheliegend anzunehmen, dass in der journalistischen Berichterstattung gefällte positive oder negative Urteile über Unternehmen einen Einfluss darauf haben können, wie Rezipient:innen diese Unternehmen einschätzen und wie sie sich gegenüber den Produkten dieser Unternehmen verhalten. Zentralen Ansätzen der Persuasionsforschung wie etwa dem Elaboration-Likelihood-Modell zufolge sind diese Wirkungen möglich, wenn Rezipient:innen medial vermittelte Botschaften gründlich verarbeiten und dabei die dort genannten Argumente überzeugend finden. Wirkungen sind aber auch bei einer eher oberflächlichen Verarbeitung möglich, etwa dann, wenn die Quelle der Botschaft als kompetent und vertrauenswürdig eingeschätzt wird (z. B. Klimmt & Rosset, 2020; Petty & Cacioppo, 1986).

2.3 *Einfluss mobilisierender Informationen*

Social-Media-Plattformen werden von politischen Konsument:innen genutzt, um Informationen zu Produkten und Dienstleistungen zu verbreiten (z. B. Gotlieb & Cheema, 2017). Dabei können politische Konsument:innen gezielt Freund:innen adressieren und ihnen etwa journalistische Nachrichtenartikel empfehlen. Social-Media-Nutzer:innen sind eher bereit, diese Nachrichtenartikel zu lesen, wenn sie sich für das Thema des Artikels interessieren (Karnowski et al., 2017; Kümpel, 2019), sie von Freund:innen persönlich adressiert und für andere Personen sichtbar auf diese Artikel hingewiesen werden (Kümpel, 2019) und sie positive Gefühle (Karnowski et al., 2017) oder eine enge Beziehung zu der/dem Hinweisgeber:in aufweisen (Kaiser et al., 2021; Kümpel, 2019). Werden Social-Media-Nutzer:innen zudem von Freund:innen auf Nachrichten bestimmter Medienangebote hingewiesen, steigt ihr Vertrauen in diese Medienangebote (Turcotte et al., 2015). Die Hinweise von Freund:innen können Social-Media-Nutzer:innen demnach zum einen in ihrer Nachrichtenselektion und zum anderen in der Bewertung dieser Informationen beeinflussen: „News recommendations by our Facebook friends or Twitter contacts not only help us to determine *what* we should think about, but also tell us *how* we should think about it" (Kümpel, 2019, S. 372; Hervorhebung im Original).

Darüber hinaus legen Ansätze aus der Politik- und der Kommunikationswissenschaft nahe, dass die Hinweise von Freund:innen politische und gesellschaftliche Aktivitäten fördern können. Nach dem „Citizen Mediation Model" (Shah et al., 2005) fördert etwa die Nutzung journalistischer Inhalte interpersonale (Online-)Diskussionen, was wiederum positive Auswirkungen auf gesellschaftliches oder politisches Engagement hat. Schlozman et al. (2012) betonen zudem, dass Menschen eher bereit sind, sich gesellschaftlich und politisch zu beteiligen, wenn sie dazu von anderen Personen ermutigt werden.

Einen positiven Zusammenhang zwischen politischen Online- und Offline-Diskussionen sowie politischen Konsumaktivitäten konnten zum Beispiel Kelm und Dohle (2018) für politische Konsument:innen in Deutschland nachweisen. Leissner (2020) zeigt zudem, dass vor allem aktive Social-Media-Nutzung mit nachhaltigem Verhalten zusammenhängt. In einer Studie von Zorell und Denk (2021) wird außerdem deutlich, dass Menschen umso häufiger politisch konsumieren, je öfter sie von anderen Personen motiviert werden, ethisch oder ökologisch korrekt hergestellte Produkte zu kaufen. Die Autor:innen schlussfolgern daher: „Changing consumption depends to a good degree upon the influences of others" (Zorell & Denk, 2021, S. 409).

3. *Forschungsfragen und Hypothesen*

In der vorliegenden Studie wird untersucht, welchen Einfluss über Social-Media-Plattformen geteilte Hinweise zur Nachhaltigkeit von Unternehmen haben. Dabei stehen die auf Facebook geteilten Informationen und Einschätzungen von Journalist:innen und Freund:innen im Fokus.

Die Rezeption der über Social-Media-Plattformen geteilten Hinweise könnte zu einer weiteren Beschäftigung mit dem Thema anregen – etwa, indem sich die Rezipierenden über das Thema weiter informieren oder als Reaktion auf diese Hinweise selbst Kommunikationsaktivitäten durchführen. Dies zeigen etwa Studien, die untersuchen, ob Social-Media-Nutzer:innen eher Nachrichtenartikel rezipieren, wenn sie auf diese von Freund:innen hingewiesen werden (Kaiser et al., 2021; Kümpel, 2019). Es ist aber weitgehend unklar, ob von Journalist:innen und Freund:innen stammende positive oder negative Informationen über Unternehmen stärkere Informations- und Kommunikationsaktivitäten nach sich ziehen. Daher stellt sich die erste Forschungsfrage (FF):

FF1) Wie beeinflussen positive oder negative Unternehmensbewertungen von Journalist:innen und Freund:innen auf Facebook die Informations- und Kommunikationsaktivitäten der Rezipierenden?

Da Menschen Informationen von etablierten Medien und von Freund:innen in der Regel vertrauen, sollte die Richtung der geteilten Unternehmensbewertungen auch einen Einfluss auf den Eindruck haben, den die Rezipierenden von dem Unternehmen und dessen Aktivitäten entwickeln. Daran anschließend ist es wahrscheinlich, dass die Richtung der Bewertungen die Intentionen beeinflusst, Produkte dieses Unternehmens zu konsumieren. Daher werden die beiden Hypothesen (H) aufgestellt:

H1) Positive (negative) Unternehmensbewertungen von (a) Journalist:innen und (b) Freund:innen führen zu einem positiveren (negativerem) Eindruck vom Unternehmen im Vergleich zu einer negativen (positiven) Unternehmensbewertung.
H2) Positive (negative) Unternehmensbewertungen von (a) Journalist:innen und (b) Freund:innen führen zu (weniger) ausgeprägte(re)n Intentionen, Produkte dieses Unternehmens zu konsumieren, als negative (positive) Unternehmensbewertungen.

Ob die von Journalist:innen oder die von Freund:innen geteilten Unternehmensbewertungen stärkere Reaktionen nach sich ziehen, ist weitgehend unklar. Einerseits sind die von etablierten Medienangeboten verbreiteten Informationen aus Sicht vieler Rezipierenden vertrauenswürdig (Jakobs et al., 2021). Andererseits zeigt Kümpel (2019), dass Social-Media-Nutzer:innen insbesondere bereit sind, Nachrichten zu rezipieren, wenn sie öffentlich-sichtbar und persönlich von ihren Freund:innen auf diese Nachrichten hingewiesen werden. Denkbar ist auch, dass Social-Media-Nutzer:innen die von Freund:innen verbreitete Meinungen über bestimmte Unternehmen übernehmen und dementsprechend handeln. Wenn sowohl die journalistische Bewertung als auch die Einschätzung aus dem Freund:innenkreis in dieselbe Richtung gehen, sind demnach besonders starke Effekte erwartbar. Unklar ist jedoch, welchen Einfluss die Bewertungen haben, wenn die Einschätzungen auseinandergehen. Daher stellt sich die Frage:

FF2) Inwiefern werden (a) die Informations- und Kommunikationsaktivitäten, (b) der Eindruck vom Unternehmen und (c) die Intention, Produkte des Unternehmens zu konsumieren, von der Interaktion aus Unternehmensbewertungen von Journalist:innen und Freund:innen beeinflusst?

4. Methode

4.1 Stichprobe und Experimentaldesign

Zur Prüfung der Hypothesen und Beantwortung der Forschungsfragen wurde eine als 2×3-Between-Subjects-Experiment angelegte Online-Befragung unter Facebook-Nutzer:innen durchgeführt. Die Datenerhebung fand vom 29. Juni bis 10. Juli 2017 im Rahmen eines Seminars statt.[1] Die Studierenden rekrutierten die Befragten über Facebook. Von 693 Personen, die die Umfrage starteten, beendeten sie 360. Die Befragten waren zwischen 17 und 80 Jahre alt (M = 25,98; SD = 9,71) und überwiegend hoch gebildet (Hochschulreife oder höher: 87,5 %). Unter den Befragten waren mehr Frauen (57,2 %) als Männer (41,4 %).

Den Befragten wurde jeweils eine zufällig ausgewählte Version eines fiktiven Facebook-Posts von Spiegel Online präsentiert. Thema des Posts war die von H&M als nachhaltig-ökologisch deklarierte Conscious-Modelinie (Abbildung 1). Die Textilindustrie wurde ausgewählt, da Konsument:innen beim Kleidungskauf vergleichsweise häufig politische, ethische oder ökologische Gründe berücksichtigen (Kelm & Dohle, 2018).

1 Die Autoren danken allen Teilnehmer:innen des Seminars sehr herzlich für ihre Mitwirkung an der Planung und Durchführung der Untersuchung.

Abbildung 1: Überblick über die Stimuli

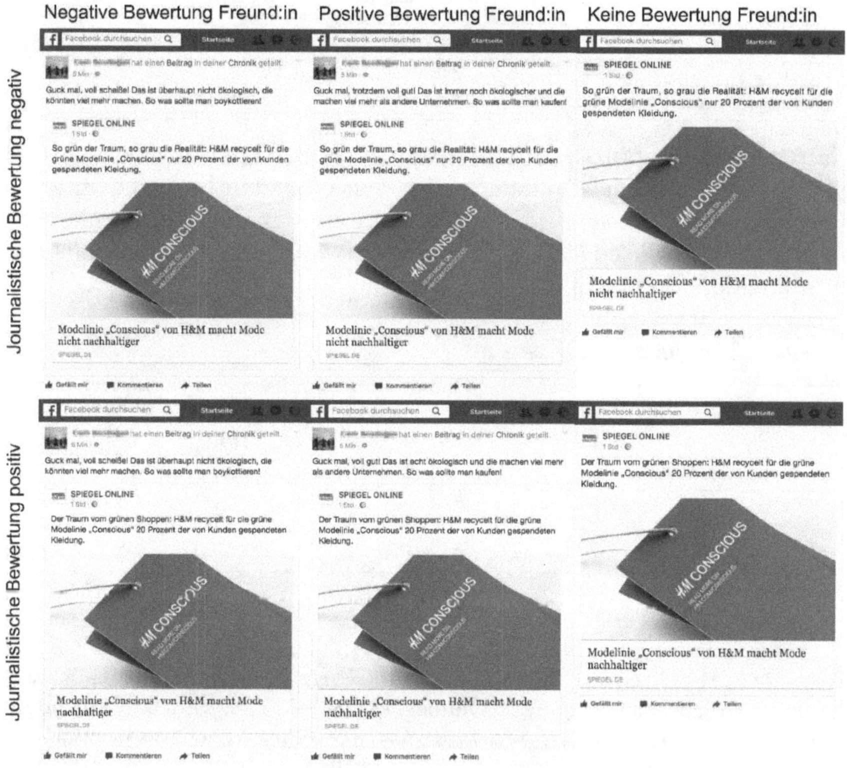

In dem Post wurde die Nachhaltigkeit der Modelinie entweder negativ oder positiv bewertet (Faktor 1: journalistische Bewertung). In vier von sechs Varianten des Stimulus sah es so aus, als ob der Post von einer Person auf der persönlichen Facebook-Seite der/des Befragten öffentlich geteilt und die/der Befragte direkt angesprochen worden wäre. Die Befragten wurden gebeten, sich vorzustellen, dass diese Person aus dem eigenen Freund:innenkreis käme. Diese Person bewertete die Modelinie ebenfalls entweder positiv oder negativ (Faktor 2: Bewertung Freund:in; für ein ähnliches Vorgehen siehe Kaiser et al., 2021).[2] Tabelle 1 gibt eine Übersicht über die Anzahl der Fälle in den jeweiligen Experimentalgruppen.

---

2 Nach der Rezeption des Stimulus wurden die Befragten gebeten, einzuschätzen, ob es zu Spiegel Online passen würde, einen solchen Post zu veröffentlichen (1 = *stimme überhaupt nicht zu* bis 5 = *stimme voll und ganz zu*). Die Befragten hielten

Tabelle 1: Anzahl der Fälle in den Experimentalgruppen

		Faktor 2: Bewertung Freund:in		
		positiv	negativ	keine Bewertung
Faktor 1: journalistische Bewertung	positiv	49	59	49
	negativ	67	60	76

Nach der Präsentation des Stimulus sollten die Befragten angeben, wie die Modelinie von Spiegel Online und der/dem Freund:in bewertet wurde (1 = *sehr negativ* bis 5 = *sehr positiv*). Dies diente als Manipulation Check. Varianzanalysen mit Post-Hoc-Tests (Bonferroni) weisen auf eine erfolgreiche Manipulation hin (Tabelle 2).

Tabelle 2: Manipulation Check

Bewertung Spiegel Online	Freund:in	Einschätzung Bewertung Spiegel Online *M (SD)*	Einschätzung Bewertung Freund:in *M (SD)*
positiv	positiv	3,88[a] (0,95)	4,49[a] (0,89)
	negativ	3,46[a] (1,16)	1,53[b] (0,84)
	keine Bewertung	3,69[a] (0,98)	
negativ	positiv	2,01[b] (0,96)	4,19[a] (0,87)
	negativ	1,83[b] (0,74)	1,63[b] (1,02)
	keine Bewertung	1,83[b] (0,80)	

Anmerkung. Mittelwerte (1 = *sehr negativ* bis 5 = *sehr positiv*) und Standardabweichungen; Varianzanalysen: Spiegel Online: $F(5, 354) = 64{,}76$; $p < 0{,}001$; Freund:innenkreis: $F(5, 231) = 178{,}47$; $p < 0{,}001$; unterschiedliche hochgestellte Buchstaben deuten auf signifikante Unterschiede innerhalb einer Spalte hin (Bonferroni: $p < 0{,}001$).

4.2 Messungen

Die beiden Experimentalfaktoren und deren Interaktion dienten als unabhängige Variablen. Als abhängige Variablen dienten verschiedene Items, die nach der Präsentation des Stimulus beantwortet werden mussten.

dies größtenteils für realistisch ($M = 3{,}24$; $SD = 1{,}05$). Zudem wurden die Befragten gebeten, einzuschätzen, ob es sein könne, dass eine Person aus dem Freundeskreis sie auf einen solchen Facebook-Post aufmerksam machen würde (1 = *stimme überhaupt nicht zu* bis 5 = *stimme voll und ganz zu*). Dies hielten die Befragten für weniger realistisch ($M = 2{,}48$; $SD = 1{,}23$).

Reaktion auf den Facebook-Post: Die Befragten sollten angeben, wie wahrscheinlich es wäre, dass sie den Facebook-Post „liken oder mit einem anderen Emoticon versehen", „kommentieren", „teilen" oder „auf den Facebook-Beitrag klicken, um weitere Informationen auf Spiegel Online zu erhalten" (1 = *auf gar keinen Fall* bis 5 = *auf jeden Fall*). Die vier Items wurden zu einem Mittelwertindex zusammengefasst (α = 0,74; *M* = 2,11; *SD* = 0,86).

Online-Informationssuche: Die Befragten wurden gebeten, anzugeben, wie wahrscheinlich es jeweils sei, dass sie sich im Internet „genauer über das Recycling von Kleidung informieren", „genauer über die Conscious-Linie von H&M informieren" oder „informieren, ob andere Modeketten ähnliche Modelinien anbieten" (1 = *auf gar keinen Fall* bis 5 = *auf jeden Fall*). Auch aus diesen drei Items wurde ein Mittelwertindex gebildet (α = 0,91; *M* = 2,54; *SD* = 1,17).

Eindruck von H&M: Die Befragten sollten zu folgenden Aussagen Stellung beziehen (1 = *stimme überhaupt nicht zu* bis 5 = *stimme voll und ganz zu*): „Ich habe einen negativeren Eindruck von H&M als von anderen Modeketten" (*M* = 2,33; *SD* = 1,03) und „Ich habe einen positiveren Eindruck von H&M als von anderen Modeketten" (*M* = 2,49; *SD* = 1,17).

Konsumintentionen: Die Befragten wurden gefragt, wie wahrscheinlich es sei, dass sie „zukünftig eher weniger bei H&M kaufen" (*M* = 2,27, *SD* = 1,25) oder „zukünftig eher mehr bei H&M kaufen" (*M* = 1,85; *SD* = 0,93; jeweils 1 = *auf gar keinen Fall* bis 5 = *auf jeden Fall*).

Spielerische Einkaufssituation: In einer spielerischen Einkaufssituation sollten sich die Befragten vorstellen, dass ihnen 300 Euro zum Kauf von Kleidung zur Verfügung stehen. Diese fiktiven 300 Euro konnten in 50-Euro-Schritten auf acht verschiedene Modeketten aufgeteilt werden – eine davon war H&M. Im Durchschnitt gaben die Befragten ungefähr 50 fiktive Euro bei H&M aus (*M* = 52,78; *SD* = 53,10).

Zusätzlich wurden einige Kontrollvariablen erhoben, bei denen in früheren Studien ein Einfluss auf politische Konsumaktivitäten nachgewiesen werden konnte (Copeland & Boulianne, 2022; Stolle & Micheletti, 2013). Neben dem Geschlecht, dem Alter und dem Bildungsstand (recodiert: 0 = *keine Hochschulreife*; 1 = *Hochschulreife*) wurde erfasst, wie häufig die Befragten Kleidung bei H&M kaufen (Proxy für Markenbindung: *M* = 3,14; *SD* = 1,37), wie häufig sie bestimmte Textilmarken aus politischen, ethischen oder ökologischen Gründen boykottieren (*M* = 2,15; *SD* = 1,34) oder gezielt kaufen (*M* = 2,21; *SD* = 1,20; jeweils 1 = *nie/sehr selten* bis 5 = *sehr häufig*) und wie sehr sie politischen Informationen auf Facebook vertrauen (1 = *vertraue ich überhaupt nicht* bis 5 = *vertraue ich voll und ganz*; *M* = 2,18; *SD* = 0,74).

5. Ergebnisse

Die Hypothesen wurden mit zweifaktoriellen Kovarianzanalysen getestet. Die Erklärungskraft der einzelnen Modelle bewegt sich zwischen elf (negativer Eindruck von H&M) und 37 Prozent (spielerische Einkaufssituation). Die Rezeption des Stimulus beeinflusst die abhängigen Variablen in unterschiedliche Weise (Tabelle 3).

Die Wahrscheinlichkeit, dass die Proband:innen innerhalb von Facebook auf den Facebook-Post reagiert hätten, wird nicht beeinflusst von der journalistischen Bewertung, $F(1, 337) = 0{,}19$, $p = 0{,}666$, $\eta_p^2 = 0{,}00$, der Bewertung aus dem Freund:innenkreis, $F(2, 337) = 0{,}47$, $p = 0{,}628$, $\eta_p^2 = 0{,}00$, und der Interaktion beider Faktoren, $F(2, 337) = 0{,}00$, $p = 0{,}997$, $\eta_p^2 = 0{,}00$. Auch die Wahrscheinlichkeit, dass sich die Proband:innen über das Thema Nachhaltigkeit im Internet informieren, wird nicht beeinflusst von der journalistischen Bewertung, $F(1, 337) = 0{,}05$, $p = 0{,}832$, $\eta_p^2 = 0{,}00$, der Bewertung aus dem Freund:innenkreis, $F(2, 337) = 1{,}04$, $p = 0{,}354$, $\eta_p^2 = 0{,}01$, und der Interaktion beider Faktoren, $F(2, 337) = 0{,}70$, $p = 0{,}497$, $\eta_p^2 = 0{,}00$. In absoluten Werten sind sowohl die Wahrscheinlichkeit einer Reaktion auf den Facebook-Post als auch einer Online-Informationsbeschaffung eher gering. Als Antwort auf die erste Forschungsfrage kann demnach festgehalten werden, dass die Informations- und Kommunikationsaktivitäten nicht durch die Rezeption von journalistischen und mobilisierenden Hinweisen über die Nachhaltigkeit von Unternehmen beeinflusst werden.

Tabelle 3: Ergebnisse der zweifaktoriellen Kovarianzanalysen

	Journalistische Bewertung positiv				Journalistische Bewertung negativ				Journ. Bewertung	Freund:in	Journ. Bewertung × Freund:in	Gesamt	
	insgesamt	Freund:in positiv	Freund:in negativ	keine Bewertung	insgesamt	Freund:in positiv	Freund:in negativ	keine Bewertung					
	M (*SD*)	*M* (*SD*)	*M* (*SD*)	*M* (*SD*)	*M* (*SD*)	*M* (*SD*)	*M* (*SD*)	*M* (*SD*)	*F*	*F*	*F*	*F*	R^2 (korr.)
Reaktion auf den Facebook-Post	2,14 (0,90)	2,15 (0,82)	2,13 (0,91)	2,14 (0,98)	2,10 (0,83)	2,15 (0,81)	2,18 (0,85)	2,00 (0,83)	0,19	0,47	0,00	6,13***	0,15
Online-Informationssuche	2,55 (1,20)	2,65 (1,16)	2,60 (1,23)	2,38 (1,21)	2,52 (1,15)	2,48 (1,09)	2,57 (1,21)	2,51 (1,15)	0,05	1,04	0,70	6,30***	0,15
Negativer Eindruck von H&M	2,34 (1,15)	2,48 (1,17)	2,12 (1,08)	2,46 (1,18)	2,60 (1,18)	2,48 (1,08)	2,60 (1,22)	2,70 (1,21)	3,30	2,91	2,07	4,57***	0,11
Positiver Eindruck von H&M	2,34 (1,00)	2,15 (0,92)	2,34 (1,01)	2,54 (1,03)	2,32 (1,06)	2,34 (1,04)	2,22 (1,12)	2,39 (1,02)	0,00	1,16	0,91	4,87***	0,12
Zukünftig weniger einkaufen	2,04 (1,14)	2,17 (1,12)	2,02 (1,18)	1,94 (1,14)	2,45 (1,30)	2,42 (1,28)	2,42 (1,39)	2,50 (1,26)	9,19**	0,70	0,17	7,24***	0,18
Zukünftig mehr einkaufen	2,07 (0,96)	1,96 (0,85)	1,93 (0,93)	2,35 (1,06)	1,69 (0,86)	1,83 (0,94)	1,60 (0,79)	1,64 (0,84)	17,69***	0,81	1,99	8,35***	0,20
Spielerische Einkaufssituation	58,88 (59,27)	59,37 (55,21)	46,43 (51,22)	72,92 (69,16)	48,74 (47,64)	46,37 (42,51)	45,00 (47,57)	53,38 (51,90)	3,73	0,77	0,39	17,97***	0,37

Anmerkung. Mittelwerte und Standardabweichungen; ** $p < 0{,}01$; *** $p < 0{,}001$. Kontrolliert durch Geschlecht, Alter, Bildungsstand, Häufigkeit H&M-Kleidungskauf, Häufigkeit Boykott und Buykott von Textilmarken sowie Vertrauen in politische Informationen auf Facebook.

Die Rezeption des Facebook-Posts beeinflusst zudem nicht, wie positiv oder negativ der Eindruck ist, den die Proband:innen von H&M haben: Die journalistische Bewertung, $F(1, 337) = 3{,}30$, $p = 0{,}070$, $\eta_p^2 = 0{,}01$, die Bewertung aus dem Freund:innenkreis, $F(2, 337) = 2{,}91$, $p = 0{,}056$, $\eta_p^2 = 0{,}02$, und die Interaktion beider Faktoren, $F(2, 337) = 2{,}07$, $p = 0{,}127$, $\eta_p^2 = 0{,}01$, haben keinen Einfluss auf die negative Bewertung von H&M. Die journalistische Bewertung, $F(1, 337) = 0{,}00$, $p = 0{,}997$, $\eta_p^2 = 0{,}00$, die Bewertung aus dem Freund:innenkreis, $F(2, 337) = 1{,}16$, $p = 0{,}314$, $\eta_p^2 = 0{,}01$, und deren Interaktion, $F(2, 337) = 0{,}91$, $p = 0{,}402$, $\eta_p^2 = 0{,}01$, haben außerdem keinen Einfluss darauf, wie stark ausgeprägt der gesondert gemessene positive Eindruck ist, den die Proband:innen von H&M haben. H1a und H1b werden daher verworfen.

Die Rezeption des Facebook-Posts beeinflusst die Konsumintentionen der Proband:innen: Eine negative journalistische Bewertung führt im Vergleich zu einer positiven journalistischen Bewertung zu einer ausgeprägteren Intention, zukünftig eher weniger bei H&M einzukaufen, $F(1, 337) = 9{,}19$, $p = 0{,}003$, $\eta_p^2 = 0{,}03$, $\Delta M = 0{,}41$. Die positive journalistische Bewertung führt wiederum im Vergleich zur negativen journalistischen Bewertung zu einer stärkeren Intention, zukünftig eher mehr bei H&M einzukaufen, $F(1, 337) = 17{,}69$, $p < 0{,}001$, $\eta_p^2 = 0{,}05$, $\Delta M = 0{,}38$. Daher kann H2a mit Blick auf diese Variablen bestätigt werden, wobei die Mittelwerte andeuten, dass die Befragten insgesamt – unabhängig davon, welche Facebook-Posts sie rezipiert haben – eher geringe Konsumintentionen haben. Die Bewertung aus dem Freund:innenkreis sowie die Interaktion aus journalistischer Bewertung und derjenigen aus dem Freund:innenkreis spielen keine Rolle sowohl für die Intention, eher mehr einzukaufen, $F(2, 337) = 0{,}81$, $p = 0{,}446$, $\eta_p^2 = 0{,}01$ bzw. $F(2, 337) = 1{,}99$, $p = 0{,}139$, $\eta_p^2 = 0{,}01$, als auch für die Intention, eher weniger einzukaufen, $F(2, 337) = 0{,}70$, $p = 0{,}496$, $\eta_p^2 = 0{,}00$ bzw. $F(2, 337) = 0{,}17$, $p = 0{,}844$, $\eta_p^2 = 0{,}00$. H2b muss daher verworfen werden.

Für die spielerische Einkaufssituation zeigt sich, dass die journalistische Bewertung, $F(1, 337) = 3{,}73$, $p = 0{,}054$, $\eta_p^2 = 0{,}01$, die Bewertung aus dem Freund:innenkreis, $F(2, 337) = 0{,}77$, $p = 0{,}463$, $\eta_p^2 = 0{,}01$, und der aus beiden unabhängigen Variablen gebildete Interaktionsterm, $F(2, 337) = 0{,}39$, $p = 0{,}680$, $\eta_p^2 = 0{,}00$, keinen signifikanten Einfluss darauf haben, dass die Proband:innen mehr Geld bei H&M ausgeben wollen. Allerdings deutet die Mittelwertdifferenz, die sich aufgrund des Einflusses der positiven vs. negativen journalistischen Bewertung ergibt, zumindest einen Unterschied in der erwarteten Richtung an ($\Delta M = 10{,}14$). H2a und H2b müssen mit Blick auf diese Variable dennoch verworfen werden.

Aufbauend auf den Analysen kann die zweite Forschungsfrage beantwortet werden. Demnach hat die Interaktion der Unternehmensbewertungen von Journalist:innen und Freund:innen keinen Einfluss auf die Informations- und Kommunikationsaktivitäten, den Eindruck vom Unternehmen und die Intention, Produkte des Unternehmens zu konsumieren.

6. *Diskussion*

Den Ergebnissen der Studie zufolge ruft die Rezeption der auf Social-Media-Plattformen geteilten Informationen und Einschätzungen zur Nachhaltigkeit von Unternehmen zumindest teilweise Reaktionen hervor: Journalistische Bewertungen zur Nachhaltigkeit eines Unternehmens beeinflussen die Intention der Proband:innen, Produkte dieses Unternehmens zukünftig häufiger bzw. seltener zu kaufen. Positive oder negative Bewertungen beeinflussen die Intention allerdings nicht in starkem Maße, die Effektstärke dieses Faktors ist gering. Die Bewertungen aus dem Freund:innenkreis spielen dagegen ebenso keine Rolle wie die Interaktion zwischen den Bewertungen von Journalist:innen und Freund:innen.

Die Ergebnisse legen nahe, dass journalistische Informationen von etablierten Medien auch im Social-Media-Kontakt von Bedeutung sind und das Potenzial besitzen, zu einem individuellen nachhaltigen Verhalten beizutragen – auch wenn die Effekte gering sind. Gerade weil nachhaltige Konsument:innen eher skeptisch gegenüber nachhaltiger Werbung zu sein scheinen (z. B. Zinkhan & Carlson, 1995; für gegenteilige Ergebnisse siehe Matthes & Wonneberger, 2014), können journalistische Einschätzungen und Bewertungen relevant für die Orientierung der Konsument:innen sein. Inwieweit dies nur für etablierte Medienangebote zutrifft oder auch für weniger bekannte journalistische Angebote und inwiefern die konkrete journalistische Quelle und deren Image sowie deren (wahrgenommene) politische Ausrichtung von Bedeutung sind, kann anhand der Daten der vorliegenden Untersuchung nicht beantwortet, sollte aber in zukünftigen Studien analysiert werden. Auf Basis der Resultate der vorliegenden Studie lässt sich aber festhalten, dass auch Nutzer:innen von Social-Media-Angeboten journalistischen Bewertungen Beachtung schenken. Zu vermuten ist, dass dies geschieht auf Basis eines – zumindest bei größeren Teilen der Nutzer:innen – grundsätzlich vorhandenen Vertrauens in die Fähigkeit von Journalist:innen, unternehmerische Entscheidungen richtig beurteilen zu können.

Dass die Rezeption von Mobilisierungsaktivitäten aus dem Freund:innenkreis keine Reaktionen nach sich zieht, war unerwartet. Dies kann einerseits dem experimentellen Design geschuldet sein. So wurde der Name der Freundin bzw. des Freundes innerhalb des Stimulus nicht interaktiv angepasst (z. B. Kümpel, 2019). Stattdessen wurden die Befragten lediglich gebeten, sich vorzustellen, dass sie von einer/einem Freund:in auf den Post hingewiesen worden sind. Durch die explizite Nennung der Person aus dem Freund:innenkreis hätten die Befragten den Post womöglich für realistischer gehalten. Zudem wurden der Produktbereich und das adressierte Unternehmen nicht variiert. Denkbar ist, dass es bei einem den eigenen Geschmack weniger berührenden Produktbereich oder bei einem weniger bekannten Unternehmen andere Effekte geben könnte. Andererseits könnte den Freund:innen zu wenig Expertise für den Themenbereich unterstellt worden sein. Dies könnte im vorliegenden Fall wichtiger sein als etwa persönliche Vertrautheit oder positive persönliche Gefühle gegenüber den jeweiligen Personen. Möglich ist auch, dass die persönliche Aufforderung, Produkte der Modelinie zu kaufen oder zu boykottieren, zu sozialem Druck geführt hat, der nicht unbedingt zu den erwarteten Reaktionen führen muss. So konnten Kaiser et al. (2021) beispielsweise zeigen, dass über Facebook weitergeleitete Nachrichten von engen Freund:innen zwar sozialen Druck auslösten, die Nachrichten zu lesen, aber wider Erwarten die Lesebereitschaft der Versuchspersonen verringerten. Hier sollten zukünftige Studien ansetzen und das Zusammenspiel von sozialem Druck, persönlicher Nähe und wahrgenommenen Themenkompetenzen im Zuge von mobilisierenden Maßnahmen für politische Konsumaktivitäten näher untersuchen.

Die ausbleibenden Interaktionseffekte deuten darauf hin, dass von Journalist:innen und Freund:innen stammende Informationen im vorliegenden Fall getrennt voneinander verarbeitet wurden. Konkret zeigt sich in den Ergebnissen, dass eine Wirkung von journalistischen Einschätzungen nicht ausgelöst oder verstärkt wird, wenn ein:e Freund:in die journalistische Einschätzung öffentlich bekräftigt. Auch wenn ein:e Freund:in die journalistische Einschätzung öffentlich in Frage stellt, ist kein verminderter (und auch kein sich aufgrund von Reaktanz verstärkender) Einfluss auf die Wirkung der journalistischen Informationen erkennbar.

Die Studie hat Limitationen. Erstens wurden die Proband:innen willkürlich über Facebook rekrutiert, was zu einer überdurchschnittlich hoch gebildeten Stichprobe geführt hat, welche sich womöglich weniger stark von den präsentierten Informationen beeinflussen lässt. Zweitens wurden nur Informationen und Einschätzungen über die Nachhaltigkeit einer spezifischen und bekannten Modelinie gegeben. Dies erhöhte zwar einerseits die externe Validität, führte aber andererseits dazu, dass die Proband:innen recht starke Voreinstellungen gegenüber dem Unternehmen haben. Die

Effekte der rezipierten Informationen sind damit wahrscheinlich geringer als wenn den Proband:innen Informationen über ein unbekannteres Unternehmen gegeben worden wären. Drittens wurde den Proband:innen nur ein Facebook-Post präsentiert, was die externe Validität der Ergebnisse verringert. Viertens hielt zumindest ein Teil der Proband:innen den Facebook-Post der Person aus ihrem Freund:innenkreis für nicht allzu realistisch. Eine interaktive Variation des Stimulus mit expliziter Namensnennung der Person aus dem Freund:innenkreis hätte die externe Validität erhöht.

Trotz der Limitationen bietet die Studie einige Ansatzpunkte für zukünftige Forschungsaktivitäten. In der Studie wird die zwischenmenschliche Beziehung zwischen Social-Media-Nutzer:innen betont und modelliert. Dabei wurden mobilisierende Hinweise von Freund:innen, die in bisherigen Studien selten berücksichtigt wurden, in den Mittelpunkt gestellt. Zudem bietet die Studie eine der wenigen Befragungen mit experimentellem Design im Kontext des politischen Konsums und zu den Auswirkungen des Zusammenspiels von journalistischen und mobilisierenden Informationen auf nachhaltiges Denken und Handeln. Darauf aufbauend sind weitere Studien notwendig, um die Wirkungsmechanismen der Nutzung von Social-Media-Plattformen mit Blick auf politische Konsumaktivitäten und nachhaltiges Agieren fassen zu können. In diesen Studien könnten auch die inhaltlichen Botschaften weiter variiert werden. So ließe sich prüfen, ob eher kurze und prägnante Botschaften oder ausführlichere Verlautbarungen effektiv sein können und ob sich eher argumenthaltige oder emotionale Ausführungen als wirkungsmächtig erweisen. Auch die Liste der potenziellen Kommunikator:innen ist erweiterbar: Geprüft werden kann unter anderem, welche Wirkungen sich ergeben, wenn Rezipierende über Social-Media-Plattformen mit nachhaltigkeitsrelevanten Hinweisen konfrontiert werden, die von Influencer:innen, Unternehmen oder Umweltorganisationen stammen und journalistisch eingeordnet oder von Freund:innen weitergeleitet und bewertet werden. Aus zwei Gründen kann insbesondere der nachhaltigkeitsbezogenen Kommunikation von Influencer:innen ein besonderes Wirkungspotenzial unterstellt werden: Zum einen vermuten junge Social-Media-Nutzer:innen bei Influencer:innen eventuell eine etwas höhere Expertise und stärkere Unabhängigkeit als bei anderen professionellen Kommunikator:innen. Zum anderen ist denkbar, dass sie durch die persönliche Kommunikation der Influencer:innen eine parasoziale Beziehung (Hartmann, 2017) zu den Influencer:innen aufgebaut haben. Dadurch werden Influencer:innen womöglich als besonders kompetent und sympathisch wahrgenommen, was ihr Wirkungspotenzial vergrößern sollte.

Literaturverzeichnis

Barkemeyer, R., Faugère, C., Gergaud, O. & Preuss, L. (2020). Media attention to large-scale corporate scandals: Hype and boredom in the age of social media. *Journal of Business Research*, *109*, 385–398. https://doi.org/10.1016/j.jbusres.2019.12.011

Barnes, N. G. (2015). EWOM drives social commerce: A survey of millennials in US and abroad. *Journal of Marketing Development and Competitiveness*, *9*(2), 36–46.

Boström, M., Micheletti, M. & Oosterveer, P. (Hrsg.). (2019). *The Oxford handbook of political consumerism*. Oxford University Press.

Carroll, C. & McCombs, M. (2003). Agenda-setting effects of business news on the public's images and opinions about major corporations. *Corporate Reputation Review*, *6*(1), 36–46. https://doi.org/10.1057/palgrave.crr.1540188

Copeland, L. & Boulianne, S. (2022). Political consumerism: A meta-analysis. *International Political Science Review*, *43*(1), 3–18. https://doi.org/10.1177/0192512120905048

Fischer, D., Haucke, F. & Sundermann, A. (2017). What does the media mean by 'sustainability' or 'sustainable development'? An empirical analysis of sustainability terminology in German newspapers over two decades. *Sustainable Development*, *25*(6), 610–624. https://doi.org/10.1002/sd.1681

Gil de Zúñiga, H., Copeland, L. & Bimber, B. (2014). Political consumerism: Civic engagement and the social media connection. *New Media & Society*, *16*(3), 488–506. https://doi.org/10.1177/1461444813487960

Gotlieb, M. R. & Cheema, S. E. (2017). From consumer to producer: Motivations, internet use, and political consumerism. *Information, Communication & Society*, *20*(4), 570–586. https://doi.org/10.1080/1369118X.2016.1202301

Hartmann, T. (2017). *Parasoziale Interaktion und Beziehungen* (2. Aufl.). Nomos.

Hoppe, I. & Wolling, J. (2017). Nachhaltigkeitskommunikation. In H. Bonfadelli, B. Fähnrich, C. Lüthje, J. Milde, M. Rhomberg & M. S. Schäfer (Hrsg.), *Forschungsfeld Wissenschaftskommunikation* (S. 339–354). Springer VS.

Jakobs, I., Schultz, T., Viehmann, C., Quiring, O., Jackob, N., Ziegele, M. & Schemer, C. (2021). Medienvertrauen in Krisenzeiten: Mainzer Langzeitstudie Medienvertrauen 2020. *Media Perspektiven* (3), 152–162.

Johnstone, L. & Lindh, C. (2018). The sustainability-age dilemma: A theory of (un)planned behaviour via influencers. *Journal of Consumer Behaviour*, *17*(1), e127–e139. https://doi.org/10.1002/cb.1693

Kaiser, J., Keller, T. R. & Kleinen-von Königslöw, K. (2021). Incidental news exposure on Facebook as a social experience: The influence of recommender and media cues on news selection. *Communication Research*, *48*(1), 77–99. https://doi.org/10.1177/0093650218803529

Karnowski, V., Kümpel, A. S., Leonhard, L. & Leiner, D. J. (2017). From incidental news exposure to news engagement. How perceptions of the news post and news usage patterns influence engagement with news articles encountered on Facebook. *Computers in Human Behavior*, *76*, 42–50. https://doi.org/10.1016/j.chb.2017.06.041

Kelm, O. & Dohle, M. (2018). Information, communication and political consumerism: How (online) information and (online) communication influence boycotts and buycotts. *New Media & Society*, *20*(4), 1523–1542. https://doi.org/10.1177/1461444817699842

Klimmt, C. & Rosset, M. (2020). *Das Elaboration-Likelihood-Modell* (2. Aufl.). Nomos.

Kümpel, A. S. (2019). Getting tagged, getting involved with news? A mixed-method investigation of the effects and motives of news-related tagging activities on social network sites. *Journal of Communication*, *69*(4), 373–395. https://doi.org/10.1093/joc/jqz019

Leissner, L. (2020). Green living and the social media connection: The relationship between different media use types and green lifestyle politics among young adults. *Journal of Environmental Media*, *1*(1), 33–57. https://doi.org/10.1386/jem_00005_1

Lunenberg, K., Gosselt, J. F. & de Jong, M. D. (2016). Framing CSR fit: How corporate social responsibility activities are covered by news media. *Public Relations Review*, *42*(5), 943–951. https://doi.org/10.1016/j.pubrev.2015.11.016.

Matthes, J. & Wonneberger, A. (2014). The skeptical green consumer revisited: Testing the relationship between green consumerism and skepticism toward advertising. *Journal of Advertising*, *43*(2), 115–127. https://doi.org/10.1080/00913367.2013.834804

McCombs, M. E. & Shaw, D. L. (1972). The agenda-setting function of mass media. *Public Opinion Quarterly*, *36*(2), 176–187. https://doi.org/10.1086/267990

Newman, N., Fletcher, R., Schulz, A., Andı, S., Robertson, C. T. & Nielsen, R. K. (2021). *Reuters Institute digital news report 2021. 10th edition*. Reuters Institute for the Study of Journalism.

Petty, R. E., & Cacioppo, J. T. (1986). The elaboration likelihood model of persuasion. *Advances in Experimental Social Psychology*, *19*, 124–205. https://doi.org/10.1016/S0065-2601(08)60214-2

Prochazka, F. & Schweiger, W. (2020). Vertrauen in Journalismus in Deutschland: Eine Typologie der Skeptiker. Erwartungen an Medien und die Wahrnehmung ihrer Umsetzung. *Media Perspektiven* (4), 196–206.

Reilly, A. H. & Hynan, K. A. (2014). Corporate communication, sustainability, and social media: It's not easy (really) being green. *Business Horizons*, *57*(6), 747–758. https://doi.org/10.1016/j.bushor.2014.07.008

Rucht, D., Yang, M. & Zimmermann, A. (2008). *Politische Diskurse im Internet und in Zeitungen: Das Beispiel Genfood*. VS Verlag für Sozialwissenschaften.

Schlozman, K. L., Verba, S. & Brady, H. E. (2012). *The unheavenly chorus: Unequal political voice and the broken promise of American democracy*. Princeton University Press.

Shah, D. V., Cho, J., Eveland, W. P. & Kwak, N. (2005). Information and expression in a digital age: Modeling internet effects on civic participation. *Communication Research*, *32*(5), 531–565. https://doi.org/10.1177/0093650205279209

Stolle, D. & Micheletti, M. (2013). *Political consumerism: Global responsibility in action*. Cambridge University Press.

Turcotte, J., York, C., Irving, J., Scholl, R. M. & Pingree, R. J. (2015). News recommendations from social media opinion leaders: Effects on media trust and information seeking. *Journal of Computer-Mediated Communication*, *5*(1), 520–535. https://doi.org/10.1111/jcc4.12127

Wonneberger, A. & Matthes, J. (2016). Grüne Werbung: Inhalte und Wirkungen ökologischer Werbebotschaften. In G. Siegert, W. Wirth, P. Weber & J. A. Lischka (Hrsg.), *Handbuch Werbeforschung* (S. 741–760). Springer VS.

Yang, M. & Baringhorst, S. (2019). Studying media within political consumerism: Past and present. In M. Boström, M. Micheletti & P. Oosterveer (Hrsg.), *The Oxford handbook of political consumerism* (S. 181–203). Oxford University Press.

Zinkhan, G. M. & Carlson, L. (1995). Green advertising and the reluctant consumer. *Journal of Advertising*, *24*(2), 1–6. https://doi.org/10.1080/00913367.1995.10673471

Zorell, C. V. & Denk, T. (2021). Political consumerism and interpersonal discussion patterns. *Scandinavian Political Studies*, *44*(4), 392–415. https://doi.org/10.1111/1467-9477.12204

Like a Halloween Horror Show? Das Framing von Ernährung und Nachhaltigkeit in Alltagsdiskussionen auf Facebook-Seiten von Supermärkten in fünf Ländern

Imke Hoppe & Katharina Kleinen-von Königslöw

Abstract:

Unser Beitrag zeigt auf, wie ein aus dem klassischen Brundtland-Report abgeleitetes Begriffsverständnis von Nachhaltigkeit auch einen analytischen Mehrwert für die Analyse öffentlicher Kommunikation erbringt. Ausgehend von den wechselseitig aufeinander bezogenen Dimensionen Ökonomie, Ökologie und Soziales, dem sog. „Nachhaltigkeitsdreieck", untersuchen wir öffentliche Diskussionen zu Ernährung, die ein zentrales Handlungsfeld nachhaltiger Entwicklung ist. Entsprechend unserer Theorieperspektive formulieren wir folgende Forschungsfrage: Welche Rolle spielt Nachhaltigkeit – besonders in Bezug auf die Wechselseitigkeit der drei Dimensionen Ökologie, Ökonomie und Soziales – in Alltagsdiskussionen von Normalbürger*innen in sozialen Medien? Untersucht wird dies mittels einer qualitativen Inhaltsanalyse der Diskussionen im Oktober 2018 auf Facebook-Seiten von Einzelhandelsketten in vier G20-Staaten (UK, Deutschland, USA und Kanada), kontrastiert von einem Fallbeispiel aus den BRICS-Staaten (Südafrika). Ein zentrales Ergebnis ist, dass die Menschen in zwei der untersuchten Länder – UK und Deutschland – das Thema Ernährung sehr umfangreich aus Nachhaltigkeitsperspektive diskutieren, und dabei sehr kritisch mit den Praktiken der Einzelhandelsketten sind.

1. *Einleitung*

Oft gilt „Nachhaltigkeit" als ein sperriger, abstrakter Begriff der internationalen politischen Eliten (Hauff & Jörg, 2012) – wie gemacht für „green washing" internationaler Konzerne, oder auch um politische Absichtserklärungen so offen wie möglich lassen zu können (Begriffskritik siehe Brand, 2000, Replik dazu siehe Henkel et al., 2021). Seit gut zwanzig Jahren wird der Begriff Nachhaltigkeit jedoch auch für eine sozialwissenschaftliche Analyse von Kommunikationsprozessen fruchtbar gemacht, und so der enge Fokus des Forschungsgebiets Umweltkommunikation zugunsten eines integrativeren Rahmens aufgeweicht (Bonfadelli, 2007; Lass & Reusswig, 2001). Wir möchten mit unserem Beitrag aufzeigen, dass ein Begriffsverständnis von Nachhaltigkeit, das sich aus dem klassischen Brundtland-Report ableitet (Brundtland & Khalid, 1987), auch für die Analyse von öffentlicher Kommunikation einen analytischen Mehrwert erbringt, und damit für den klassischen Gegenstand der Kommunikationswissenschaft. Der Titel unseres Beitrags ist ein Ausschnitt aus einem User-Post, der vollständig lautet: „*Plastic packaging – a real Halloween Horror Story. [Supermarket X] why do you continue to wrap your fruit and vegetables in plastic? Please STOP.*" (Nutzerin Fallstudie UK). Das Zitat steht exemplarisch für die Eindringlichkeit und Alltagspräsenz, die das Thema Nachhaltigkeit für viele Menschen hat, und veranschaulicht beispielhaft, dass das Thema Nachhaltigkeit für viele Nutzer*innen kein theoretisch-abstraktes ist.

Wir konzentrieren uns in unserer Analyse dabei auf eine der wesentlichen konzeptuellen Ideen im sozialwissenschaftlichen Diskurs um Nachhaltigkeit, nämlich, dass die Dimensionen Ökonomie, Ökologie und Soziales wechselseitig miteinander verwoben sind und in enger Verbindung stehen („Nachhaltigkeitsdreieck"). Dies ist aus unserer Sicht zentral, weil Probleme ebenso wie Lösungen im Sinne einer nachhaltigen Entwicklung (also der inter- und intragenerationalen Gerechtigkeit in Bezug auf die Ressourcennutzung) nur verstanden werden können, wenn das Zusammenspiel zwischen diesen drei Dimensionen ausreichend in den Blick genommen wird. Dieses Verständnis von Nachhaltigkeit hat sich in diversen Disziplinen etabliert (Hauff & Jörg, 2012) und bietet selbst dann einen analytischen Mehrwert für den Gegenstand der öffentlichen Kommunikation, wenn man den Blick auf die vermeintlich „unpolitische" Alltagskommunikation in den sozialen Medien richtet.

Wir fokussieren dabei ein zentrales Handlungsfeld von nachhaltiger Entwicklung, und zwar das der Ernährung. Dem gegenwärtigen westlichen Ernährungssystem wird bescheinigt, eindeutig nicht nachhaltig zu sein („Given escalating rates of obesity and diet-related diseases, excessive food miles, food scares and food insecurity, the spread of fast food culture, and increasing food waste – all of which have consequences for global climate change – the Western food system is clearly unsustainable ...", Reisch, Eberle & Lorek, 2013, S. 5). Das westliche Ernährungssystem wirkt sich fatal auf den Klimawandel aus, und ebenso auf den Wasserverbrauch, die Bodenqualität und die Biodiversität (Reisch et al., 2013). Lebensmittel sind beispielsweise eine der drei Produktgruppen, die für die hohen europäischen Pro-Kopf-CO_2-Emissionen („ökologischer Fußabdruck") verantwortlich sind (Gibran et al., 2018). Vor dem Hintergrund der drei Nachhaltigkeitsdimensionen rückt so die Frage ins Zentrum, inwiefern Menschen nicht nur die Umweltprobleme selbst sehen, die durch Ernährung und die damit verbundenen Produktionsprozesse entstehen, sondern auch deren wirtschaftliche und soziale Ursachen und Folgen nachvollziehen können.

Um dies zu untersuchen haben wir eine international vergleichende Inhaltsanalyse durchgeführt. Entsprechend unserer Theorieperspektive formulieren wir die folgende Forschungsfrage: Welche Rolle spielt Nachhaltigkeit – besonders in Bezug auf die Wechselseitigkeit der drei Dimensionen Ökologie, Ökonomie und Soziales – in der Alltagskommunikation von Normalbürger*innen in den sozialen Medien? Untersucht wird dies mittels einer qualitativen Inhaltsanalyse von Diskussionen im Oktober 2018 auf Facebook-Seiten von Supermärkten in vier G20-Staaten (UK, Deutschland, USA und Kanada), kontrastiert von einem Fallbeispiel aus den BRICS-Staaten (Südafrika).

2. *Nachhaltigkeit als analytische Perspektive für öffentliche Alltagskommunikation in sozialen Medien*

Eine der ältesten und etabliertesten Forschungslinien in der deutschen Forschung über Nachhaltigkeitskommunikation (siehe bspw. Michelsen & Godemann, 2007) entstammt nicht der Kommunikationswissenschaft, sondern entstand als ein vorrangig interdisziplinärer Forschungsbereich aus den Wirtschafts- und Bildungswissenschaften. Dieser verstand Nachhaltigkeitskommunikation – in den Anfängen – vorrangig als intentionale Kommunikation (auch „Top-Down"-Kommunikation genannt). Diese Kommunikation *von* Nachhaltigkeit (Newig et al., 2013) kann als funktionelles, weiches politisches Steuerungsinstrument zur Gewinnung öffentlicher Legitimität (Michelsen & Godemann, 2007) erfolgen, oder auch im Rahmen formaler Bildungseinrichtungen wie Schulen zur „Bildung für eine nachhaltige Entwicklung" (BNE) (Haan, 2013). Dem entspricht auch das Verständnis von Nachhaltigkeitskommunikation in den Wirtschaftswissenschaften, breit vertreten etwa im Forschungsbereich Corporate Social Responsibility (CSR) (Michelsen & Godemann, 2007).

Anders sieht es bei der kommunikationswissenschaftlichen Betrachtung von Nachhaltigkeitskommunikation aus (Hoppe & Wolling, 2017; Weder et al., 2020), deren Fokus lange auf öffentlicher Kommunikation in Massenmedien lag. Da hier in der Regel – insbesondere bei journalistischer Berichterstattung über Nachhaltigkeit – nicht eine dezidierte, explizit formulierte und strategische Kommunikationsabsicht im Zentrum steht, handelt es sich Newig et al. (2013) zufolge um Kommunikation *über* Nachhaltigkeit – wobei es sicherlich immer Grauzonen und Überlappungen zu verzeichnen gibt. Entsprechend schlagen Hoppe und Wolling (2017, S. 344) vor, das Konzept Nachhaltigkeit als „ein fakultativer, ergänzender und normativ motivierter Rahmen, der Schwerpunkte für die Analyse von Kommunikation über Umweltthemen setzen kann" zu verstehen.

Mit der wachsenden Bedeutung sozialer Medien für die öffentliche Kommunikation wird zunehmend auch die Alltagskommunikation der Bürger*innen für die kommunikationswissenschaftliche Betrachtung zugänglich. Für die Untersuchung von Nachhaltigkeitskommunikation bedeutet dies, dass nun die Interaktion der Kommunikation *von* Nachhaltigkeit mit der Kommunikation *über* Nachhaltigkeit sichtbar werden kann: In sozialen Medien betreiben Akteur*innen aus Politik und Wirtschaft strategische Kommunikation zu Nachhaltigkeit, etwa wenn ein Supermarkt sein Produktsortiment aus biologischer Landwirtschaft anpreist, und potentielle Käufer*innen reagieren mit ihren eigenen, in der Regel nicht-strategischen Gedanken oder stoßen von sich aus Diskussionen an.

Allerdings konnte sich auch nach Jahrzehnten internationaler Top-Level-Umsetzungen (z.B. durch die „Agenda 21“ der Vereinten Nationen) und Kommunikation *von* Nachhaltigkeit (Newig et al., 2013) der Begriff Nachhaltigkeit bisher kaum in der Alltagskommunikation etablieren (Fischer et al., 2017). Doch auch wenn das Wort Nachhaltigkeit nicht verwendet wird, kann der ethische Kerngedanke der Nachhaltigkeit *indirekt* berührt werden, zum Beispiel, wenn Menschen den Schutz natürlicher Ressourcen adressieren (Ott et al., 2011). Um Nachhaltigkeit als Analyseperspektive für den Gegenstand der Kommunikationswissenschaft – also die öffentliche Kommunikation – nutzbar zu machen, ist aus unserer Sicht dieser Punkt zentral, nämlich Kommunikation nicht nur dann als Nachhaltigkeitskommunikation zu verstehen, wenn der Begriff selbst genutzt wird (siehe dazu auch Hoppe & Wolling, 2017). Denn damit wäre ein großer Teil aller nachhaltigkeitsrelevanter Kommunikationsinhalte im Bereich der Medienberichterstattung (sowie auch der Alltagssprache) nicht erfasst (Bonfadelli, 2010). Deswegen plädieren wir (ebenso wie Hoppe & Wolling, 2017), sich dem Begriffsverständnis von Lass und Reusswig (2001) anzuschließen und die sogenannte *indirekte* Kommunikation über Nachhaltigkeit ins Zentrum der Analyse zu rücken. So ließe sich eine größere Bandbreite an nachhaltigkeitsbezogenen Themen in der öffentlichen Kommunikation und Alltagskommunikation sichtbar machen.

Eine so große mögliche thematische Vielfalt erfordert wiederum neben der konzeptuellen Offenheit auch einen analytischen Schwerpunkt, der sortierend und strukturierend wirkt und so einen analytischen Zugang ermöglicht. Hierzu bietet sich der Rückgriff auf die Kernbedeutungen des Begriffs Nachhaltigkeit an. Wir schließen uns also dem klassischen Begriffsverständnis von Nachhaltigkeit im Brundtland-Report an (1987, Chapter 2, IV) und verstehen Nachhaltigkeit dementsprechend als „issue of intra- and intergenerational distributive justice ... towards currently living generations and future generations regarding different goods (see

Norton 2005), with a special focus on natural resources“ (Ott et al., 2011, S. 16). Eine der zentralen Bedeutungen und die Kernidee von Nachhaltigkeit ist damit die Inter- und Intragenerationengerechtigkeit in Bezug auf die Ressourcennutzung. Ressourcen gelten als zentral, damit die Bedürfnisse verschiedener Generationen befriedigt werden können. In der Literatur werden sie häufig in ökologische, ökonomische und soziale Ressourcen eingeteilt (Hauff & Jörg, 2012). Der Zusammenhang dieser drei Dimensionen wird als Nachhaltigkeitsdreieck abgebildet, das aufzeigt, wie eng die Dimensionen miteinander zusammenhängen (Hauff & Jörg, 2012; Kritik dazu siehe Lozano, 2008). Der Meta-Studie von Michel-Villarreal et al. (2019) zufolge sind diese drei Dimensionen sowie ihr Zusammenspiel auch für den Forschungsbereich der nachhaltigen Ernährung zentral. Ungefähr die Hälfte der von ihnen untersuchten Studien zeigen dabei die Verbindung zwischen allen drei Dimensionen im Bereich Ernährung auf. Für unsere Studie interessiert uns nun, inwiefern Menschen tatsächlich im Alltag Bezüge herstellen zwischen diesen ökologischen, ökonomischen und sozialen Aspekten von Ernährung. Diese Verbindung herzustellen – und Umweltprobleme eben nicht ausschließlich als Probleme für die Umwelt zu verstehen – ist einer der Kern-Charakteristika des Nachhaltigkeitsgedankens. Reflektiert er sich im Alltag, in der Alltagskommunikation?

Zusammenfassend halten wir fest, dass in unserer Studie (a) Kommunikation *über* Nachhaltigkeit im Mittelpunkt steht. Wir betrachten dabei (b) die *direkte* und die *indirekte* Kommunikation über Nachhaltigkeit, um möglichst viele Bedeutungen von Nachhaltigkeit für Menschen einzubeziehen. Dabei setzen wir (c) einen analytischen Schwerpunkt darauf zu verstehen, wie Menschen die ökonomischen, ökologischen und sozialen Dimensionen von nachhaltiger Entwicklung (insbesondere von Ernährungsthemen) berühren. Ein solch breites Begriffsverständnis erlaubt es, vielfältige Aspekte und Themen der Nachhaltigkeit, die für Menschen in ihrem alltäglichen Lebenskontext bedeutsam sind, in empirische Studien einzubeziehen. Der Fokus auf die drei Dimensionen von Nachhaltigkeit – Ökologie, Ökonomie und Soziales – integriert ergänzend eines der Kerncharakteristika von Nachhaltigkeit als einer normativen aber auch analytisch gewinnbringenden Idee.

3. *Framing: Probleme und Lösungsansätze in Alltagsdiskussionen über Nachhaltigkeit*

Auch im Forschungsfeld der Klima- und Umweltkommunikation hat das theoretische Konzept des „Framing“ nach Entman (1993) breite Anwendung gefunden (für einen Überblick in der Klimakommunikationsforschung siehe Schäfer & O'Neil, 2018). Es wird davon ausgegangen, dass Kommunikation stets einen interpretativen Moment beinhaltet: Framing wird verstanden als „interpretative moment because it organizes and structures discrete elements in order to make sense of relevant events and to suggest what the issue at hand actually means" (Lück et al., 2016, S. 6). Brüggemann und Engesser (2014) zufolge sind Frames „Deutungsmuster" (S. 63), die stark mit der Kultur, in der jemand lebt, verknüpft sind. Xu et al. (2018) sehen Social-Media-Nutzer*innen – ebenso wie Kommunikator*innen in professionellen Nachrichtenmedien – gleichermaßen als „frame contributor[s]".

Traditionell hat sich die Framing-Forschung darauf konzentriert, wie erfahrene Kommunikator*innen – Politiker*innen, Interessengruppen, aber auch Journalist*innen – Framing zur öffentlichen Meinungsbildung nutzen (Schäfer & O'Neill, 2018). Seit der zunehmenden Popularität sozialer Medien hat sich der Fokus jedoch erweitert und schließt inzwischen stärker als bisher die Kommunikation der Normalbürger*innen mit ein. Etter und Vestergaard (2015) zum Beispiel nutzen den Framing-Ansatz, um die Social-Media Kampagne von Greenpeace zu Palmöl und dem Nestlé-Konzern zu untersuchen. Sie zeigen, wie Social-Media-Nutzer*innen ihren eigenen ausgeprägten Krisen-Frame mit einer viel eingeschränkteren Sichtweise auf Ursachen- und Verantwortungsattributionen entwickelten als die von NGOs oder Nachrichtenmedien kommunizierten Krisen-Frames. Diese „personal action frame[s]" von Menschen können dann die Grundlage für die Mobilisierung weiterer Menschen bilden, die entweder den Frame selbst oder zumindest Elemente daraus teilen, und dann in gemeinsamen digitalen „connective actions" münden (Bennett & Segerberg, 2012). Dazu wurde kritisch diskutiert, dass diese leicht zugänglichen Formen des politischen Aktivismus in sozialen Netzwerken nur zu „Slacktivismus" oder „negativem Spillover" führen, aber Bürger*innen keine substanzielleren Maßnahmen ergreifen, weil sie sich bereits gut fühlen, nachdem sie ihr politisches Engagement mit einem „Like" gezeigt haben (Meijers et al., 2014). Gleichzeitig zeigt die Forschung, wie soziale Medien auch umfangreichere politische Aktivitäten unterstützen können, zum Beispiel über Petitionsplattformen (Minocher, 2019).

In unserer Studie nutzen wir den Framing-Ansatz zur Strukturierung der Argumente und Aussagen, mit denen Menschen in sozialen Medien über Ernährung, Lebensmittel und mögliche Bezüge zur nachhaltigen Entwicklung sprechen. Ausgehend von der klassischen Framing-Definition nach Entman (1993) betrachten wir also Probleme, die Menschen zum Themenfeld Ernährung und Nachhaltigkeit benennen, sowie Ursachen, die sie dafür sehen. Außerdem erfassen wir, welche Lösungen vorgeschlagen werden, und welche moralischen Bewertungen von (nachhaltigen oder nicht nachhaltigen) Lebensmittelentscheidungen, der Lebensmittelproduktion sowie Ernährungsfragen getroffen werden.

4. Methode

Mit der Methode der vergleichenden qualitativen Inhaltsanalyse (Schreier, 2013) analysieren wir Facebook-Diskussionen, die im Oktober 2018 in vier G20-Staaten (UK, Deutschland, USA und Kanada) stattfanden, und zwar auf der Facebook-Seite der jeweils größten Einzelhandelskette des Landes (siehe Tabelle A1 im Online-Appendix, https://www.nomos-shop.de/isbn/978-3-8487-8221-5). Kontrastiert werden die Ergebnisse mit einem englischsprachigen BRICS-Staat, nämlich Südafrika. Facebook wurde ausgewählt, weil es zum Untersuchungszeitpunkt das jeweils populärste soziale Medium in allen ausgewählten Ländern war. Für jeden ausgewählten Fall (z.B. die Facebook-Seite von EDEKA in Deutschland im Oktober 2018) wurden dabei alle Kommentare softwaregestützt heruntergeladen und als Excel-Tabelle exportiert (Vollerhebung). Im Sinne von Schreier (2013) wurden dann im ersten Schritt alle nicht-themenrelevanten Kommentare als solche kodiert und aussortiert (relevant/irrelevant). Als relevant gelten in unserem Sample alle Kommentare, die einen Bezug zum Thema Ernährung oder Lebensmittel haben. Irrelevant hingegen sind zum Beispiel Kommentare wie „☺" und *„fail"* ohne weitere Angaben, oder auch themenfremde Kommentare wie *„I have now been unemployed since 24/06/2016/Brexit"*, sofern sie nicht wichtig sind, um den Verlauf der Diskussion zu verstehen. Ebenso wurden die Posts der Einzelhandelsketten nicht inhaltsanalytisch ausgewertet, sondern nur im Datensatz belassen, um den Kontext der Diskussion zu erhalten. Die Prüfung auf Relevanz kann als erster Schritt der Bereinigung des Datensatzes verstanden werden, der in unserer Studie im Rahmen im Lehr-Forschungsprojekts „Analyzing social media discussions on sustainable food choices: a qualitative, comparative content analysis" (siehe Danksagung) stattgefunden hat. Insgesamt sind von 3.251 Kommentaren im Untersuchungszeitraum 1.775 Kommentare relevant (d.h. haben einen Themenbezug) und werden inhaltsanalytisch ausgewertet.

Einzelhandelsketten sowie die durch sie betriebenen Supermärkte vor Ort halten wir aus drei Gründen für sehr zentrale (auch digitale) Orte im Sinne des Erkenntnisinteresses dieser Studie. Erstens haben sich Einzelhandelsketten zu riesigen, international operierenden Unternehmen entwickelt mit Kontrolle über die Supermärkte vor Ort, aber auch über die landwirtschaftlichen Erzeuger und Verarbeiter, so dass sie zu den größten

Unternehmen in ihren Ländern gehören (z.B. Tesco in Großbritannien, Wal Mart in den USA, Aldi in Deutschland, ...) (Reisch et al., 2013). Zweitens sind sie wichtige Akteure für Bio-Lebensmittel und nachhaltige Lebensmittel im Allgemeinen (Oosterveer, Guivant, & Spaargaren, 2007, S. 21). Drittens bieten Supermärkte eine große Vielfalt an Lebensmitteln an und sind damit für eine Vielzahl von Menschen und Lebensstilen attraktiv (Oosterveer et al., 2007, S. 8). Das zeigt sich auch auf ihren Facebook-Seiten: Diese sind kein spezialisiertes Nischenangebot, sondern adressieren einen möglichst breiten Nutzer*innenkreis.

Ziel unserer qualitativen Inhaltsanalyse ist es, diese Facebook-Diskussionen in den jeweiligen Ländern zu beschreiben und zu verdichten. Die Kodierung des Materials erfolgte dabei anhand eines Kodierschemas mit deduktiven, aus der Theorie abgeleiteten Hauptkategorien, die in einem zweiten Schritt durch induktive Unterkategorien aus dem Material ergänzt worden sind (siehe auch Schreier, 2013). Die Hauptkategorien bestehen aus den drei zentralen theoretischen Dimensionen von Nachhaltigkeit (Ökologie, Ökonomie und Soziales), jeweils untergliedert in die Frame-Elemente nach Entman (1993), also Problemdefinition, Ursachenzuschreibung, moralische Bewertung und Handlungsempfehlung. Induktiv hergeleitet wurden die Unterkategorien für die konkreten Frame-Elemente in den drei Nachhaltigkeitsdimensionen. Entsprechend dem Vorgehen bei Schreier (2013) wurden dafür die Posts in Kodiereinheiten eingeteilt und in drei reduzierenden Schritten (Paraphrasierung, Generalisierung, Benennung der Unterkategorien) zusammengefasst und reduziert. Dies fand ebenfalls im Rahmen des Lehr- Forschungsprojekts „Analyzing social media discussions on sustainable food choices: a qualitative, comparative content analysis" (siehe Acknowledgement) statt. Die Kodierschemata sind für jedes Land separat erstellt und im Anschluss an das Seminar von zwei Kodiererinnen (darunter eine der Autorinnen) überarbeitet und mit Blick auf die Vergleichbarkeit zwischen den Ländern verdichtet worden. Die beiden Kodiererinnen haben zudem alle ursprünglichen Kodierungen aus dem Seminar noch einmal validiert. Die Tabelle 1 zeigt das (gekürzte) Kodierschema für das Vereinigte Königreich zur Veranschaulichung des Zusammenspiels von deduktiven und induktiven Kategorien.

Tabelle 1: Kodierschema (gekürzt) für das Vereinigte Königreich (UK)

Fokus	1. Ebene Haupt-Kategorie (deduktiv)	2. Ebene Unterkategorie (deduktiv)	3. Ebene Unterkategorie (induktiv)
Ernährung und Nachhaltigkeit	**Ökologie**	*Problemdefinition*	• Plastikverschmutzung insb. der Meere • Palmöl als Inhaltsstoff zerstört u.a. den Regenwald
		Ursachenzuschreibung	• …
		Moralische Bewertung	• Plastikverschmutzung ist für die Umwelt (insb. die Meere) sehr schädlich und diese ist verantwortungslos
		Handlungsempfehlung	• …
	Ökonomie	*Problemdefinition*	• …
		Ursachenzuschreibung	• Extrem hoher Anteil an Plastikverpackung bei Produkten im Supermarkt • Verpackungs-Praktiken des Supermarktes, z.B. Multi-Packaging als Verkaufsstrategie • (Mangelnde) Recycling-Praktiken des Supermarktes • Produktionsbedingungen der Hersteller • Mangelnde Personalschulung (z.B. Ausgabe von Einmal-Plastiktüten)
		Moralische Bewertung	• Profitgier (z.B. des Supermarktes) zerstört den Planeten • Bisherige Versuche zur Plastikreduktion werden als „erbarmlich" und „falsch" (i.S. des greenwashing) bewertet
		Handlungsempfehlung	• Kauf bei anderen Anbietern („buycott"), z.B. auf dem Wochenmarkt • Supermarkt soll die Plastikverpackungen seiner Produkte deutlich reduzieren • Supermarkt soll die Plastikverpackungen (z.B. Plastiktüten) beim Home-Delivery Service stark verringern
	Soziales	*Problemdefinition*	• Faire Löhne für das Supermarkt-Personal
		Ursachenzuschreibung	• Lebensmittelverschwendung teils in sozialen Gewohnheiten/Ansprüchen verankert • Plastik als eine soziale Konvention • Hygiene-Vorstellungen von Konsumentinnen und Konsumenten
		Moralische Bewertung	• …
		Handlungsempfehlung	• …

5. Ergebnisse

Insgesamt zeigt sich, dass Nachhaltigkeit in den Samples der untersuchten Länder eine ganz unterschiedlich starke Rolle spielt. Während in UK und Deutschland das Thema Ernährung und Lebensmittel sehr deutlich im Kontext von Nachhaltigkeit diskutiert wird – ohne dass der Begriff selbst fällt – ist dieser Themenbezug in Kanada kaum, in den USA und Südafrika so gut wie gar nicht vorhanden. UK und Deutschland unterscheiden sich jedoch auch untereinander, und zwar weil in UK ein einziges Thema – nämlich Plastikmüll – sehr stark im Zentrum steht, das aus allen drei Kerndimensionen von Nachhaltigkeit – Ökologie, Ökonomie, Soziales – beleuchtet wird. In Deutschland hingegen werden diverse Themen angesprochen – Plastikmüll, Überfischung, regionale Lebensmittel und Klimaneutralität, um nur einige zu nennen. In den USA stehen statt Nachhaltigkeitsthemen Aspekte wie Geschmack und Verfügbarkeit, Qualität und Tradition im Vordergrund. Ähnlich ist die kommunikative Grundstimmung im kanadischen Sample. In Südafrika ist das dominierende Thema hingegen ein ganz anderes, und zwar die wirtschaftliche Not, die sich u.a. beim Thema Ernährung als übergeordnete Frage nach dem „Was bekomme ich für mein Geld?“ äußert. Im Folgenden werden die Ergebnisse für die einzelnen Länder jeweils anhand der drei Nachhaltigkeitsdimensionen Ökologie, Ökonomie und Soziales vorgestellt. Die Darstellung beschränkt sich dabei auf die Frame-Elemente, die in den jeweiligen Ländern auch Teil der Diskussionen waren.

5.1 Vereinigtes Königreich (UK)

Zusammenfassend lässt sich sagen, dass in UK die engagiertesten und ausführlichsten Diskussionen im gesamten Befragungszeitraum über Plastikverpackungen, Plastikrecycling und Plastikmüll geführt wurden – und damit ein Thema nachhaltiger Entwicklung im Zentrum stand. Ausgelöst wurde die Diskussion durch ein vom Supermarkt gepostetes Image-Video, das die Umstellung des Supermarktes von Plastiktüten auf größere (pfandbasierte) Plastikcontainer zum Transport der gekauften Produkte bewerben soll. Aber auch vor und nach diesem Post wird deutlich, dass Plastikmüll und -verpackungen ein zentrales Thema in UK sind. Die Nutzer*innen protestieren gegen diese Kampagne, indem sie diese als „greenwashing“ und als völlig unzureichend kritisieren: „*Your targets to reduce plastic use are pathetic and totally underwhelming: Setting completion dates of 2025! 2025!.*“. Sehr vereinzelte Kommentare nannten auch andere Umweltprobleme als Plastikmüll (z.B. Palmöl), diese wurden aber nicht von anderen Nutzer*innen aufgegriffen und lösten so keine weitere Diskussion aus.

Plastikmüll wird als großes Problem für die Umwelt angesprochen – wobei es häufig bei einer sehr unspezifischen Problembenennung bleibt („*Plastic waste is a massive problem*"). Wenn, dann wird nebenbei auf die ökologische Dimension des Problems verwiesen, und Plastik als Bedrohung für Ökosysteme in den Meeren genannt („*As a briton I am just doing the little thing of trying to save marine life.*"). Sehr viel umfangreicher wird illustriert, wie übermäßig Plastik als Verpackung im Supermarkt verwendet wird, und viele Nutzer*innen zeigen dabei eine hohe Emotionalität: „*NOW! How about you STOP ALL CELLOPHANE AND PLASTIC WRAPPING ON YOUR PRODUCE!!!?????? (And yes, that IS shouting!) Why in the world a cucumber needs to be plastic wrapped is beyond me. (…) You get it yet???!!!*".

Die meisten der Problemdefinitionen finden im Kontext des Supermarktes als einem ökonomisch motivierten Akteur statt und beinhalten zusätzlich eine moralische Bewertung. Die Nutzer*innen bewerten beispielsweise die Initiative des Supermarktes als „erbärmlich" und „vollkommen unterambitioniert" angesichts der massiven Plastikverpackungen, die für sie bei jeder Einkaufstour sichtbar sind („*like a halloween horror show*"). Als Lösung schlagen Nutzer*innen u.a. die Einführung von recycelbaren, kompostierbaren Papiertüten vor. Insgesamt werden insbesondere die Ursachen von Plastikmüll unter wirtschaftlichen Aspekten diskutiert, und die Lösungsvorschläge beziehen sich auf die wirtschaftliche Macht der Supermärkte. Und auch wenn die Kommentare keine expliziten Kausalinterpretationen vornehmen: eine inhärente, nicht hinterfragte Überzeugung der Nutzer*innen ist, dass Supermärkte die beobachtete massive Zunahme von Plastikverpackungen verursachen. Folglich ist die radikalste Empfehlung ein „Buycott", also Lebensmittel in anderen Geschäften als Supermärkten zu kaufen, wie z.B. auf lokalen Märkten („*Or just buy them from the green grocers, no plastic, and you don't have to give money to these criminals.*"). Andere Empfehlungen zielen auf die Verantwortung des Supermarktes, z.B. das sogenannte „Multi-Packaging" zu vermeiden: „*… But Tesco – please also do your bit and make this the more attractive option, not the more expensive option. Just bought 6 pink lady apples loose £3.36 when you are offering 6 of the same in a plastic bag for £2.50. Why are you doing this?*". Neben diesen wirtschaftlichen Aspekten wird in den Kommentaren jedoch auch die soziale Dimension der Plastikproblematik hervorgehoben. Den Angestellten des Supermarktes mangele es an nachhaltigem Denken und sie seien darin nicht geschult („*Love that you are thinking more about our* *plastic consumption but you need to plough more into training of staff who are packing home deliveries … this is our world and our planet we should be trying to look after. Thank you*“). Diese Handlungsempfehlung wird von vielen Nutzern wiederholt und mit einer Vielzahl von Beispielen dokumentiert („*I recently brought my own container and purchased fresh meat, only for it to be wrapped in plastic. Defeats the object, really.*“). Als kausale Interpretation, die eher in sozialen Konventionen wurzelt, nennt der Nutzer übertriebene Hygienevorstellungen des Personals („… *The last explanation (addition: for many plastic bags in a home delivery) was the cross-contamination one. When I asked what that meant for my last shop which was fruit and vegetables, I was told it may have been to do with any soil on the sweet potatoes, SOIL! …*“) und soziale Konventionen („… *I said to them no thank you I don't want a single use or plastic bag and he looked at me funny and said but your going to drop them (addition: loose potatoes) and I said my trolly with my bags are right here and he stormed off as if I was ungrateful.*“).

5.2 Deutschland

Auch im deutschen Sample werden Nachhaltigkeitsthemen breit diskutiert. Anders als in UK sprechen die Menschen jedoch über sehr unterschiedliche Aspekte, wie z.B. Glyphosat, CO_2-Emissionen, Plastikverpackungen, Lebensmittelverschwendung, Überfischung. Der kritische und teils empörte, teils sogar aggressive Tonfall der Kommentare ist überdeutlich: ein Großteil der Kommentare wirft dem Supermarkt „greenwashing“ vor und kritisiert die Art und Weise des Wirtschaftens (z.B. Preispolitik, Umgang mit Zulieferern sowie Mitarbeitenden) scharf. In teils sehr langen, ausführlichen Kommentaren werden Zusammenhänge zwischen den drei Dimensionen von Nachhaltigkeit hergestellt („… *ich habe heute mit Erschrecken wieder ein „super Angebot“ gesehen, 500g gemischtes Hack für 1€...!!!! Liebes Edeka-Team, … sich dem Geiz-ist-Geil Prinzip gerade in dieser Sparte dann doch anschließen ist erschreckend und traurig! … Produkte für die Lebewesen sterben müssen zu solchen Dumpingpreisen anzubieten ist eine Schande! … Schämt euch, genau wie diejenigen, die 7 Tage die Woche billigstes Fleisch konsumieren, statt das (Fr)essverhalten zu überdenken …*“).

Nachhaltigkeitsbezogene Kommentare, die die Umweltauswirkungen von Lebensmittelkonsum und -produktion betonen, sind den Kategorien „Pestizide/Chemikalien“, „Plastikverpackungen“, „saisonaler Einkauf“ und „Überfischung“ zugeordnet. Innerhalb der Unterkategorie „Pestizide/Chemikalien“ beziehen sich alle Kommentare auf Äpfel: Diese scheinen für die Menschen einen besonders hohen Stellenwert zu haben („*Als ob das ein* *gesunder Bioapfel vom Baum wäre... Ist es nicht! Es ist Müll“*). Sie bezeichnen Monokulturen in der Landwirtschaft als problematisch, ebenso wie den zu hohen Einsatz von Pestiziden (insb. Glyphosat) beim Anbau und die ökologischen Kosten für den Transport der in fernen Ländern geernteten Äpfel (CO_2-Emissionen). Einige adressieren ihre Lösungsvorschläge besonders an andere Nutzer*innen, z.B. keine Äpfel im Supermarkt zu kaufen oder nur regional erzeugte Früchte. Andere greifen diese Empfehlungen mit dem Hinweis auf, dass Pestizide auch von Bauernhöfen „um die Ecke“ eingesetzt werden. In der Unterkategorie „Plastikverpackungen“ sind moralische Bewertungen kombiniert mit Problemdefinitionen sehr präsent, ähnlich wie in den Diskussionen in UK. Sie zielen oft darauf ab, die wirtschaftlichen Interessen des Supermarktes hinter dem hohen Einsatz von Plastikverpackungen zu entlarven und gleichzeitig die negativen Auswirkungen auf die Umwelt zu betonen („*UMWELT-VERSCHMUTZER – EDEKA, Alles schön verpacken … und dann schön billiger machen als die Nicht-Eingepackten-Artikel! Echt WIDERLICH- Ohne GEWISSEN- Schämt euch!!!! Wir lieben Plastik!!!*“). Gelegentlich werden auch Lösungsvorschläge gemacht, die das eigene Verhalten ansprechen (z.B. eigene Tüten verwenden).

Immer wieder wird auf das als problematisch wahrgenommene „Preisbewusstsein“ der Konsument*innen hingewiesen (soziale Dimension): „*Da bin ich ganz bei Dir! Wen interessiert schon ein diktierter Dumpinglohn, Glyphosat und damit subventionierte „Tot-Landstriche“ durch Monokulturen, knapp 19.000 km Frachtweg und eine zum brechen schlechte CO2 Bilanz beim Blick auf den Kassenzettel beim Edeka ums Eck, wenn der Betrag für den Gesamteinkauf unterm Strich nen Euro günstiger ist …*“. Die Problemnennung zur Verschwendung von Lebensmitteln wird auf zwei Dimensionen verankert: Zum einen würden (ökologische) Ressourcen verschwendet, zum anderen hätte man mit den Lebensmitteln sozial benachteiligten Gruppen helfen können (soziale Dimension) („*EDEKA Wenn euch Lebensmittel so wichtig sind, warum müsste es erst Pflicht sein, Lebensmittel nicht wegzuwerfen, sondern an Bedürftige zu verteilen, bevor ihr dies tun würdet? Das ist für mich respektloser Umgang mit Ressourcen. Und sie tut noch auf Menschen-Freunde*“). Auch in der Kategorie „Mindestpreis/Mindestlohn“ geht es um soziale Auswirkungen, wenn kleine Bauernhöfe als Opfer der Preispolitik der Supermärkte genannt werden („*Warum kommt aber beim Bauern so wenig an? Weil Ihr den Hals nicht voll kriegen wollt u. dabei den dienstbaren Geistern in den Märkten nur Druck macht....*“). Ebenso wird die (un-)faire Behandlung der Mitarbeiter*innen und der Mitarbeiter*innen von Zulieferern problematisiert, auch in Ländern ohne Mindestlohn („*Und für Gemüse aus Spanien gilt das selbe oder? Dass die afrikanischen Arbeiter in Slums hausen und gnadenlos ausgebeutet werden, dass der Grundwasserspiegel wegen* *der Bewässerung abgesenkt wird kann uns ja egal sein, hauptsach wir können billig fressen!*") Der Supermarkt wird in diesem Kontext meist moralisch als „green washer" bewertet, der sich an dem Bedürfnis der Bevölkerung nach günstigen Lebensmitteln bereichert, und sich dazu rücksichtslos gegenüber Lebensmittelproduzierenden verhält („*Die stolzen Bauern werden von euch so lange im Preis gedrückt, bis auch der letzte Rest Selbstachtung dahin ist. …*").

5.3 Vereinigte Staaten von Amerika (USA)

In unserem Erhebungszeitraum werden Nachhaltigkeitsthemen in den US-amerikanischen Diskussionen auf Facebook kaum erwähnt. Vereinzelte Kommentare, die einen Einblick in die Wahl nachhaltiger Lebensmittel geben, lassen sich Themen zuordnen wie „lokaler Anbau", „vegetarisch/vegan", „bio" oder „fair trade". Diese einzelnen Kommentare reagieren zumeist auf Posts des Supermarktes, die vegane Produkte oder Rezepte empfehlen („*Thanks for the vegan love [Anm.: Eine Art Eigenmarke/Label des Supermarktes]. I have a family who are lactose sensitive and I'm vegan, this is an awesome idea.* "), andere wünschen sich mehr vegane oder Bio-Produkte oder schätzen das vorhandene Sortiment („*We shop at (supermarket) for their selection of organic items in particular.*"). Als der Supermarkt hingegen postete, dass es einen Schnellkochtopf zu gewinnen gibt, antworteten rund 3.000 Nutzer*innen mit Kommentaren, und die große Mehrheit bevorzugt dabei fleischbasierte, Fast-Food-orientierte Gerichte, wie Buffalo Wings, Chili oder Burger. Dementsprechend sind andere Aspekte rund um das Essen und die Essensauswahl dominanter als Nachhaltigkeitsaspekte, wie Feste und Traditionen sowie Vorstellungen darüber, was man für diese Anlässe kochen sollte, da dies etwas Besonderes, Traditionelles und „Gutes" sein sollte („*Chili, lil' smokies and chicken wings made with a family secret sauce.*").

Ein weiterer wichtiger Punkt, der diskutiert wird, ist der Geschmack von Produkten aus dem Supermarkt-Sortiment – entweder artikulieren die Nutzer*innen Vorlieben („*I love these cookies so much.*") oder Abneigungen („*Raw fish is gross and dangerous to eat. Gross!*"). Ein weiterer Aspekt, der sehr häufig diskutiert wird, ist der Preis („*Can you explain to me why … chicken breasts are around $3–4 last week and this week they were around $10?*"). Ebenso im Zentrum stehen gesundheitliche Fragen, die von persönlichen medizinischen Berichten bis hin zu Allergien oder speziellen Diäten reichen („*I'm diabetic and a lot of them have been candy. You don't hear me whining… …*").

5.4 Kanada

Im Gegensatz zu den USA sind in der kanadischen Stichprobe einige ausführlichere nachhaltigkeitsbezogene Kommentare präsent, wenn auch lange nicht so umfangreich wie in UK oder Deutschland. Diese betreffen vor allem Lebensmittelverschwendung, faire Löhne und Gehälter, Lebensmittelproduktionsprozesse und Plastikverpackungen. Die Kategorie „Lebensmittelproduktion" wird sowohl im Kontext der ökologischen, als auch im Kontext der ökonomischen Aspekte der Debatte diskutiert. Insgesamt wird hier vor allem der Einsatz von Pestiziden und GMOs (Genetisch veränderte Organismen) kommentiert. Die vereinzelten Kommentare adressieren den Supermarkt als Verantwortlichen, sowohl für das Problem als auch für die Lösung, und fordern beispielsweise, den Verkauf von Produkten mit GMOs oder Palmöl zu stoppen („*Would Loblaws ever consider a store wide ban on products that contain Palm Oil? I'm up for sustainable palm oils ....*"). Die Kommentare weisen auf eine mögliche Lösung durch die Konsument*innen hin, nämlich bestimmte Produkte nicht zu kaufen, im Sinne eines „Buycotts": „*I wish Loblaws had non GMO corn available. ... I do not buy corn with rare exception at a farmers' market.*"

In der Kategorie Plastikmüll wird deutlich, dass auch hier ein Problem-Framing über die ökologische Dimension vorgenommen wird (Plastik als Problem für die Umwelt), hingegen eine wesentliche Ursache für das Problem bei den ökonomischen Interessen des Supermarkts gesehen wird: „*Loblaws ... a huge store did not recycle at all...perhaps you should be more active in helping the environment not continually hurting it... ...!*". Eine Mehrheit der Kommentare wie dieser machen den Supermarkt als Akteur verantwortlich (moralische Zuschreibung) und kontrastieren ihn mit dem großen Willen der Konsument*innen, Produkte mit weniger Plastikverpackung zu kaufen („*Customers want less plastic please Loblaws*" und „*Would love to see Loblaws make a huge move towards the problem of plastic. ... Go back to paper bags or at least offer that option. As well, in the fruits and veggies section .... What a huge difference this could make!!!!*").

Zur Lebensmittelverschwendung gibt es einen der wenigen sehr langen Kommentare im Zusammenhang mit Nachhaltigkeitsaspekten, der mit einer eindeutigen moralischen Bewertung endet („*this is criminal*"): „*If you go to Loblaws at closing times you will see staff dumping fresh unsold bread in the garbage. ... This is so horrible it is hard to find the words. It is criminal. It is part of everything that is wrong with the world. ... #loblawsshame #secondharvest #foodshare ....*" Den zuvor zitierten Kommentar verankern wir in der Schnittmenge der sozialen und der ökonomischen Dimension von Nachhaltigkeit, der neben der Problemdefinition („store policy") zusätzlich Ideen für eine Lösung sozialer Probleme (z.B. die Lebensmittel an Wohltätigkeitsorganisationen zu spenden) enthält und mit dem Hashtag „#foodshare“ an eine breitere Initiative im Nachhaltigkeitsbereich anknüpft.

5.5 Südafrika

Bei der Betrachtung der Facebook-Diskussionen im BRICS-Land Südafrika fällt auf, dass sich von den 1.165 analysierten Kommentaren nur 14 mit Lebensmitteln oder Ernährung beschäftigen. Stattdessen stehen Finanzen im Allgemeinen im Zentrum, und auch die Kommentare zu Lebensmitteln drehen sich überwiegend um das Preis-Leistungs-Verhältnis („*How much are we saving? That Lucky Star is R15.99 and the beans is R8.99*“). Hintergrund dazu ist sicherlich die Rezession, in der sich Südafrika um den Untersuchungszeitpunkt herum befand. Statt Ernährung und Lebensmitteln sind die am häufigsten kommentierten Themen ein vom Supermarkt angebotenes Auto-Gewinnspiel (475 Kommentare), der „Black Friday“ (196 Kommentare) oder Sonderangebote (37 Kommentare, zu Posts wie z.B. „*Feed the family! Get 4 chicken leg quarters 4 hamburger rolls coleslaw and a 2L Zip Cola for just R99.99.*“).

Auch die „Off-Topic“-Kommentare zeugen von der Wirtschaftskrise („*I need jobs, please contact me*“). Die wenigen Kommentare mit direktem Bezug auf Lebensmittel thematisieren abgelaufene Lebensmittel („*I find the expired baking powder then I wrote the complaint …*“) sowie die Nichtverfügbarkeit von beworbenen Produkten („*Do not try and attract more clientele if you cannot serve them!!!*“) und Lebensmittelangebote.

Ökonomische Aspekte spielen auch in den lebensmittelbezogenen Diskussionen eine Rolle, z.B. wenn die Qualität der Lebensmittel erwähnt wird („*I bought 2kg polony and pork ribs at shoprite only find them rotten. I already lost R80 at shoprite this year.*“). Ein weiteres großes Problem, das neben dem „Preis-Leistungs-Verhältnis“ angesprochen wurde, sind die Hygienestandards. Während die Plastikverpackung in der britischen Fallstudie stark kritisiert wurde, beschweren sich die Nutzer*innen in Südafrika über das Fehlen von Plastik, das als Garant für Hygiene verstanden wird („*All your branches you never cover the bread you make I wonder why you find customers feeling all the loaves without plastics and the flies have a field day!!*“). Keiner der Kommentare befasst sich direkt oder indirekt mit Fragen der Nachhaltigkeit; nur wenige Einzelstimmen stellen ethische Fragen, wie Unterschiede zwischen Arm und Reich („*These competitions win by rich people not poor people*“) und fordern Gleichheit in Bezug auf die Hautfarbe

(Supermarktpost: „*Christmas is around the corner and we're here to help you save early with incredible deals like a My Sweet Child Doll for just R29.99 each.*" Kommentar: „*We need more black dolls please... ...*").

6. *Zusammenfassung und Fazit*

Die Deutlichkeit, mit der Menschen ökonomische Akteure wie Einzelhandelsketten (als ein stets abstrakt bleibender Angriffspunkt) für ihre „Nicht-Nachhaltigkeit" kritisieren, ist (für uns Autorinnen) durchaus überraschend. Die theoretische Offenheit („indirekte Nachhaltigkeitskommunikation") ermöglicht dabei den Blick auf die Vielzahl an Themen, die die Menschen bewegen. Auch erweist sich das qualitative Vorgehen als sehr gewinnbringend, denn die Heftigkeit der Debatte wird besonders anschaulich durch die Wortwahl einzelner Kommentare sowie ihrer Sinnhaftigkeit. Dass das Einkaufen in einem Supermarkt sogar als „Horrorshow" (Beispiel Plastikmüll) erlebt wird, machen viele der Kommentare auf eine sehr anschauliche und emotionale Weise deutlich. Außerordentlich sensibel reagieren die Kommentierenden auf Posts der Einzelhandelsketten, wenn diese beispielsweise an die Verantwortung der Einkaufenden appellieren und dabei gleichzeitig eigene Aktivitäten als sehr nachhaltig bewerben (im Fall UK). Oder mit sehr günstigen Preisen für Produkte wie Mangos oder Fleisch werben, und dabei für die Kommentierenden überdeutlich wird, dass hier „etwas nicht stimmen kann" (im Fall Deutschland). Die dadurch ausgelösten Kaskaden der Empörung nehmen in ihrer Summe die Gänze der Produktionsketten in den Blick sowie die Rolle der Konsument*innen selbst (in UK und Deutschland). Kritisch bleibt anzumerken, dass die Stimmen vereinzelte Stimmen bleiben, die inhaltlich den Radius der „Kundenbeschwerde" selten verlassen, sprich kaum eine politische Dimension ausweisen, wie Forderungen nach politischer Regulation, oder Verweise auf zivilgesellschaftliche Initiativen.

Im internationalen Vergleich ist frappierend, dass in zwei der Länder die Bezüge zum Thema Nachhaltigkeit fast völlig ausbleiben. In den Daten aus Südafrika wird schnell klar, dass der Grund dafür eine Art „begrenzter Sorgenpool" („the finite pool of worries"; Linville & Fischer, 1991) sein könnte, sprich die Kommentierenden sehr stark von der Sorge um ökonomische Aspekte der Ernährung besetzt sind. Warum jedoch in den USA gar nicht sowie in Kanada kaum über Nachhaltigkeitsaspekte gesprochen wird, kann auf Basis unserer Studie nicht beantwortet werden. Hier gälte es, diesen Befund und seine Verallgemeinerbarkeit über eine größere Stichprobe abzusichern. Gleichzeitig fällt auf, dass in den USA die

Ernährung und „das gute Leben", Komfort und Traditionen eine sehr viel größere Rolle einnehmen.

Zurückkommend auf unsere Forschungsfrage: „Welche Rolle spielt Nachhaltigkeit – besonders in Bezug auf die Wechselseitigkeit der drei Dimensionen Ökologie, Ökonomie und Soziales – in der Alltagskommunikation von Normalbürger*innen in den sozialen Medien?" muss also festgehalten werden, dass Nachhaltigkeit in einigen untersuchten Fällen eine sehr große Rolle spielt (Deutschland und UK), in anderen eine recht geringe (Kanada) oder auch gar keine (USA und Südafrika). Für Deutschland und UK wurde dabei deutlich, dass die Kommentierenden vor allem den Zusammenhang zwischen der ökologischen sowie der ökonomischen Dimension von Nachhaltigkeit ziehen. Mit Hilfe des Framing-Ansatzes kann diese Relation auch weitergehend qualifiziert werden: die benannten Probleme sind in der überwiegenden Mehrheit ökologische Probleme (die jedoch recht allgemein bleiben und häufig schlagwortartig genannt werden, wie z.B. „Verschmutzung der Meere"); Ursache und Problemlösung werden auf der ökonomischen Dimension, teils auf der sozialen Dimension, verankert.

Durch das qualitative Vorgehen und den verhältnismäßig kurzen Untersuchungszeitraum lassen sich keine Rückschlüsse darauf ziehen, wie repräsentativ die Ergebnisse für das jeweilige Land sind. Hier wäre sicherlich wünschenswert, eine größere Datenbasis zu haben, um die allgemeinere Gültigkeit der Beobachtungen zu überprüfen. Ebenso wäre wichtig zu untersuchen, inwiefern die Diskussionen auf anderen Social-Media-Kanälen ähnlich oder ganz anders verlaufen (z.B. Instagram). Für unsere Studie hätten wir uns zudem sehr gewünscht, auch weitere BRICS-Staaten untersuchen zu können. Wir hatten einen sehr aufwendigen Versuch unternommen, Indien (als ein zumindest teilweise englischsprachiges Land) in unser Sample aufzunehmen. Hier hat sich gezeigt, dass die sprachliche Diversität größer ist als angenommen, aber auch vor allem, dass Einzelhandelsketten und Supermärkte in Indien zwar auf Facebook vertreten sind, aber die Nutzer*innen dort nicht bis kaum diskutieren und kommentieren. Für dieses Ziel wäre also anstatt eines quantitativen Anschlussdesigns ein noch stärker kontextualisierendes qualitatives Design notwendig.

Abschließend bleibt zu fragen, inwiefern die Daten tatsächlich anzeigen, dass es zumindest in Deutschland und UK ein sehr hohes (oder höher werdendes) Nachhaltigkeitsbewusstsein gibt, das sogar in den Alltag hineinwirkt, also beispielsweise kommunikative und nicht-kommunikative Handlungen verändert. Die aktuelle Studie „Nachhaltigkeitsbewusstsein 2021" (Gier et al., 2021) attestiert zumindest Menschen in Deutschland ein hohes bis sehr hohes Nachhaltigkeitsbewusstsein, auch für den Bereich

Konsum. Unsere Daten sind im Oktober 2018 erhoben worden – rund ein halbes Jahr später begannen die stark an sozialen Medien orientierten Fridays-For-Future Proteste, das Video des YouTubers Rezo sorgte im Frühjahr 2019 für Turbulenzen im Vorfeld der Europa-Wahl. Es ist also anzunehmen, dass sich diese Entwicklung eher weiter verstärkt hat.

Danksagung

Wir bedanken uns für die Förderung des Projekts „Sustainable Lives: Food Choices as Politics and Lifestyle" durch das „Kompetenzzentrum Nachhaltige Universität" (KNU) der Universität Hamburg, an dem wir durch unser Teilprojekt beteiligt waren. Ebenso möchten wir uns bei den Studierenden des Masterstudiengang Journalism, Media and Globalisation im Lehr-Forschungsseminar „Analyzing social media discussions on sustainable food choices: a qualitative, comparative content analysis" im Wintersemester 2018/19 bedanken, die im Rahmen des von uns geleiteten Seminars die ersten Schritte der Datenanalyse realisiert haben. Ebenso möchten wir uns ganz herzlich bei unseren studentischen Hilfskräften für die zuverlässige Unterstützung bedanken, nämlich bei Jonathan Schreiber und Sophie Prüfert, die die Fallstudie Deutschland unterstützt hat, sowie auch ganz besonders bei Miriam Hinternesch.

Literaturverzeichnis

Bennett, W. L., & Segerberg, A. (2012). The logic of connective action. Digital media and the personalization of contentious politics. *Information, Communication & Society*, *15*(5), 739–768. https://doi.org/10.1080/1369118x.2012.670661

Bonfadelli, H. (2007). Nachhaltigkeit als Herausforderung für Medien und Journalismus. In R. Kaufmann (Ed.), *Nachhaltigkeitsforschung – Perspektiven der Sozial- und Geisteswissenschaften* (pp. 255–297). Schweizerische Akad. der Geistes- und Sozialwiss.

Bonfadelli, H. (2010). Environmental Sustainability as Challenge for Media and Journalism. In M. Gross & H. Heinrichs (Eds.), *Environmental Sociology: European Perspectives and Interdisciplinary Challenges* (pp. 257–278). Springer Science+Buisnuess Media. https://doi.org/10.1007/978-90-481-8730-0_15

Brand, K.-W. (2000). Kommunikation über nachhaltige Entwicklung: oder: Warum sich das Leitbild der Nachhaltigkeit so schlecht popularisieren lässt. *Journal of Social Science Education* (1). http://www.sowi-online.de/journal/2000_1/brand_kommunikation_ueber_nachhaltige_entwicklung.html

Brüggemann, M., & Engesser, S. (2014). Between Consensus and Denial: Climate Journalists as Interpretive Community. *Science Communication*, *36*(4), 399–427. https://doi.org/10.1177/1075547014533662

Brundtland, G. H., & Khalid, M. e. a. (1987). *Report of the World Commission on Environment and Development: Our Common Future*. Document A/42/427 Annex. New York. World Commission on Environment and Development. http://www.un-documents.net/wced-ocf.htm

Entman, R. M. (1993). Framing: Toward Clarification of a Fractured Paradigm. *Journal of Communication*, *43*(4), 51–58.

Etter, M. A., & Vestergaard, A. (2015). Facebook and the public framing of a corporate crisis. *Corporate Communications: An International Journal*, *20*(2), 163–177. https://doi.org/10.1108/CCIJ-10-2013-0082

Fischer, D., Haucke, F., & Sundermann, A. (2017). What Does the Media Mean by 'Sustainability' or 'Sustainable Development'? an Empirical Analysis of Sustainability Terminology in German Newspapers Over Two Decades. *Sustainable Development*, *25*(6), 610–624. https://doi.org/10.1002/sd.1681

Gibran, D. I., Steen-Olsen, K., Konstantin, S., Melo, P., Wood, R., Hertwich, & Edgar (2018). Carbon mitigation in domains of high consumer lock-in. *Global Environmental Change*, *52*, 117. http://dx.doi.org/10.1016/j.gloenvcha.2018.06.006

Gier, Nadine R., Mukhamedzyanova, Regina, Zimmermann-Janssen, Vita E. M. (2021): *Nachhaltigkeitsbewusstsein 2021 – Eine Bestandsaufnahme des Nachhaltigkeitsbewusstseins der Menschen in Deutschland, Studie für die Wissenschaftsplattform Nachhaltigkeit 2030.* Heinrich-Heine-Universität Düsseldorf, Institut für Verbraucherwissenschaften. http://dx.doi.org/10.48481/iass.2021.024

Haan, G. de. (2013). *Bildung für nachhaltige Entwicklung: Hintergründe, Legitimation und (neue) Kompetenzen*. http://www.bne-kompass.de/fileadmin/user_upload/downloads/Transfer21_Gestaltungskompetenz.pdf

Hauff, M. v., & Jörg, A. (2012). *Nachhaltiges Wachstum*. Oldenbourg Wissenschaftsverlag.

Hoppe, I., & Wolling, J. (2017). Nachhaltigkeitskommunikation. In H. Bonfadelli, B. Fähnrich, C. Lüthje, J. Milde, M. Rhomberg, & M. S. Schäfer (Eds.), *Forschungsfeld Wissenschaftskommunikation* (pp. 339–354). Springer Fachmedien Wiesbaden. https://doi.org/10.1007/978-3-658-12898-2_18

Lass, W., & Reusswig, F. (2001). Nachhaltigkeit und Umweltkommunikation: Ein Forschungsprojekt auf der Suche nach sozialwissenschaftlichen Perspektiven. In D. Noll (Ed.), *Perspektiven für die Verankerung des Nachhaltigkeitsleitbildes in der Umweltkommunikation: Chancen, Barrieren und Potenziale der Sozialwissenschaften* (pp. 13–36). Erich Schmidt.

Linville, P. W., & Fischer, G. W. (1991). Preferences for separating or combining events. *Journal of Personality and Social Psychology*, *60*(1), 5–23. https://doi.org/10.1037/0022-3514.60.1.5

Lozano, R. (2008). Envisioning sustainability three-dimensionally. *Journal of Cleaner Production*, *16*(17), 1838–1846. https://doi.org/10.1016/j.jclepro.2008.02.008

Meijers, M. H. C., Noordewier, M. K., & Avramova, Y. R. (2014). I just recycled. Can I use the car now? When people continue or discontinue behaving sustainably after an initial sustainable act. In H. van Trijp (Ed.), *Encouraging sustainable behavior: Psychology and the environment* (pp. 71–80). Psychology Press.

Michel-Villarreal, R., Hingley, M., Canavari, M., & Bregoli, I. (2019). Sustainability in Alternative Food Networks: A Systematic Literature Review. *Sustainability, 11*(3), 859. https://doi.org/10.3390/su11030859

Michelsen, G., & Godemann, J. (Ed.). (2007). *Handbuch Nachhaltigkeitskommunikation: Grundlagen und Praxis* (2. aktualisierte u. überarb. Aufl.). Oekom-Verl. http://fox.leuphana.de/portal/de/publications/handbuch-nachhaltigkeitskommunikation(09152376-3781-42da-bf25-92aebb469c9c).html

Minocher, X. (2019). Online consumer activism: Challenging companies with Change.org. *New Media and Society, 21*(3), 620–638. https://doi.org/10.1177/1461444818803373

Newig, J., Schulz, D., Fischer, D., Hetze, K., Laws, N., Lüdecke, G., & Rieckmann, M. (2013). Communication Regarding Sustainability: Conceptual Perspectives and Exploration of Societal Subsystems. *Sustainability, 5*(7), 2976–2990. https://doi.org/10.3390/su5072976

Ott, K., Muraca, B., & Baatz, C. (2011). Strong Sustainability as a Frame for Sustainability Communication. In J. Godemann & G. Michelsen (Eds.), *Sustainability Communication* (pp. 13–25). Springer Netherlands. https://doi.org/10.1007/978-94-007-1697-1_2

Reisch, L., Eberle, U., & Lorek, S. (2013). Sustainable food consumption: an overview of contemporary issues and policies. *Sustainability: Science, Practice and Policy, 9*(2), 7–25. https://doi.org/10.1080/15487733.2013.11908111

Schäfer, M. S., & O'Neill, S. (2018). Frame Analysis in Climate Change Communication. In M. Nisbet (Ed.), *The Oxford encyclopedia of climate change communication* (Vol. 1). Oxford University Press. https://doi.org/10.1093/acrefore/9780190228620.013.487

Schreier, M. (2013). *Qualitative content analysis in practice* (Repr). Sage.

Weder, F., Tungarat, A., & Lemke, S. (2020). Sustainability as Cognitive "Friction": A Narrative Approach to Understand the Moral Dissonance of Sustainability and Harmonization Strategies. *Frontiers in Communication, 5*, Article 8. https://doi.org/10.3389/fcomm.2020.00008

Xu, Q., Yu, N., & Song, Y. (2018). User Engagement in Public Discourse on Genetically Modified Organisms: The Role of Opinion Leaders on Social Media. *Science Communication, 40*(6), 691–717. https://doi.org/10.1177/1075547018806526

Genderbasierte Diskriminierung in der Klimawandeldebatte auf Twitter

Elisabeth Hopfe, Filipa Lessing, Gregor Willenbrock, Marko Bachl & Sabine Reich

Abstract:

Als zentrale Kommunikationsplattform für den öffentlichen Klimadiskurs hat sich Twitter herausgebildet. Diese Arbeit untersucht mittels einer Inhaltsanalyse von $N_{Replies}$=1362 Twitter-Kommentaren ($N_{Ursprungstweets}$=281), ob sich Nutzer:innenkommentare auf Tweets von weiblichen vs. männlichen Akteur:innen der Klimaschutzbewegung hinsichtlich sexistischer und inziviler Reaktionen unterscheiden. Wir beachten Arbeiten zur Rollenkongruenztheorie (Eagly & Karau, 2002), hostilem und benevolentem Sexismus (Glick & Fiske, 1996) und Objektifizierung (Fredrickson & Roberts, 1997). Entsprechend unseren Hypothesen wird Frauen häufiger die Kompetenz abgesprochen (H2) und die Kommentare unter ihren Tweets fallen häufiger negativ (H3a), jedoch nicht seltener positiv (H3b) aus. Bei der Thematisierung des Genders (H1) und explaining (H6) wurden keine Unterschiede festgestellt. Hostiler und benevolenter Sexismus (H4a, H4b) und die Thematisierung des Aussehens (H5) kam in der Stichprobe kaum vor. Akteurinnen der Klimaschutzbewegung auf Twitter in Deutschland wird also kein offensichtlicher, sondern unterschwelliger Sexismus entgegengebracht. Die Ergebnisse werden hinsichtlich der Auswirkungen auf die Klimaschutzdebatte und der Rolle von Twitter diskutiert.

1. Einleitung

In der Klimaschutzpolitik hat sich ein untypisches Bild etabliert: Greta Thunberg (Fridays for Future) oder Annalena Baerbock (Bündnis 90/Die Grünen) zeigen beispielhaft, dass sich – im Gegensatz zu vielen anderen politischen Feldern – viele Frauen[1] medial sichtbar für die Klimabewegung einsetzen (Meade, 2020). Frauen nehmen die Umweltrisiken im Vergleich zu Männern verstärkt wahr, engagieren sich stärker im Kampf für den Klimaschutz und wissen mehr über Nachhaltigkeit und Klimawandel (Goldsmith et al., 2013). Zugleich haben Frauen weniger politi-

1 Wir nutzen in unserem Beitrag vornehmlich die Bezeichnungen Gender, sowie 'Frauen' und 'Männern', da sich der Artikel vor allem mit dem gelesenen Geschlecht der Teilnehmer:innen im politischen Diskurs beschäftigt. Wir unterscheiden Geschlecht als biologisches Geschlecht und Gender als sozial-konstruierte Geschlechteridentität.

schen Einfluss auf die Klima-Gesetzgebung auf Bundes- und EU-Ebene als Männer (Shreeves et al., 2019; Statistisches Bundesamt, o.J.). Damit verschränken sich in der öffentlichen Debatte um die Klimapolitik zwei Nachhaltigkeitsziele, welche die Bundesregierung mit der Agenda 2030 für eine nachhaltige globale Entwicklung aufgestellt hat: Klimaschutz und Geschlechtergleichheit (Bundesregierung, o.J.).

Die gleichberechtigte politische Teilhabe von Frauen ist ein zentrales demokratisches Gut. Die Partizipationsforschung zeigt, dass Frauen weniger politische Ämter innehaben, sich weniger sichtbar politisch engagieren und online weniger am Diskurs teilnehmen (van Duyn et al., 2021; Vochocová et al., 2016). Das gilt auch für Twitter. Twitter hat sich als soziales Netzwerk für direkte politische Kommunikation (Puschmann et al., 2014) und für ein Stimmungsbild der öffentlichen Meinung (Hölig, 2018; Nuernbergk, 2020) herausgebildet. Die Plattform nimmt im öffentlichen Diskurs über Klimaschutz eine wichtige Rolle ein, vor allem bei prominenten Aktivist:innen der Fridays-for-Future-Bewegung (Grouverman et al., 2018).

An den medialen Reaktionen auf Greta Thunberg oder Luisa Neubauer zeigt sich exemplarisch, wie Adultismen vor allem gegen jüngere Frauen eingesetzt werden, um ihnen politisches Urteilsvermögen abzusprechen (Meade, 2020). Das ist nicht nur ein sexistischer Mechanismus, der politisch sichtbare Frauen trifft – Journalistinnen, Politikerinnen und Influencerinnen werden online häufiger Ziel inziviler Kommentare und sexueller Belästigung (Gardiner, 2018; Rheault et al., 2019; Vochocová, 2018). Online-Nutzer:innenkommentare beeinflussen außerdem, wie andere Nutzer:innen die politische Stimmung wahrnehmen, und tragen zur öffentlichen Meinungsbildung bei (Neubaum & Krämer, 2017). Sexistische und inzivile Nutzer:innenkommentare haben einen negativen Einfluss auf die wahrgenommene Diskursqualität und die Beteiligungsbereitschaft der Nutzer:innen (Han et al., 2018). Prominente Beispiele zeigen in der Vergangenheit immer wieder, dass sich politisch aktive Frauen aus dem Diskurs zurückziehen (Schwirkus, 2021). Damit könnte sich die Sichtbarkeit weiblicher Teilnehmerinnen innerhalb der Nachhaltigkeits- und Umweltschutzbewegung verringern (vgl. Hampton et al., 2017; Sobieraj, 2017) und das Ziel der geschlechtergerechten Teilhabe an einem gesellschaftlich wichtigen Diskurs gefährden (vgl. Bundesregierung, o.J.). Aus kommunikationswissenschaftlicher Sicht kann als Konsequenz eine Schweigespirale (Noelle-Neumann, 1974) vor allem für weiblicher Nutzerinnen entstehen, wenn ihre Perspektive im öffentlichen Diskurs weniger präsent ist.

Im Klimadiskurs gibt es viele sichtbare und politisch aktive Twitternutzer:innen, daher untersucht die folgende Studie die Reaktionen auf klimapolitische Tweets von Männern und Frauen exemplarisch. Unterscheiden sich Nutzer:innenkommentare auf Tweets von weiblichen vs. männlichen Akteur:innen der Klimaschutzbewegung hinsichtlich sexistischer und inziviler Reaktionen? Die Arbeit orientiert sich an der Rollenkongruenztheorie (Eagly & Karau, 2002) und beachtet Arbeiten zum hostilen und benevolenten Sexismus (Glick & Fiske, 1996) und zur Objektifizierung (Fredrickson & Roberts, 1997).

2. Sexistische Reaktionen auf politische Akteur:innen

Politische Akteur:innen bewegen sich in einem männlich geprägten Feld: Die Eigenschaften, die oft mit einer erfolgreichen Politiker:innen-Karriere verbunden werden, sind stereotyp männlich, wie Durchsetzungsfähigkeit, Macht und Erfolg (Lünenborg & Röser, 2008). Die vermeintlich größere Aggressivität von Männern wird mit mehr Kompetenz in Wirtschaftsfragen (zu denen die Klimakrise gezählt werden kann) in Verbindung gebracht, während Frauen eher mit genderspezifischen Stereotypen wie Emotionalität, Angst und Schwäche assoziiert werden (Lünenborg & Röser, 2008). Nach der **Rollenkongruenztheorie** (Eagly & Karau, 2002) werden Frauen, die sich in männlich stereotypisierten Rollen befinden, negativer wahrgenommen. Da sie eher in traditionell weiblichen Rollen erwartet werden, werden ihnen die damit verbundenen stereotypen Eigenschaften (z.B. Sorge, Pflege) eher zugetraut als die Eigenschaften, die mit männlichen Rollen verknüpft sind. Verlassen Frauen ihre traditionellen Rollen, müssen sie nicht nur mit negativen Reaktionen rechnen, sondern ihnen wird in männerdominierten Bereichen und in Bereichen mit ausgeglichener Genderverteilung auch weniger Kompetenz zugetraut (Banchefsky & Park, 2018; Dresden et al., 2018; Eagly & Karau, 2002).

Der Rollenkongruenztheorie folgend ist zu beobachten, dass sichtbare und politisch aktive Frauen im digitalen Raum vermehrt inziviles Verhalten und Belästigung erfahren: Im politischen Diskurs sehen sich Frauen mit Diskreditierungsversuchen konfrontiert, die ihnen absprechen, etwas zu politischen Debatte beitragen zu können und eine zuverlässige Quelle zu sein (Sobieraj, 2017). Bezeichnungen wie „Bitch, Dummchen, zu emotional, 'untervögelt', dumme Blondine, Hure, unter Einfluss von PMS" (Sobieraj, 2017, S. 6) zeigen beispielhaft, wie Kompetenz- und Glaubwürdigkeitsabsprechungen anhand von Genderrollenerwartungen vorgenommen werden (vgl. Funk & Coker, 2016). Auch im Netz erhalten Frauen häufiger negatives Feedback (Bonacchi, 2020; Gardiner, 2018). Onlinenutzer:innenkommentare zeigen häufig abwertende Bemerkungen zu Frauen und Feminismus, etwa Beleidigungen und Beschimpfungen (Herring et al., 2002). In den Kommentarspalten lässt sich genderspezifische Stereotypisierung, insbesondere die Charakterisierung von Frauen als Opfer, beobachten (Klaus, 2005; Pritsch, 2011).

Da der Kampf gegen den Klimawandel ein politisches und männlich dominiertes Thema ist, gehen wir basierend auf der Rollenkongruenztheorie (Eagly & Karau, 2002) davon aus, dass in Kommentaren zu Tweets weiblicher Akteurinnen auf Twitter zum Thema Klimawandel im Gegensatz zu solchen männlicher Akteure vermehrt das Gender der Akteurin explizit thematisiert (H1) und die Kompetenz der Akteurin angezweifelt (H2) wird. Außerdem wird erwartet, dass das Sentiment der Kommentare auf Tweets weiblicher Akteurinnen auf Twitter zum Thema Klimawandel im Gegensatz zu solchen männlicher Akteure häufiger negativ (H3a) und weniger häufig positiv (H3b) ausfällt.

Frauen, die sich außerhalb der stereotyp weiblichen Rollenmuster sichtbar im Internet bewegen, trifft neben negativen Evaluationen und dem Anzweifeln der Kompetenz auch offener Sexismus (American Psychological Association, 2007). Unter dem Begriff 'Sexismus' werden diskriminierende Praktiken zusammengefasst, welche auf binär ausgeprägten (Mann vs. Frau), genderbezogenen Stereotypen beruhen und Genderrollen und -identitäten festzuschreiben versuchen (Bonacchi, 2020). Nach dem **Ambivalent Sexism Inventory** (ASI) von Glick & Fiske (1996) werden zwei Formen unterschieden: hostiler und benevolenter Sexismus. Hostiler Sexismus meint den feindlichen Sexismus, der meist offen diskriminierend gegenüber Frauen ist und den vermeintlich höheren Status der Männer betont (Glick & Fiske, 1996). Benevolenter Sexismus meint Einstellungen, welche subjektiv positiv gegenüber Personen in traditionellen Genderrollen sind und eine Idealisierung des binären Genderprinzips ausdrücken (Glick & Fiske, 1996). Menschen jeglichen Genders sind Täter und Opfer sexistischer Handlungen und Äußerungen (Guizzo & Cadinu, 2021; Swim et al., 2005), dennoch richtet sich Sexismus vor allem gegen Frauen und verstärkt die Ungleichheit zwischen den Gendern und die untergeordnete Stellung von Frauen, und schafft Hindernisse für den Aufstieg von Frauen in politische Positionen (Connor et al., 2017). Eine Analyse von Kommentaren auf YouTube ergab, dass Frauen mehr sexistische und aggressiv-sexuelle (hostile) Reaktionen auf Videos erhalten (Döring & Mohseni, 2020). Auch auf Twitter sind benevolente und hostile sexistische Kommentare weit verbreitet (Jha & Mamidi, 2017). Da weibliche Akteurinnen in der Klimawandeldebatte auf Twitter deutlich gegen stereotype Rollenmuster verstoßen, indem sie sich im politischen und männlich geprägten Diskurs engagieren, erwarten wir aufbauend auf dem ASI (Glick & Fiske, 1996) vermehrt hostile (H4a) und benevolente (H4b) sexistische Reaktionen in

Kommentaren auf Tweets weiblicher Akteurinnen (vs. männlicher Akteure) zum Thema Klimawandel auf Twitter.

Eine weitere Form der genderspezifischen Inzivilität ist die **Objektifizierung**: die Reduzierung des Gegenübers auf dessen Körper (Fredrickson & Roberts, 1997; vgl. Moradi & Huang, 2008). Vor allem Frauen werden in den Medien häufig objektifiziert, etwa im Fernsehen (Smith et al., 2012), in der Werbung (Messineo, 2008), in Musikvideos (Aubrey & Frisby, 2011) oder auf YouTube (Döring & Mohseni, 2019). Durch Objektifizierung werden Frauen entmenschlicht und dadurch traditionelle Geschlechterrollen durchgesetzt (Haslam et al., 2013). Damit einher gehen enorme sozial-kognitive Folgen für Frauen. Objektifizierung kann sich negativ auf die Glaubwürdigkeit von Frauen (Funk & Coker, 2016) oder ihr Selbstbild auswirken (Karsay et al., 2018). Da Sexismus sich häufig in Form von Objektifizierung äußert, erwarten wir, dass auch in Kommentaren auf Tweets weiblicher Klimawandel-Akteurinnen auf Twitter in Deutschland im Gegensatz zu solchen männlicher Akteure vermehrt das Aussehen der Akteurin thematisiert wird (H5).

Als letzte Ausprägungen von sexistischer Inzivilität soll ein weiteres verbreitetes Phänomen untersucht werden: *mansplaining*. Der Begriff meint eine herablassende und bevormundende Erklärung, die Frauen als weniger kompetent und wissend darstellen soll (Koc-Michalska et al., 2019; Rothman, 2012). Cookman (2015) argumentiert, das Prefix 'man' setze voraus, nur Männer seien Täter, was empirisch nicht haltbar sei. Wir verwenden daher als genderneutrale Formulierung für herablassende/bevormundende Erklärungen den Begriff **explaining**. Die bisherige Forschung gibt jedoch Anlass für die Behauptung, dass Männer in Gesprächen häufiger zu explaining gegenüber Frauen neigen (Koc-Michalska et al., 2019). Während Frauen mehr Fragen stellen und zurückhaltender sind, wenn sie bei einem Thema keine Expertin sind, sind Männer häufiger bereit, über Themen zu sprechen, über die sie nicht viel wissen (Ondercin & Jones-White, 2011). Insbesondere in politischen Diskussionen ist die Annahmen verbreitet, Frauen hätten ein mangelhaftes Politikverständnis und wären keine gleichwertigen Gesprächspartnerinnen (Koc-Michalska et al., 2019). Mehr als die Hälfte der befragten US-amerikanischen und britischen Frauen gaben an, dass sie auf Twitter Erfahrungen mit explaining gemacht haben (Koc-Michalska et al., 2019). Wir vermuten daher vermehrt explaining in Kommentaren auf Tweets weiblicher Akteurinnen (vs. männlicher Akteure) zum Thema Klimawandel auf Twitter (H6).

3. Methodisches Vorgehen

Um unsere Forschungsfragen zu beantworten, führen wir eine quantitative Inhaltsanalyse von deutschsprachigen Tweets (im Folgenden Ursprungstweets genannt) zum Thema Klimawandel und deren Replies[2] im Untersuchungszeitraum 01.01.2019 bis 31.12.2019 durch. In dieser Zeit war die Fridays-for-Future-Bewegung sehr aktiv (Meade, 2020), demzufolge sind viele Tweets und Replies zum Klimawandel zu erwarten. Das Untersuchungsmaterial wird durch eine Mindestanzahl von 20 Replies und 20 Retweets der Ursprungstweets abgegrenzt. Dies soll sicherstellen, dass die Ursprungstweets genügend Replies für eine Stichprobenziehung haben und ausreichend bekannt sind bzw. in der Öffentlichkeit stehen, die Replies also nicht nur von Freund:innen oder Fans stammen. Retweets und 'Quotes' eines anderen Tweets werden nicht berücksichtigt, da die Replies auf Retweets inhaltlich weder eindeutig auf den Ursprungstweet, noch eindeutig auf den Retweet bezogen werden können. Zum Untersuchungsmaterial zählen nur Replies zu deutschsprachigen Tweets zum Thema Klimawandel von Personen mit lesbarem Gender. Die Ursprungstweets müssen eines der Wörter 'Klimawandel', 'Klimastreik', 'Klimaschutz', 'Klimapolitik', 'Klimakrise' oder 'Klimanews' enthalten. Klimawandelskeptische Aussagen werden ausgeschlossen, da in dieser Arbeit nur Tweets, welche die Klimaschutzbewegung grundsätzlich unterstützen, betrachtet werden.

Das Untersuchungsmaterial besteht aus zwei Analyseeinheiten (vgl. Tabelle 1): Die Ursprungstweets (Ebene A), sowie die Replies (Ebene B). Die automatischen Elemente werden beim Retrieval der Tweets gespeichert, die manuellen Elemente von vier Codierer:innen[3] untersucht. Um die Güte des Codebuches auch bei der Codierung beschreiben zu können, wurden 7,7 % der Fälle bei der Codierung auf Ebene A ($n = 154$) und Ebene B ($n = 102$) von allen Codierer:innen parallel kodiert und die Reliabilität getestet.

---

2 Replies sind ebenfalls Tweets – mit dem Unterschied, dass Replies immer einen dazugehörigen Ursprungstweet haben. Replies werden in einer hierarchischen Ansicht unter dem Ursprungstweet angezeigt und daher als Kommentar angesehen.

3 Die Codierung erfolgte im Zeitraum vom 30.05.2020 bis zum 18.06.2020 durch drei der Autor:innen und eine weitere Person.

Tabelle 1: Elemente des Kategoriensystems nach Analyseeinheit

	Analyseeinheit	
	Ebene A: Ursprungstweets	Ebene B: Replies
Automatisch	Tweet-ID	Tweet-ID
	Conversation-ID[a]	Conversation-ID[a]
	Datum & Uhrzeit	Datum & Uhrzeit
	Follower, Replies, Retweets, Likes	Replies, Retweets, Likes
	Inhalt und Username	Inhalt und Username
Manuelle Codierung	Gender Tweet (uV)	Gender Reply
	Haltung zum Klimaschutz	Reply auf Reply
		Sentiment (aV)
		Thematisierung Gender (aV)
		Anzweiflung Kompetenz (aV)
		Thematisierung Aussehen (aV)
		Hostiler Sexismuss (aV)
		Benevolenter Sexismuss (aV)
		Explaining (aV)
Kontexteinheit für die manuelle Codierung	Profilbeschreibung	Profilbeschreibung
	Twitter-Name	Twitter-Name
	Profilbild	Profilbild
	Links (Bilder & Artikel)	Links (Bilder & Artikel)

Anmerkung. [a] Auf beiden Ebenen die gleiche ID.

Die **Haltung zum Klimaschutz** (Ebene A; Krippendorffs α =.76; Holstis *CR* =.89) beschreibt, inwieweit dem Tweet die Einsicht zugrunde liegt, dass Maßnahmen gegen die Erwärmung des Klimas sinnvoll sind. Es konnten 648 gültige Tweets (Ebene A) mit positiver Haltung zum Klimaschutz identifiziert werden, bei denen das **wahrgenommene Gender** (Ebene A; Krippendorffs α =.96; Holstis *CR* =.98) identifiziert wurde, also ob ein:e Twitter-Nutzer:in sich als Mann (50,9 %; $n_{\text{Ebene A}} = 143$) oder Frau (49,1 %; $n_{\text{Ebene A}} = 138$) präsentiert[4]. Das **Gender der Kommentierenden** (Ebene B; Krippendorffs α =.83; Holstis *CR* =.91) wurde ebenfalls erhoben, 60,3 % der Kommentator:innen wurden dabei als männlich und 12,8 % als weib-

4 Hierbei handelt es sich um die Verteilung nach der quotierten Stichprobenziehung. Ursprünglich konnten *N*=450 Männer und *N*=198 Frauen identifiziert werden (nach Stufe 4 und vor Stufe 5).

lich identifiziert. 26,9 % waren nicht eindeutig zuordenbar ($n_{\text{Ebene B}}$ = 1362).

Das **Sentiment** (Ebene B; Krippendorffs α =.51; Holstis CR =.69) beschreibt die Haltung des Kommentars zum Ursprungstweet und/oder zum Ursprungstweetenden. Die Replies waren zu 45,5 % negativ (*n* = 620), zu 20,0 % positiv (*n* = 272) und zu 34,5 % neutral oder nicht eindeutig (*n* = 470). Bei der **Thematisierung des Genders** (Ebene B; Krippendorffs α =.87; Holstis *CR* =.98) ist die explizite Nennung von genderspezifischen Bezeichnungen im Kommentar gemeint. Das Gender der Ursprungstweetenden wurde bei 2,7 % (*n* = 37) der Replies thematisiert. Die **Anzweiflung der Kompetenz** (Ebene B; Krippendorffs α =.51; Holstis *CR* =.92), liegt vor, wenn dem:der Postenden des Ursprungstweets abgesprochen wird, Aussagen über das Thema machen zu können. Die Kompetenz wurde in 7,6 % der Replies (*n* = 103) angezweifelt. Als **Thematisierung des Aussehens** (Ebene B; Krippendorffs α = 1; Holstis *CR* = 1) zählen explizite und implizite Bezüge auf das Äußere des:der Ursprungstweetenden. Dies kam bei 0,1 % der Fälle (*n* = 2) vor. Zu **hostilem Sexismus** (Ebene B; Krippendorffs α = 1; Holstis *CR* = 1) zählen implizite und explizite Aussagen und Andeutungen, die beleidigend wirken, als auch abwertende Überzeugungen und heterosexuelle Feindseligkeit. Er wurde bei 0,1 % der Fälle codiert (*n* = 2). **Benevolenter Sexismus** (Ebene B; Krippendorffs α = 1; Holstis *CR* = 1) wird als Einstellung verstanden, die eine stereotype Einschätzung, Bewertung oder Bevormundung einer Person aufgrund ihrer Genderzugehörigkeit beinhaltet. Er wurde bei 0,1 % der Fälle codiert (*n* = 1). **Explaining** (Ebene B; Krippendorffs α =.23; Holstis *CR* =.92) beschreibt, jemandem etwas zu verdeutlichen, indem es näher beschrieben oder Fakten offengelegt werden. In 5,1 % der Replies kam explaining vor (*n* = 69).

Das mehrstufige Abrufen via Twint (Zacharias, 2018), Bereinigen, Codieren und Stichprobenziehung der Daten lief in mehreren, sich gegenseitig bedingenden Schritten ab: Zuerst wurden auf Ebene A alle Tweets (*N* = 2.259) entsprechend der Bedingungen abgerufen, automatisch codiert und dann bereinigt. Es folgte die manuelle Codierung und der Ausschluss von Tweets mit klimaskeptischem Tenor, ohne eindeutiges Gender oder nichtdeutscher Sprache. Aus den verbleibenden Tweets (*N* = 648) wurde eine quotierte Stichprobe von je 150 Tweets von männlichen und weiblichen Nutzer:innen gezogen und auf Ebene B weiter analysiert. Dafür wurden 33.031 dazugehörige Replies abgerufen, die innerhalb von drei Tagen nach Verfassungsdatum der Ausgangstweets entstanden, da Inhalte auf Twitter oft nach wenigen Stunden an Relevanz verlieren (vgl. Heidenreich et al., 2015). Im nächsten Bereinigungsschritt wurden Replies mit Retweets und Quotes, die nicht eindeutig auf den Ursprungstweet abzielen, und

Ausgangstweets (Ebene A) mit weniger als 10 Replies ausgeschlossen (N = 281 A-Tweets und N = 27.246 Replies Ebene B). Je Ausgangstweet wurden dann fünf Replies zufällig gezogen und damit eine Stichprobe von insgesamt N = 1.405 Replies auf Ebene B manuell codiert. Ausgeschlossen wurden zum Schluss 43 Replies auf Replies bzw. Replies des:der Ursprungstweetenden selbst.

Der bereinigte Datensatz umfasst 1.362 Replies von 281 Ursprungstweets. Die Ursprungstweets wurden von 139 unterschiedlichen Twitterprofilen verfasst, wobei ein nicht unerheblicher Anteil von denselben Profilen stammt, z. B. 11,2 % von Volker Quaschning (n = 31), 10,6 % von Luisa Neubauer (n = 29) und 7,3 % von Svenja Schulze (n = 20). Bei den Replies (Ebene B) verteilen sich die Favorisierungen/Likes zwischen 0 und 193, der Durchschnitt liegt bei 3 Likes (M = 3,13; Mdn = 1; SD = 10,52). Die Reichweite der B-Tweets war generell recht niedrig (Replies: M =.41; SD =.91; Retweets: M =.32; SD = 1,05).

Das Stichprobenverfahren führt zu einer hierarchischen Schachtelung der Daten: Jeder Reply gehört zu genau einem Ursprungstweet. Daher werden die Daten mit logistischen Mehrebenenregressionen ausgewertet. Dies ist nicht nur das statistisch angemessene Verfahren, sondern auch inhaltlich sinnvoll. Es ist naheliegend, dass andere Eigenschaften des Ursprungstweets neben dem Gender der Verfasser:innen die Antworten beeinflussen. Die so erzeugte Varianz wird in einem Random Intercept für jeden Ursprungstweet abgebildet.[5] Im folgenden Text werden lediglich die Koeffizienten (log(odds)) des Genders der Personen, von denen der Ursprungstweet stammt, mit ihren Standardfehlern und p-Werten berichtet. Die gesamten Modelle sind in Tabelle S1 dokumentiert, die wie der Code zur Reproduktion der Analysen und das Codebuch über das Open Science Framework (OSF) verfügbar sind (https://osf.io/heakr/).

4. Analyse und Ergebnisse

Abbildung 1 zeigt, zu welchen Anteilen die erfassten Kriterien in den Replies auf die Ursprungstweets von Männern und Frauen zu finden waren. Bereits an dieser Stelle können Hypothesen 4a, 4b und 5 verworfen

5 Mit dem Vorkommen von mehreren Ursprungstweets derselben Verfasser:innen liegt eine weitere Schachtelung der Daten vor. Diese Ebene kann allerdings nicht im Modell berücksichtigt werden, da sie sich wegen der großen Zahl der Verfasser:innen, die nur mit einem Ursprungstweet in der Stichprobe enthalten sind, zu sehr mit der Ebene der Ursprungstweets überlappt.

werden, da die Phänomene hostiler Sexismus, benevolenter Sexismus und Thematisierung des Aussehens weder bei Frauen noch bei Männern in der Stichprobe in relevantem Umfang vorkommen.

Abbildung 1: Relative Häufigkeiten der abhängigen Variablen nach Gender

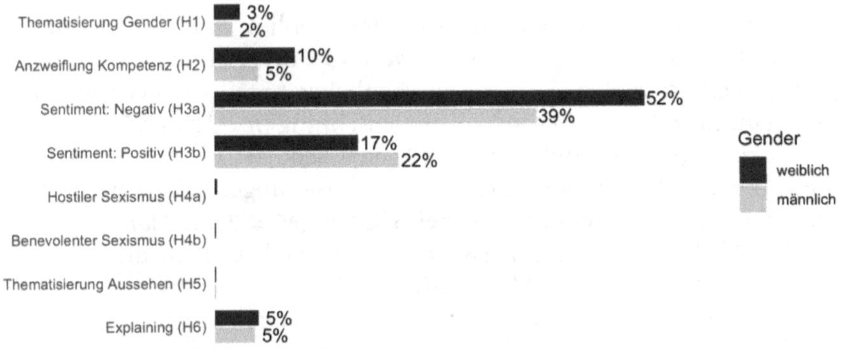

Anmerkung. n = 1.362

Die Hypothese, dass in Replies auf Tweets weiblicher Akteurinnen im Gegensatz zu solchen männlicher Akteure vermehrt das Gender der Akteurin explizit thematisiert wird (H1), wird von den Daten nicht gestützt (b =.46; SE =.62; p =.460). Das Phänomen ist zudem insgesamt sehr selten zu beobachten und scheint kein prägendes Merkmal der Klimawandel-Diskussionen auf Twitter zu sein. Das Anzweifeln der Kompetenz kommt etwas häufiger vor und ist entsprechend Hypothese 2 etwas häufiger in Replies auf Tweets von Frauen zu finden (b =.70; SE =.26; p =.007). Zur Analyse der Unterschiede im Sentiment wurden in zwei logistischen Modellen das Vorkommen von negativen bzw. positiven Äußerungen gegen die beiden anderen Kategorien getestet. Negatives Sentiment ist in den Replies auf die Tweets von Personen beider Gender relativ am häufigsten. Besonders deutlich ist dies bei Replies auf Frauen. Sie fielen etwa zur Hälfte negativ aus, bei den Männern betrug dieser Anteil über ein Drittel. Entsprechend wird Hypothese 3a gestützt (b =.66; SE =.19; p <.001). Allerdings zeigte sich kein statistisch signifikanter Unterschied im Vergleich der positiven Kommentare (b = -.34; SE =.18; p =.062; H3b). Entgegen Hypothese 6 zeigte sich auch kein statistisch signifikanter Unterschied im Vorkommen herablassender/bevormundender Erklärungen (b =.07, SE =.29, p =.799). Das Phänomen war insgesamt nur selten zu beobachten und betraf Männer und Frauen in der Stichprobe etwa gleichermaßen.

5. Diskussion und Ausblick

Das Ziel der Studie war die Beantwortung der Frage, ob sich Nutzer:innenkommentare auf Tweets von weiblichen vs. männlichen Akteur:innen der Klimaschutzbewegung hinsichtlich sexistischer und inziviler Reaktionen unterscheiden. Die Ergebnisse sind gemischt, liefern aber an einigen Stellen Hinweise, dass auch in der Klimadebatte auf Twitter ähnliche sexistische Mechanismen wie in anderen politischen Diskursen zu finden sind. Die Kompetenz der Tweetenden wurde über alle Gender hinweg selten angezweifelt, wenn sie jedoch in Frage gestellt wurde, geschah dies bei Frauen doppelt so häufig wie bei Männern (H2). Frauen wird also auch hier, wie in anderen politischen und wissenschaftlichen Bereichen, häufiger die Kompetenz abgesprochen als Männern (Banchefsky & Park, 2018; Dresden et al., 2018; Eagly & Karau, 2002). Unsere Ergebnisse bestätigen auch die Befunde von Sobieraj (2017), dass Frauen in digitalen Räumen vermehrt inzivilem Verhalten und Belästigung ausgesetzt sind. Das Sentiment fiel unseren Annahmen entsprechend in Kommentaren unter Tweets von Frauen häufiger negativ aus (H3a) als bei Tweets von Männern. Frauen werden hier (wie im gesamten Onlineraum) häufiger als Opfer charakterisiert (Klaus, 2005; Pritsch, 2011) und erhalten mehr negative und abwertende Bemerkungen als Männer (Bonacchi, 2020; Gardiner, 2018; Herring et al., 2002). Die Reaktionen auf Klimaaktivistinnen auf Twitter sind also entsprechend der Literatur mit den Reaktionen gegenüber Politikerinnen vergleichbar (Schneider & Bos, 2014).

Anders als erwartet (H3b) erhalten Frauen nicht seltener positive Kommentare als Männer, was auch damit zusammenhängen könnte, dass es insgesamt weniger positive als negative Kommentare zu verzeichnen gab. Zudem konnten wir keine häufigere Thematisierung des Genders unter Tweets von Frauen feststellen (H1). Eine Reduzierung der Tweetenden auf ihre Rolle als Frau fand hier, anders als oft bei weiblichen Politikerinnen (Holtz-Bacha, 2008), nicht statt. Dies kann auf das vermehrte Engagement von Frauen im Klimaschutz zurückzuführen sein, weswegen Frauen in der Debatte – im Gegensatz zu anderen weiblichen Akteurinnen in der Politik – nicht so stark auf ihre Rolle als Frau reduziert und stärker als vollwertige:r Diskussionspartner:in gesehen werden (vgl. Holtz-Bacha, 2008). Anders als bei vorhergegangen Studien kam der vermutete hostile und benevolente Sexismus (H4a; H4b) in der untersuchten Klimadebatte nur in ein bis zwei Fällen vor, jedoch nur bei Frauen (Döhring & Mohseni, 2020; Jha & Mamidi, 2017). Ob offensichtlicher Sexismus in der Klimawandeldebatte eine untergeordnete Rolle spielt, bleibt zu klären, die Ergebnisse können allerdings auch auf die Limitationen der Datenerhebung zurückzuführen sein. Offensichtlicher Sexismus, der das Aussehen der Verfasser:innen der Ursprungstweets thematisiert (H5), und explaining (H6) kamen äußerst selten vor. Auch dieses Ergebnis kann auf die Limitationen zurückzuführen sein. Von Objektifizierung und häufigem ungefragten Belehren von Frauen durch Männer (Koc-Michalska et al., 2019) in der Klimawandeldebatte in Twitter-Replies in Detuschland kann hier nicht gesprochen werden.

In der Gesamtschau scheinen offensichtliche inzivile und sexistische Äußerungen in der Klimawandeldebatte auf Twitter eine untergeordnete Rolle zu spielen, während unterschwelliger Sexismus präsenter ist. Die Ergebnisse sind vor dem Hintergrund verschiedener Limitationen zu interpretieren. Die Messung der latenten Konstrukte Sentiment, explaining und Anzweiflung der Kompetenz zeigen eine nicht zufriedenstellende Intercoderreliabilität. Trotz detailliertem Codebuch und mehreren Nachschulungen konnte die sprachliche Komplexität noch nicht eindeutig erfasst werden. Für weitere Studien müssen solche diffusen Konzepte noch besser definiert und greifbar gemacht werden.

Die vorliegende Grundgesamtheit und Stichprobe sind ebenfalls bei der Interpretation zu berücksichtigen. Es nutzt nur ein kleiner Anteil der deutschen Bevölkerung Twitter (Beisch et al., 2019) und das Stimmungsbild auf Twitter wird in Deutschland stark von wenigen Personen geprägt (Hölig, 2018). In der vorliegenden Untersuchung haben acht Profile 40 Prozent der Ursprungstweets verfasst. Beides kann ein verzerrtes Stimmungsbild zur Folge haben, das nicht die Meinungen und Gedanken der Bevölkerung bzw. aller Nutzer:innen widerspiegelt. Nichtsdestotrotz können die Diskussionen eine Wirkung auf diejenigen haben, die diese mitlesen, was mitunter ein größeres Publikum ist als die Twitter-User:innen selbst (Nuernbergk, 2020). Des Weiteren wurden Retweets in der Studie ausgeschlossen. Damit könnten sexistische und beleidigende Aussagen unterdrückt worden sein. In Replies unter Retweets ist eine größere Spannweite von Aussagen zu finden, da dort vermehrt auch Twitternutzer:innen kommentieren, die dem:der Ursprungstweetenden nicht selbst folgen. Ebenso könnte die Möglichkeit der Nutzer:innen, unerwünschte Kommentare unter ihren eigenen Tweets eigenständig auszublenden bzw. zu melden, systematische Verzerrungen ergeben. Auch Twitter selbst löscht Beleidigungen, kann die Tweet-Sichtbarkeit beschränken oder Tweets mit Warnhinweisen überblenden (Twitter, o.J.). Den Einfluss dieser Maßnahmen auf die Sichtbarkeit sexistischer Kommentare kann nicht eindeutig beziffert werden. Zuletzt ist bei der Zuordnung des Genders der Ursprungstweetenden anhand des Namens und Profilbilds und/

oder der Profilbeschreibung nicht überprüfbar, ob die Kommentierenden sich dem Gender der Ursprungstweetenden ebenso bewusst waren.

Ausgehend von forschungsökonomischen Bedingungen und Limitationen bieten die erhobenen Daten Anlass für tiefer- und weitergehende Analysen. Limitationen aufgrund der Datengrundlage können mit einer automatisierten Inhaltsanalyse (vgl. die Analysen von Sexismus von Jha & Mamidi, 2017; Belästigungen von Saeidi et al., 2019; oder Sentiment von Thelwall, 2014) ausgeräumt werden und eine Vollerhebung der Replies durchgeführt werden. Eine größere Datenbasis würde ermöglichen, die Verfasser:innen der Ursprungstweets als weitere Analyseebene zu berücksichtigen. Bereits mit den vorliegenden Daten deutet sich an, dass nicht alle, sondern vor allem einige bestimmte Frauen (z.B. Luisa Neubauer und Svenja Schulze) eher inzivile und sexistische Antworten erhalten. Entsprechend ließe sich die These formulieren, dass vor allem prominente Vertreter:innen von Sexismus auf Twitter betroffen sind.

Unter Berücksichtigung aller Limitationen gibt die vorliegende Studie übereinstimmend mit dem Forschungsstand Hinweise auf Sexismus innerhalb der Klimawandeldebatte auf Twitter. Klimaschutzpolitik ist eine der wenigen politischen Debatten, in denen Frauen vergleichsweise viel Raum einnehmen (Goldsmith et al., 2013). Dennoch könnte vermehrter Sexismus auf längere Sicht dazu führen, dass Frauen sich aus dem Diskurs zurückziehen bzw. sich nicht mehr einbringen. Das steht in mehrfacher Hinsicht den Zielen der Nachhaltigkeitsagenda der Bundesregierung entgegen. Diese formuliert die Gleichstellung der Geschlechter und propagiert Klimaschutz (Bundesregierung, o.J.). Dabei sind Frauen wichtige Impulsgeber in der Nachhaltigkeitsdebatte und dürfen auch als zentral Betroffene von Klimawandel nicht ausgeschlossen werden. Plattformen wie Twitter müssen als wichtiger Debattenraum mitgedacht werden, um gleichberechtigte politische Teilhabe zu ermöglichen. Nur so ist eine nachhaltige, vernetzte Demokratie denkbar. Die beschriebenen Befunde verweisen darauf, dass sich Twitter über die Genderunterschiede in der Nutzung seiner Plattform bewusster werden und etwa seine Algorithmen anpassen sollte, um die Verbreitung von sexistischen und inzivilen Tweets noch weiter zu begrenzen (Crilley & Gillespie, 2019). Möglicherweise funktionieren diverse Moderationsmechanismen bereits zu Teilen. Beispiele wie die Abschaltung einer rassistischen Bilderkennungs-KI von Twitter (BBC News, 2021) zeigen, dass diskriminierende Algorithmen geändert werden können, sodass dies auch zugunsten von Geschlechtergerechtigkeit Möglichkeiten eröffnet. Zivile und strafrechtliche Gesetzgebung müssen noch stärker an den Onlineraum angepasst werden, um offensichtlichen Sexismus zu verhindern. Für politische und gesellschaftliche Akteure und

Akteurinnen muss das Bewusstsein geschärft werden, dass der in der vorliegenden Studie nachgewiesene unterschwellige Sexismus für weibliche Aktivistinnen der Klimaschutzbewegung bedenklich ist.

Literaturverzeichnis

American Psychological Association (2007). *Report of the APA Task Force on the Sexualization of Girls.* Washington, DC. https://www.apa.org/pi/women/programs/girls/report-full.pdf

Aubrey, J. S. & Frisby, C. M. (2011). Sexual objectification in music videos: A content analysis comparing gender and genre. *Mass Communication and Society, 14*(4), 475–501. https://doi.org/10.1080/15205436.2010.513468

Banchefsky, S. & Park, B. (2018). Negative gender ideologies and gender-science stereotypes are more pervasive in male-dominated academic disciplines. *Social Sciences,* 7(2), 27. https://doi.org/10.3390/socsci7020027

BBC News. (2021, 20. Mai). *Twitter finds racial bias in image-cropping AI.* Abruf am 29. Juli 2021, von https://www.bbc.com/news/technology-57192898

Beisch, N., Koch, W. & Schäfer, C. (2019). ARD/ZDF-Onlinestudie 2019: Mediale Internetnutzung und Video-on-Demand gewinnen weiter an Bedeutung. *Media Perspektiven, 9*, (374–388). http://www.ard-zdf-onlinestudie.de/files/2019/0919_Beisch_Koch_Schaefer.pdf

Bonacchi, S. (2020). Ostentativer Sexismus und mimetische Gewalt. Ist Shitstorming gegen Frauen ein Opferritual? In J. Szczęk & Ł. Kumięga (Hrsg.), *Sprache und Gesellschaft,* (S. 3–16). Lang. Online-Vorabpublikation.

Bundesregierung (o.J.). *Gleichstellung von Frauen und Männern.* Abgerufen am 10. Juni 2021 von https://www.bundesregierung.de/breg-de/themen/nachhaltigkeitspolitik/
gleichstellung-von-frauen-und-maennern-841120

Connor, R. A., Glick, P. & Fiske, S. T. (2017). Ambivalent sexism in the twenty-first century. In C. G. Sibley & F. K. Barlow (Hrsg.), *The Cambridge handbook of the psychology of prejudice* (S. 295–320). Cambridge University Press.

Cookman, L. (2015). *Allow me to explain why we don't need words like „mansplain."* Abgerufen am 13. Juli 2020 von https://www.theguardian.com/media/mind-your-language/2015/feb/12/allow-me-to-explain-why-we-dont-need-words-like-mansplain

Crilley, R. & Gillespie, M. (2019). What to do about social media? Politics, populism and journalism. *Journalism, 20*(1), 173–176. https://doi.org/10.1177/1464884918807344

Döring, N. & Mohseni, M. R. (2019). Male dominance and sexism on YouTube: Results of three content analyses. *Feminist Media Studies, 19*(4), 512–524. https://doi.org/10.1 080/14680777.2018.1467945

Döring, N. & Mohseni, M. R. (2020). Gendered hate speech in YouTube and YouNow comments: Results of two content analyses. *SCM Studies in Communication and Media*, *9*(1), 62–88. https://doi.org/10.5771/2192-4007-2020-1-62

Dresden, B. E., Dresden, A. Y., Ridge, R. D. & Yamawaki, N. (2018). No girls allowed: women in male-dominated majors experience increased gender harassment and bias. *Psychological reports, 121*(3), 459–474. https://doi.org/10.1177/0033294117730357

van Duyn, E., Peacock, C. & Stroud, N. J. (2021). The gender gap in online news comment sections. *Social Science Computer Review, 39*(2), 181–196. https://doi.org/10.1177/0894439319864876

Eagly, A. H. & Karau, S. J. (2002). Role congruity theory of prejudice toward female leaders. *Psychological Review, 109*(3), 573–598. https://doi.org/10.1037/0033-295x.109.3.573

Fredrickson, B. L. & Roberts, T. A. (1997). Objectification theory. Toward understanding womens' lived experiences and mental health risks. *Psychology of Women Quarterly, 21*(2), 173–206. https://doi.org/10.1111/j.1471-6402.1997.tb00108.x

Funk, M. E. & Coker, C. R. (2016). She's hot, for a politician: The impact of objectifying commentary on perceived credibility of female candidates. *Communication Studies, 67*(4), 455–473. https://doi.org/10.1080/10510974.2016.1196380

Gardiner, B. (2018). "It's a terrible way to go to work": What 70 million readers' comments on the Guardian revealed about hostility to women and minorities online. *Feminist Media Studies, 18*(4), 592–608. https://doi.org/10.1080/14680777.2018.1447334

Glick, P. & Fiske, S. T. (1996). The ambivalent sexism inventory: Differentiating hostile and benevolent sexism. *Journal of personality and social psychology*, *70*(3), 491–512. https://doi.org/10.1037/0022-3514.70.3.491

Goldsmith, R. E., Feygina, I. & Jost, J. T. (2013). The gender gap in environmental attitudes: A system justification perspective. In M. Alston & K. Whittenbury (Hrsg.), *Research, action and policy: Addressing the gendered impacts of climate change* (S. 159–171). Springer.

Grouverman, A., Kollanyi, B., Howard, P., Barash, V. & Lederer, T. (2018). *Climate change consensus and skepticism: Mapping climate change dialogue on Twitter and Facebook*. Project on Computational Propaganda. https://demtech.oii.ox.ac.uk/wp-content/uploads/sites/93/2018/11/Climate-Change-Dialogue-on-Twitter-and-Facebook.pdf

Guizzo, F. & Cadinu, M. (2021). Women, not objects: Testing a sensitizing web campaign against female sexual objectification to temper sexual harassment and hostile sexism. *Media Psychology, 24*(4), 509–537. https://doi.org/10.1080/15213269.2020.1756338

Hampton, K. N., Shin, I. & Lu, W. (2017). Social media and political discussion: When online presence silences offline conversation. *Information, Communication & Society*, *20*(7), 1090–1107. https://doi.org/10.1080/1369118X.2016.1218526

Han, S.-H., Brazeal, L. M. & Pennington, N. (2018). Is civility contagious? Examining the impact of modeling in online political discussions. *Social Media + Society, 4*(3), 1–12. https://doi.org/10.1177/2056305118793404

Haslam, N., Loughnan, S. & Holland, E. (2013). The psychology of humanness. In S. J. Gervais (Hrsg.), *Objectification and dehumanization* (S. 25–51). Springer.

Heidenreich, S., Herzog, C. & Novy, L. (2015). Die Analyse politischer Twitter-Kommunikation anhand von #whizzle/Twitter-Monitor. *Zeitschrift für Politikberatung (ZPB) / Policy Advice and Political Consulting,* 7(3), 122–127. https://www.jstor.org/stable/26427250

Herring, S., Job-Sluder, K., Scheckler, R. & Baran, S. (2002). Searching for safety online: Managing „trolling" in a feminist forum. In *The Information Society. An International Journal, 18*(5), 371 - 384. https://doi.org/10.1080/01972240290108186

Hölig, S. (2018). Eine meinungsstarke Minderheit als Stimmungsbarometer?! Über die Persönlichkeitseigenschaften aktiver Twitterer. *M&K Medien & Kommunikationswissenschaft, 66*(2), 140–169. https://doi.org/10.5771/1615-634X-2018-2-140

Holtz-Bacha, C. (2008). Die Darstellung von Politikerinnen in den deutschen Medien. In J. Dorer, B. Geiger & R. Köpl (Hrsg.), *Medien — Politik — Geschlecht. Feministische Befunde zur politischen Kommunikationsforschung* (S. 79–90). VS Verlag für Sozialwissenschaften.

Jha, A. & Mamidi, R. (2017, 3. August). When does a compliment become sexist? Analysis and classification of ambivalent sexism using twitter data. In *Proceedings of the second workshop on NLP and computational social science* (S. 7–16).

Karsay, K., Knoll, J. & Matthes, J. (2018). Sexualizing media use and self-objectification: A meta-analysis. *Psychology of Women Quarterly, 42*(1), 9–28. https://doi.org/10.1177/0361684317743019

Klaus, E. (2005). *Kommunikationswissenschaftliche Geschlechterforschung. Zur Bedeutung der Frauen in den Massenmedien und im Journalismus.* LIT Verlag

Koc-Michalska, K., Schiffrin, A., Lopez, A., Boulianne, S. & Bimber, B. (2019). From online political posting to mansplaining: The gender gap and social media in political discussion. *Social Science Computer Review, 39*(2), 197–210. https://doi.org/10.1177/0894439319870259

Lünenborg, M. & Röser, J. (2008). *Spitzenfrauen im Fokus der Medien: Die mediale Repräsentation von weiblichen und männlichen Führungskräften in Politik, Wirtschaft und Wissenschaft* (Forschungsprojekt). Freie Universität Berlin, Leuphana Universität Lüneburg.

Meade, P. (2020). Reaktionen auf Schülerinnenrebellion: Adultismus im Diskurs um Greta Thunberg und die Fridays for Future-Bewegung. In R. Budde & U. Markowska-Manista (Hrsg.), *Childhood and Children's Rights between Research and Activism* (S. 85–119). Springer Fachmedien. https://doi.org/10.1007/978-3-658-29180-8_7

Messineo, M. J. (2008). Does advertising on Black entertainment television portray more positive gender representations compared to broadcast networks? *Sex Roles, 59*(9–10), 752–764. https://doi.org/10.1007/s11199-008- 9470-y

Moradi, B. & Huang, Y. P. (2008). Objectification theory and psychology of women: A decade of advances and future directions. *Psychology of Women Quarterly, 32*(4), 377–398. https://doi.org/10.1111/ j.1471 – 6402.2008.00452.x

Neubaum, G. & Krämer, N. C. (2017). Opinion climates in social media: blending mass and interpersonal communication. *Human Communication Research, 43*(4), 464–476. https://doi.org/10.1111/hcre.12118

Noelle-Neumann, E. (1974). The spiral of silence. A theory of public opinion. *Journal of communication, 24*(2), 43–51. https://doi.org/10.1111/ j.1460-2466.1974.tb00367.x

Nuernbergk, C. (2020). Das Publikum von Politikjournalisten als Interaktionspartner auf Twitter: Interaktionsstruktur, Motive und Erfahrungen anschreibender Nutzer. *Zeitschrift für Politikwissenschaft, 30,* 241–259. https://doi.org/10.1007/s41 358-020-00219-2

Ondercin, H. L. & Jones-White, D. (2011). Gender jeopardy: What is the impact of gender differences in political knowledge on political participation? *Social Science Quarterly, 92*(3), 675–694. https://doi.org/10.1111/ j.1540-6237.2011.00787.x

Pritsch, S. (2011). Verletzbarkeit im Netz – Zur sexistischen Rhetorik des Trollens. *Feministische Studien, 29*(2), 232–247. https://doi.org/10.1515/fs-2011-0207

Puschmann, C., Bruns, A., Mahrt, M., Weller, K. & Burgess, J. (2014). Why study Twitter? In K. Weller, A. Bruns, J. Burgess, M. Mahrt & C. Puschmann (Hrsg.). *Twitter and society* (S. 425–432). Peter Lang Publishing.

Rheault, L., Rayment, E. & Musulan, A. (2019). Politicians in the line of fire: Incivility and the treatment of women on social media. *Research & Politics, 6*(1), 1–7. https://doi.org/10.1177/2053168018816228

Rothman, L. (2012). *A cultural history of mansplaining.* The Atlantic. Abgerufen am 13. Juli 2020 von https://www.theatlantic.com/sexes/archive/2012/11/a-cultural-history-of-mansplaining/264380/

Saeidi, M., Sousa, S. B. D. S., Milios, E., Zeh, N. & Berton, L. (2019). Categorizing online harassment on Twitter. In P. Cellier & K. Driessens (Hrsg.), *Machine Learning and Knowledge Discovery in Databases* (S. 283–297). Springer International Publishing.

Schneider, M. C. & Bos, A. L. (2014). Measuring stereotypes of female politicians. *Political psychology, 35*(2), 245–266.

Schwirkus, K. (2021). Natascha Strobl: »Ich bin kein public good«. Abgerufen am 5. Juli 2021 von https://www.nd-aktuell.de/artikel/1149371.teamstrobl-natascha-strobl-ich-bin-kein-public-good.html

Shreeves, R., Prpic, M. & Claro, E. (2019, März). *Women in politics in the EU – State of play. European Parlament.* https://www.europarl.europa.eu/RegData/etudes/ BRIE/2019/635548/EPRS_BRI(2019)635548_EN.pdf

Smith, S. L., Choueiti, M., Prescott, A. & Pieper, K. (2012). Gender roles and occupations: A look at character attributes and job-related aspirations in film and television. *Geena Davis Institute on Gender in Media.* http://seejane.org/wp-content/uploads/full- study-gender-roles-and-occupations-v2.pdf

Sobieraj, S. (2017). Bitch, slut, skank, cunt: patterned resistance to women's visibility in digital publics. *Information, Communication & Society, 21*(11), 9–11. https://doi.org/10.1080/1369118X.2017.1348535

Statistisches Bundesamt. (o.J.). Frauen in den Parlamenten: Deutschland mit 31 % weltweit nur auf Platz 48. *Destatis (Statistisches Bundesamt).* Abgerufen am 2. Juli 2021 von https://www.destatis.de/DE/Themen/Laender-Regionen/Internationales/Thema/allgemeines-regionales/frauenanteil-parlamente.html

Swim, J. K., Mallett, R., Russ-Devosa, Y. & Stangor, C. (2005). Judgments of sexism: A comparison of the subtlety of sexism measures and sources of variability in judgments of sexism. *Psychology of Women Quarterly, 29*(4), 406–411. https://doi.org/10.1111/j.1471-6402.2005.00240.x

Thelwall, M. (2014). Sentiment Analysis and Time Series with Twitter. In K. Weller, A. Bruns, J. Burgess, M.Mahrt & C. Puschmann (Hrsg.), *Twitter and society* (S. 83–95). Peter Lang Publishing.

Twitter (o.J.). So setzen wir unsere Regeln durch. Abgerufen am 30. Juli 2021 von https://about.twitter.com/de/safety/enforcing-our-rules.html

Vochocová, L. (2018). Witty divas, nice mothers and tough girls in a sexist world: Experiences and strategies of female influencers in online political debates. *Media, Culture & Society, 40*(4), 535–550. https://doi.org/10.1177/0163443717729211

Vochocová, L., Štětka, V. & Mazák, J. (2016). Good girls don't comment on politics? Gendered character of online political participation in the Czech Republic. *Information, Communication & Society, 19*(10), 1321–1339. https://doi.org/10.1080/1369118X.2015.1088881

Zacharias, C. (2018). TWINT – Twitter Intelligence Tool (v2.1.20) [Python Library]. https://github.com/twintproject/twint

Driving Forces in Green Advertisements: A Comparison of Green Advertisements in Ten Countries

Jörg Matthes, Carolin Eicher, Brigitte Naderer, Ariadne Neureiter, Desirée Schmuck, Masoumeh Zibarzani

1. *Introduction*

We live in a time where discussions about climate change have reached global proportions (Berton, 2019; Gössling et al., 2020). Consumers increasingly demand to be informed about the environmental impact of the products they buy (Futerra, 2018). This increases the relevance of sustainability claims or so-called green claims in product and service ads (Sharma, 2021). In line with this, research so far indicates a growth in green advertising over the last decades (e.g., Schmidt & Donsbach, 2012). 'Green advertising' as the colloquial term, is used to refer to a wide range of advertising practices that center around environmental claims (Banerjee et al., 1995; Matthes, 2019). While existing research can provide evidence of an increase of green claims in certain countries, it still remains unclear whether the use of green ads truly is a global phenomenon (e.g., Matthes, 2019).

In fact, most content analyses of green ads are limited by the fact that they only examine one country (e.g., Carlson et al., 1993; Kangun et al., 1991; Kim & Han, 2016; Prasad et al., 2017; Segev et al., 2016; Testa et al., 2011) or a few (two to three) Western countries (e.g., Baum, 2012; Carlson et al., 1996; Schmidt & Donsbach, 2012). Hence, although researchers have examined several selected countries, they have used different codebooks, timeframes, and measures. Thus, we do not know whether there are actual differences between countries or whether differences in the use of green claims are due to varying methodological approaches (e.g., Matthes et al., 2012). There is, therefore, a strong need for a standardized, comparative analysis of green advertising (e.g., Schmidt & Donsbach, 2012).

Against this background, the goal of this study is to provide a comprehensive content analysis of green claims used in print ads in ten different countries, including countries outside the Western region. We investigate the key environmental claim (what we call 'driving force') and relate them to general environmental and intercultural characteristics of countries (De

Mooij & Hofstede, 2010; Hofstede, 2001). This allows, for the first time, a descriptive and explanatory analysis of environmental claims across the globe. Drawing on the Means-End Chain Conceptualization of Advertising Strategy model (MECCAS; Wagner & Hansen, 2002), we focus on the most common 'driving forces' of green ads in ten countries: Planet preservation, animal and/or plant life, and personal health. Additionally, we shed light on how cultural dimensions and countries' environmental performance have an influence on the usage of driving forces in green ads.

2. *Content of Green Advertising*

Existing studies on the content of green ads can be divided into two streams. One stream of studies has mainly focused on the occurrence of green advertising (e.g., Easterling et al., 1996). The second stream has concentrated on the "anatomy" of green ads and the environmental information communicated in these ads (Iyer & Banerjee, 1993, p. 3). More precisely, these studies have investigated the 'subject' of advertising (e.g., Leonidou & Leonidou, 2011), its characteristics (e.g., Grillo et al., 2008), the "degree of greenness" (e.g., Leonidou, et al., 2014, p. 671; Segev et al., 2016), the type of green appeal used by advertisers (e.g., Carlson et al., 1993; Carlson, et al., 1996), or generally, the used environmental claims (e.g., Ottman & Miller, 1991). However, since only few scholars have analyzed green ads based on a theoretical model, until now, far too little attention has been paid to an underlying theoretical framework to categorize green ads (e.g., Iyer et al., 1994; Wagner & Hansen, 2002).

2.1 *MECCAS Model*

One model that can be used as a theoretical basis to categorize and analyze green ads in content analyses is the Means-End Chain Conceptualization of Advertising Strategy model (MECCAS; Wagner & Hansen, 2002). Previous studies have used this model to analyze green ads in an objective, quantitative, and systematic way (e.g., Grillo et al., 2008; Kärnä et al., 2001). According to Peter and Olson (1996), the MECCAS model is based on the idea that consumers perceive product attributes in light of the benefit that they have for them. In other words, the means to some end – that could be consequences of buying products – are most important for consumers when considering a purchase. Thus, the communication of these means–end connections is highly relevant for advertisers (Kärnä et al., 2001).

The model consists of four interlinked elements. First, *message elements* contain specifics of the greenness of the ad like (green) attributes or features of the advertised product. Second, *consumer benefits* represent the main positive consequences for consumers when buying or using the advertised product. Third, *driving force*, also called *ad target* (Iyer & Banerjee, 1993), is the overarching environmental value or aim a green ad promotes or suggests. In other words, the driving force represent the "value orientation of the strategy" (Reynolds & Craddock, 2001, p. 170). A well-constructed ad focuses on the communication of one driving force. In green advertising, the most common driving forces are the following: Planet preservation, animal and/or plant life, and personal health (e.g., Iyer & Banerjee, 1993). Further, the MECCAS model includes *leverage points* that describe how advertising can make products personally relevant to the consumer. Leverage points are used to elicit values that exist in the heads of the consumers (driving forces) and link them to the ad (Reynolds & Craddock, 2001; Reynolds & Rochon, 1991). Lastly, *executional framework* describes the gestalt of the ad and thus, the design of the surface on which the value orientation is transported. For instance, it includes the structure or layout of the ad, the visuals, and the logos.

2.2 *Driving Forces*

Besides the executional framework that makes an ad "look green", the main textual element of a green ad is the claim that reflects the driving force. Consequently, the driving forces of green ads can be seen as the key environmental substance of the ad that formulate a clear goal of an environmental action. This importance is underlined by previous studies that have placed an emphasis on driving forces of green ads. For instance, Iyer and Banerjee (1993) studied print ads in the U.S. and showed that planet preservation is the most extensively used strategy. Similarly, Banerjee and collegues (1995) found that abstract claims addressing planet preservation are the most used driving force. Likewise, Wagner and Hansens' (2002) study of green ads in the forest product-industry indicated that planet preservation is the most used claim for forest product ads. Yet, Kärnä and collegues (2001) showed that, besides planet preservation, in European countries, greater emphasis is put on personal health and well-being of future generations than in the U.S. However, the reported studies either have a small geographical focus, and/or have focused on one particular advertising industry. Hence, a cross-cultural comparison of the employed driving forces in green advertising is missing so far.

In this paper, we will focus on driving forces in green ads due to three reasons. First, the driving force is the most important textual element when analyzing green claims (e.g., Reynolds & Craddock, 2001). Second, the difference between countries and cultures is best reflected in their different values and driving forces are manifestations of these values. Third, driving forces function as the base for other elements of a green ad (Reynolds & Rochon, 1991). Thus, our leading research questions is:

> *RQ1*: How do countries differ in the use of driving forces (i.e., planet preservation; animal and/or plant life; personal health) in their green ads?

2.3 *Cultural Differences*

What values are manifested in the individual consumer is influenced by consumers' cultural background and the prevalent cultural dimensions of the country consumers live in (Hofstede, 2001). On the basis of previous research in the environmental context (e.g., Chekima et al., 2016; McCarty & Shrum, 1994; Sreen et al., 2018), this study will focus on two cultural dimensions of Hofstede (2001; 2011), namely individualism vs. collectivism and long-term vs. short-term orientation. The former has already been shown by various researchers as an important dimension when examining green values of societies (e.g., Kim & Choi, 2005). The latter, temporal orientation, is treated in the literature as one of the most important cultural dimensions when investigating environmental attitudes and behavior of societies (e.g., Chekima et al., 2016).

2.3.1 *Individualism versus Collectivism*

Individualism and collectivism are values which reflect the relationship of humans to other people (De Mooij & Hofstede, 2010). People in individualistic cultures tend to favor the individual over the group and focus generally more on the self as on others (McCarty & Shrum, 2001). In contrast, people in collectivistic cultures are more conscious about the 'we' than the 'I' (De Mooij & Hofstede, 2010). Pro-environmental purchase behaviors tend to not directly benefit the person which consumes eco-friendly products, but rather society as a whole. Thus, in a sense, the welfare of society is considered when buying green products (De Mooij & Hofstede, 2010).

Accordingly, many researchers have shown a positive relationship between culture and pro-environmental behavior (e.g., Muralidharan et al., 2017). For instance, McCarty and Shrum (1994) demonstrated that high levels of collectivism influence individuals' recycling-behavior in a positive way. Further, Kim and Choi (2005) showed that being part of a rather collectivistic culture indirectly influences the buying-behavior of green products through perceived consumer effectiveness in a positive way. In line with this, Sreen and colleagues (2018) found that collectivism is related to green purchase intention. Moreover, individuals with a collectivistic culture show more engagement and motivation regarding sustainable behavior on social media than people with individualistic cultures (Minton et al., 2012). Thus, the likelihood of green behavior seems to be higher in collectivistic oriented countries than in individualistic ones.

Depending on the cultural influence of collectivistic values on environmental behavior, also the employed driving forces in green ads may differ between collectivistic and individualistic countries. While collectivistic countries strive to aim for the greater good (De Mooij & Hofstede, 2010), the driving forces in green ads may reflect these values and hence address environmental protection in a more abstract way promoting planet preservation and animal and/or plant life (Iyer & Banerjee, 1993). In contrast, green ads in an individualistic culture may reflect a more concrete and self-focused view (De Mooij & Hofstede, 2010) addressing a driving force that is personally motivated — personal health (Iyer & Banerjee, 1993). While the driving force of planet preservation or animal and/or plant life are rather abstract goals that aim at a greater good, acting green for one's personal benefit is in line with the values of an individualistic culture (McCarty & Shrum, 2001). This therefore leads us to our first assumption:

> *H1*: In countries with *a)* high levels of individualistic orientation, green ads will more frequently address the concrete driving force of personal health than in countries with low levels of individualistic orientation (i.e., high collectivistic orientation), while in *b)* countries with low levels of individualistic orientation (i.e., high collectivistic orientation), green ads will more frequently address the abstract driving force of planet preservation and animal and/or plant life than in countries with high levels of individualistic orientation.

2.3.2 Long-term Orientation versus Short-term Orientation

The cultural aspect of long-term orientation and short-term orientation has been prevalent in existing studies that have investigated differences of countries' environmental values (Hofstede, 2001; McCarty & Shrum, 2001). Long-term orientation and short-term orientation as cultural values represent the temporal focus of society's actions. Long-term orientation is characterized by perseverance, thrift and investment in the future. Contrary, short-term orientation is distinguished by steadiness, stability and respect for tradition (Hofstede, 2011). Benefits (e.g., better environment) from eco-friendly behavior such as consuming green products are categorized as long- rather than short-term and future- rather than presence-oriented (e.g., Hofstede & Minkov, 2010). In line with this, individuals living in cultures with long-term orientation are more likely to systematically invest in environmental practices (Durach & Wiengarten, 2017), reduce their emissions through green strategy and green innovation (Saether et al., 2021), buy environmentally friendly products instead of 'normal' and 'cheaper' ones than individuals living in cultures with short-term orientation that are focused on immediate results (Segev & Liu, 2021).

Based on the various studies showing that long-term orientation and short-term orientation are related to environmental attitudes of societies, the employed driving forces in green ads may differ depending on a countries' temporal orientation. More specifically, more abstract and long-term oriented goals might be addressed by planet preservation and animal and/or plant life (Iyer & Banerjee, 1993). Whether we can preserve our environment as it is, and whether we can save certain plants and/or animals are long-term endeavors that do not provide an immediate goal achievement. In contrast, countries with a short-term orientation culture may prefer concrete short-term achievements that can be observed quickly (Hofstede, 2011). While the preservation of one's personal health is, generally speaking, also a long-term project, we would still argue that for instance buying healthy, i.e., organic products, can have an immediate gratification and a concrete result. Furthermore, achieving health goals is still a goal you can observe during one's own lifespan and hence is more preset and concrete than future oriented and abstract. Thus, we state that:

> *H2*: In countries with *a)* high levels of short-term orientation, green ads will more frequently employ the concrete driving force of personal health than in countries with low levels of short-term orientation (i.e., long term orientation), while in *b)* countries with low levels of short-term orientation (i.e., long-term orientation), green ads will

more frequently employ the abstract driving force of planet preservation and animal and/or plant life than in countries with high levels of short-term orientation.

2.4 Environmental Differences

In addition to culture differences, countries are also characterized by different environmental conditions. Environmental pollution and consequences of climate change affect countries around the world differently, and thus, could be a factor influencing individuals' environmental attitudes and behavior over the world (e.g., Sheng et al., 2020). Consequently, it could indicate the driving force addressed in these countries by green ads.

One way to assess the environmental condition of a country is the Environmental Performance Index (EPI; Hsu et al., 2016) which includes ecosystem vitality and environmental health. The EPI reflects a ranking of countries on the basis of their climate, energy, forests, air quality and biodiversity ranging from 0 (poor environmental performance) to 100 (good environmental performance).

Previous research has shown that individuals' perceptions of a bad environmental condition in their region is related to willingness to behave environmentally friendly and buy green products (Oltra et al., 2017; Zhang et al., 2019). This premise is supported by the theory of psychological distance (Liberman & Trope, 2008). According to this theory, people are more motivated to engage in pro-environmental behavior when environmental problems are becoming tangible to them by, for instance, affecting the country they live in (Spence et al., 2012). In other words, when bad environmental vitality occurs within local spatial distance, perceptions of risk and negative emotions such as worry about the environmental quality of their home are likely to be higher and will more likely motivate citizens to behave pro-environmentally than when bad environmental vitality occurs within distant spatial distance (Dong et al., 2019; Sheng et al., 2020). So far, however, there has been very little research how environmental conditions of a country influence environmental awareness of citizens. Hence, we refrain from formulating a hypothesis and instead ask a research question:

RQ2: How does countries' environmental condition affect the addressing of different driving forces in green ads?

In addition, we do not know anything about the interplay of cultural dimensions and environmental condition of a country (Hofstede, 2001,

2011; Hsu et al., 2016). More precisely, we do not know whether our predictions regarding cultural dimensions actually uphold if the environmental vitality of a country is considered too. Hence, as a last research question, we ask:

> *RQ3*: How does the interplay of environmental vitality of a country and its cultural dimensions affect the addressing of different driving forces in green ads?

3. Method

3.1 Material

We analyzed green ads across the following ten countries: Austria, France, Germany, Hungary, India, Russia, Serbia, Sweden, UK and the U.S. The countries were selected regarding their cultural and environmental differences. Countries with a high score of individualism (Hofstede, 2011; ≥ 56; France, Germany, Hungary, Sweden, UK, U.S.), collectivism (Hofstede, 2011; ≤ 55; Austria, India, Russia, Serbia), long-term orientation (Hofstede, 2011; ≥ 56; Austria, France, Germany, Hungary, Russia), short-term orientation (Hofstede, 2011; ≤ 55; India, Serbia, Sweden, UK, U.S.), and high environmental performance (Hsu et al., 2016; > 80; Austria, France, Germany, Hungary, Sweden, UK, U.S.), as well as low environmental performance (Hsu et al., 2016; < 80; India, Serbia) were included in our analysis (see Table 1). In addition, the selection was driven by practical reasons like access to print magazines and the language qualifications of the coders.

As a basis for our content analysis, we chose the highest-circulation magazine of the following four genres for each country separately: Women, Home & Garden, Nature & Environment, and Politics & Economics. We chose these four genres to get a broad and diverse range of topical categories. For an overview of the analyzed magazines per genre, please see Table 2. In total, our material for coding consisted of four magazines per country, resulting in 40 magazines. While we considered all 24 issues of 2014 and 2015 for monthly occurring magazines, for magazines with a shorter publication interval, we chose a random selection of 25 magazines from 2014 and 2015. We then recorded all ads in one issue, resulting in a total of N = 22706 ads. Only ads considered as 'green' according to the MECCAS model were then further analyzed. In order to be included, they had to promote that either the product or service, operational measures or changes, or other organizations' activities positively affect the preservation of the environment (landscape, resources, living beings; Wagner & Hansen, 2002). This definition applied to 11 % of the examined ads, leaving us with a total sample of $N = 2595$ green ads of ten countries.

Table 1: Individualism Values, Long-term Orientation and Environmental Performance by Country

	Hofstede's Dimensions		EPI
Country	Individualism[1]	Long-term Orientation[2]	Environmental Performance[3]
Austria	55	60	86.64
France	71	63	88.21
Germany	67	83	84.27
Hungary	80	58	84.60
India	48	51	53.58
Russia	39	81	83.52
Serbia	25	52	78.66
Sweden	71	53	90.43
UK	89	51	87.38
U.S.	91	26	84.72

Note: [1]A higher score means that the culture is more individualistic, i.e., individuals are more integrated into primary groups (Hofstede, 2011)

[2] A higher score means that the orientation is more long-term, i.e. individuals see the future in a more pragmatic, future-oriented way (Hofstede, 2011)

[3] A higher score means that the country is doing fine regarding their environmental performance (ecosystem vitality and environmental health; Hsu et al., 2016).

Table 2: Magazines included in the Content Analysis

Country	Magazine Genres			
	Woman	House & Garden	Nature & Environment	Politics & Economics
Austria	Miss	Servus in Stadt und Land	Universum	Profil
France	ELLE France	Art & Decoration	The Point Of You	Paris Match
Germany	Bild der Frau	Wohnidee	Welt der Wunder	Spiegel
Hungary	Nöklapja	Otthon	GEO Magazin	Hetek
India	SAVVY	Ideal Home	Down to Earth	Business India
Russia	Marie Claire	Yoga Journal	Вокруг Света	Profile
Serbia	Blic Zena	Moja lepa basta	Lekovito Bilje	Nedeljnik
Sweden	Femina	Aller Trägard	Allt om Vetenskap	ETC
UK	Woman and Home	Gardeners World	BBC Wildlife Magazine	The Spectator
U.S.	Woman's Day	Better Homes and Gardens	National Geographic	Time (Premium)

3.2 Coding Procedure and Reliability

The employed codebook was adapted from previous research based on the MECCAS model (e.g., Grillo et al., 2008; Kärnä et al., 2001) which includes the following three driving forces: Planet preservation, animal and/or plant life, and personal health. When an ad provided arguments regarding how their product, service or production process protects earth, water and air, we coded planet preservation as a driving force. When an ad addressed protective measures for animals and plants, we coded animal and/or plant life as a driving force. Personal health as a driving force was coded, when an ad referred to environmental conscious products (e.g., organic foods) that help preserve the individual health (Iyer & Banerjee, 1993). Since more than one of the driving forces could be addressed in a green ad, these codes were not exclusive.

A total of 25 coders from Austria was involved. Training sessions on using the codebook were held with all coders prior to reliability tests. The planet preservation claim included ads addressing the protection of earth, water and air (Krippendorff's α =.84) and protection of earth generally (Krippendorff's α =.74), which was coded separately. Thus, we summarized the two claims into the category of planet preservation. The animal and/or plant life claim (Krippendorff's α =.71) and the personal health claim (Krippendorff's α =.73) were also reliably coded between the 25 coders.

4. Results

4.1 Country Specific Differences

As a first step, we analyzed the driving forces addressed by ads in different countries (see Table 3). Of the $N = 2574$ green ads analyzed, we were able to categorize $N = 1635$ along the three driving forces (planet preservation: $n = 516$; animal and/or plant life: $n = 375$; personal health: $n = 955$). As explained above, multiple categorization nomination was possible. We found that the most frequently used driving force in ads was personal health (37.1 %), followed by planet preservation (20.0 %), and animal and/or plant life (14.6 %). In 28.3 % ($n = 950$) of the cases, we were not able to clearly identify one of the specific driving forces. Therefore, we coded them as unspecific.

Regarding our *RQ1*, asking how countries differ in the use of driving forces in their green ads, results indicated that Austria uses the driving force of planet preservation more frequently in green ads than the other countries (26.0 %; $\chi^2(18) = 389.54$, $p < .001$). Furthermore, results showed that green ads in the UK more frequently address animal- and plant-protection in comparison to other countries (35.7 %; $\chi^2(9) = 344.01$, $p < .001$). Lastly, Serbia deploys the most green ads with personal health as a driving force (31.7 %; $\chi^2(9) = 447.75$, $p < .001$) compared to the other countries. For more details, see Table 3.

4.2 Cultural and Environmental Dimension

With regard to *H1* and *H2* as well as *RQ2* und *RQ3*, we applied a cluster-analytical method. We chose a cluster analysis because we theorized that country characteristics help us to form unique types of countries. Only when we can see patters across countries, we may say that environmental and cultural dimensions matter. If we compare single countries only, differences may be driven by many, potentially unobserved differences between the countries. Likewise, if we compare countries along single dimensions, we neglect the role of other dimensions that countries may score high on simultaneously. We grouped the countries into clusters based on cultural and environmental characteristics in order to give a more holistic overview. For grouping the countries, we used both, individualism vs. collectivism and their long-term vs. short-term orientation as well as their overall environmental performance (Hofstede, 2011; Hsu et al., 2016). For overall environmental performance, we summarized the Environmental Performance Index (2016) and the Ecosystem Vitality Index (2016) for each country.

The cluster analysis resulted in a three-cluster-solution (Ward-method, squared Euclidean distance; see Table 4) which showed us the following three clusters: (1; $N = 5$; France, Hungary, Sweden, the UK, and the U.S) countries with individualistic values ($M = 80.40$, $SD = 9.53$), short-term orientation ($M = 50.20$, $SD = 14.31$) and high environmental performance ($M = 87.07$, $SD = 2.47$); (2; $N = 3$; Austria, Germany, and Russia) countries with high collectivistic values ($M = 53.67$, $SD = 14.05$), long-term orientation ($M = 74.67$, $SD = 12.74$) and high environmental performance ($M = 84.81$, $SD = 1.63$); as well as (3; $N = 2$; India and Serbia) countries with collectivistic values ($M = 36.50$, $SD = 51.50$), long-term orientation ($M = 66.12$, $SD = 17.74$), and low environmental performance ($M = 66.12$, $SD = 17.74$).

In a next step, we analyzed the driving forces for the country clusters separately. First, we found that planet preservation occurred most frequently in countries with individualistic values, short-term orientation, and high environmental performance in comparison to the other clusters (cluster 1; 45.6 %; $\chi^2(4) = 98.89$, $p <.001$). Second, animal and/or plant preservation occurred most frequently in countries with more individualistic values, short-term orientation, and high environmental performance compared to the other clusters (cluster 1; 71.5 %; $\chi^2(2) = 166.20$, $p <.001$). Lastly, personal health occurred most frequently in countries with more collectivistic values, long-term orientation, and low environmental performance (cluster 3; 42.5 %; $\chi^2(2) = 231.83$, $p <.001$) compared to the other clusters. For more details, see Table 3.

Overall, these results do not support our assumptions. Our *H1a)* stating that high levels of individualistic orientation are positively connected to the driving force of personal health in green ads is not supported. Countries with high individualistic values applied planet preservation significantly more often in comparison to other countries. Regarding *H1b)* suggesting that countries with high collectivistic orientation address planet preservation and animal and/or plant life more often than other countries, results did not support this by showing that these countries most frequently applied personal health as a driving force. Concerning our *H2a)*, we assumed that in countries with short-term orientation, green ads will more frequently include personal health claims. Results did not support this by showing that planet preservation was applied here most often in comparison to other countries. Additionally, our *H2b)* stating that countries with long-term orientation more frequently apply planet preservation and animal and/or plant life claims than other countries, was rejected, because results showed that personal health claims are used in these countries most frequently in comparison to other countries. Looking at our *RQ2* asking how countries' environmental condition affects the different driving forces, results showed that high environmental performance indicates planet preservation and animal and/or plant preservation. Low environmental performance is connected to personal health claims. Finally, answering our *RQ3*, we conclude that the environmental status seems to trump the theoretical assumption that a countries' cultural dimensions correspond with the employed driving forces in green ads.

Table 3: Driving Forces Employed by Country

	Driving Forces		
Country	Planet Preservation % (*n*)	Animal and/or Plant Life % (*n*)	Personal Health % (*n*)
Austria	26.0 (108)	21.1 (79)	8.2 (78)
France	3.9 (29)	6.4 (24)	7.0 (67)
Germany	12.6 (37)	1.6 (6)	6.5 (62)
Hungary	1.4 (7)	0.3 (1)	5.4 (52)
India	10.3 (66)	3.2 (12)	10.8 (103)
Russia	4.5 (24)	1.3 (5)	8.0 (76)
Serbia	1.0 (9)	1.3 (5)	31.7 (303)
Sweden	18.2 (130)	11.2 (42)	6.8 (65)
UK	8.7 (56)	35.7 (134)	7.0 (67)
U.S.	13.4 (50)	17.9 (67)	8.6 (82)
TOTAL	100.0 (516)	100 (375)	100 (955)

Note. $N = 1635$; $n = 950$ ads did not contain any of the mentioned claims.

Table 4: Driving Forces Employed by Cultural and Ecological Clusters

Cluster	Countries	Description	Driving Force		
			Planet Preservation % (*n*)	Animal and/or Plant Life % (*n*)	Personal Health % (*n*)
Cluster 1 ($n = 5$)	France, Hungary, Sweden, the UK, and U.S.	Individualistic, short-term oriented, high environmental performance	45.6 (272)	71.5 (268)	34.9 (333)
Cluster 2 ($n = 3$)	Austria, Germany, and Russia	Collectivistic, long-term oriented, high environmental performance	43.0 (169)	24.0 (90)	22.6 (216)
Cluster 3 ($n = 2$)	India and Serbia	Collectivistic, long-term oriented, low environmental performance	11.4 (75)	4.5 (17)	42.5 (406)

Note. N = 1635; $n = 950$ ads did not contain any of the mentioned claims.

5. Discussion

We argued that country specific cultural and environmental values may have an influence on the driving forces used in green ads. Our study shows that countries with collectivistic values, long-term orientation, and high environmental performance predominately address planet preservation as a driving force in their green ads. Countries with individualistic values, short-term orientation, and high environmental performance are more likely to focus on animal and/or plant life in their green ads. Lastly, countries with collectivistic, long-term orientation, and low environmental performance are more likely to use personal health as a driving force. Our findings are not fully compatible with Hofstede's (2001, 2011) assumptions of long-term orientation as a predictor for long-term abstract goals like preserving the planet. Furthermore, the analysis shows that in countries with a more collectivistic culture, the focus of green ads could also be stronger on animal and/or plant life and personal health. Once more, these results contradict the assumptions of Hofstede (2001, 2011) indicating that people in individualistic cultures are more conscious of the 'I' rather than the 'we' and care more about themselves rather than society as a whole.

Interestingly, we found that, relatively seen, countries with low environmental performance use personal health most frequently as a driving force in green ads in comparison to the other countries. However, this finding does not corroborate the ideas of previous research suggesting that there is a negative relationship between spatial distance of environmental vitality and pro-environmental attitudes or behavior (e.g., Dong et al., 2019; Sheng et al., 2020). In other words, various authors have suggested that the more tangible environmental problems are in one country, the more the citizens get concerned and feel the need and responsibility to behave in an environmentally friendly manner to compensate for bad environmental performance of the country with their individual "good" behavior (e.g., Spence et al., 2012; Oltra et al., 2017).

However, drawing on Maslow's pyramid of needs (Maslow, 1943), there are several ways to explain the relation between countries with low environmental performance and the restraint of advertisers to address abstract driving forces like planet preservation. In more detail, the theory assumes a hierarchy of needs with physiological motives on the bottom and self-actualization-motives on the top. To reach the top, all other needs in the hierarchy have to be satisfied first. Only then, cognitive priority will shift from physiological needs in the direction of self-actualization-needs (Brooker, 1976). According to this theory, the closer someone comes to the top of the pyramid, the lesser the cognitive priority is self-centered and the more it can expand on a societal level. This involves caring about the environment in an abstract manner (e.g., preservation of the planet and animal/plant life per se) instead of a concrete manner involving a personal benefit (e.g., personal health). In other words: The more basic human needs are satisfied (e.g., environmentally safe country, no worries about the future of the environment in the own country), the more needs of others could be considered. Consequently, individuals are more effectively reached by green ad messages including abstract driving forces than concrete ones directly addressing one's own health. In consensus, Brooker (1976) noticed that consumers who are at a high level on the pyramid are likely to buy products that benefit not only the buyer, but the whole society, because these consumers are open to perceive the situation of the whole world and the needs of others. Hence, taken together, the results of the study showed that driving forces in green ads can be seen as a reflection of the environmental situation in the country to a greater extent than of cultural factors.

5.1 Limitations and Future Research

Our research faces a number of limitations. While we provide a comprehensive overview of ten different countries and go beyond the sole Western focus, we are still missing content of countries in Africa, Asia, or South America. Future studies should aim at giving an even more comprehensive view of green ads. Further, we only investigated four magazines per country (each of them belonging to a different genre). Although we tried to give an overview of driving forces of green ads including different magazine genres, four magazines per country might be too little to generalize our findings to all green ads of these countries. When interpreting our results, biases due to this small sample must be taken into account. Also, while print ads still play a role, audiovisual messages need to be sampled as well. Additionally, the increasing trend of using green claims in ads has sparked the discussion of misleading green practices, i.e., greenwashing practices anew (e.g., Baum, 2012; Schmuck et al., 2018). Future studies should therefore aim at conceptualizing a framework for analyzing misleading green advertising practices (Matthes, 2019) and include the examination of these practices in future, global content analysis on the topic of green ads. Lastly, limiting generalizability, our content analysis has been conducted before Fridays for Future as well as COVID-19 (e.g., Stoddart et al., 2021), so replications of your study investigating green advertising also in the online context are warranted.

5.2 Conclusion

This study showed that cultural and ecological factors can explain green advertising strategies to some extent. Countries with high environmental performance tend to highlight abstract environmental measures like the preservation of the planet in their green ads and focus on animal and plant life. Yet, in countries with low environmental performance, people are less ready to deal with abstract environmental issues at large. Their cognitive priority, due to the low environmental condition of the country they are living in, is the fulfillment of basic needs involving concrete personal (e.g., health) issues, rather than more complex world problems (e.g., abstract environmental problems). These findings suggest, overall, that single country studies are limited because findings from one country are unlikely to be generalizable to others. In particular, our findings highlight the importance of ecological country characteristics that may play an important role for the content of green ads.

References

Banerjee, S., Gulas, C. S., & Iyer, E. (1995). Shades of green: A multidimensional analysis of environmental advertising. *Journal of Advertising, 24*(2), 21–31. https://doi.org/10.1080/00913367.1995.10673473

Baum, L. M. (2012). It's not easy being green...or is it? A content analysis of environmental claims in magazine advertisements from the United States and United Kingdom. *Environmental Communication, 6*(4), 423–440. https://doi.org/10.1080/17524032.2012.724022

Berton, E. (2019). *Flight shaming hits air travel as 'Greta effect' takes off.* Retrieved from https://www.reuters.com/article/us-travel-flying-climate/flight-shaming-hits-air-travel-as-greta-effect-takes-off-idUSKBN1WH23G

Brooker, G. (1976). The self-actualizing socially conscious consumer. *Journal of Consumer Research, 3*(2), 107–112. https://doi.org/10.1086/208658

Carlson, L., Grove, S. J., & Kangun, N. (1993). A content analysis of environmental advertising claims: A matrix method approach. *Journal of Advertising, 22*(3), 27–39. https://doi.org/10.1080/00913367.1993.10673409

Carlson, L., Grove, S. J., Kangun, N., & Polonsky, M. (1996). An international comparison of environmental advertising: Substantive versus associative claims. *Journal of Macromarketing, 16*(2), 57–68. https://doi.org/10.1177/027614679601600205

Chekima, B., Wafa, S. A. W. S. K., Igau, O. A., Chekima, S., & Sondoh, S. L. (2016). Examining green consumerism motivational drivers: Do premium price and demographics matter to green purchasing? *Journal of Cleaner Production, 112*(4), 3436–3450. https://doi.org/10.1016/j.jclepro.2015.09.102

De Mooij, M. & Hofstede, G. (2010). The Hofstede model applications to global branding and advertising strategy and research. *International Journal of Advertising, 29*(1), 85–110. https://doi.org/10.2501/S026504870920104X

Dong, D., Xu, X., Xu, W., & Xie, J. (2019). The relationship between the actual level of air pollution and residents' concern about air pollution: Evidence from Shanghai, China. *Int. J. Environ. Res. Public Health, 16*(4784), 1–18. https://doi.org/10.3390/ijerph16234784

Durach, C. F., & Wiengarten, F. (2017). Environmental management: The impact of national and organisational long-term orientation on plants' environmental practices and performance efficacy. *Journal of Cleaner Production, 167*, 749–758. https://doi.org/10.1016/j.jclepro.2017.08.183

Easterling, D., Kenworthy, A. & Nemzoff, R. (1996). The greening of advertising: A twenty-five year look at environmental advertising. *Journal of Marketing Theory and Practice, 4*(1), 20–34. https://doi.org/10.1080/10696679.1996.11501714

Ecosystem Vitality Index (2016). *Planetary health: Addressing major public health threats caused by human impacts on the natural world.* Retrieved from http://publichealthintelligence.org/content/planetary-health-addressing-major-public-health-threats-caused-human-impacts-natural-world

Environmental Performance Index (2016). *Global metrics for the environment.* Retrieved from http://epi.yale.edu/reports/2016-report

Futerra (2018). *Imagine better.* Retrieved from https://www.wearefuterra.com/wp-content/uploads/2019/06/Futerra-Honest-Product-V5.pdf

Gössling, S., Humpe, A. & Bausch, T. (2020). Does 'Flight Shame' affect social norms? Changing perspectives on the desirability of air travel in Germany. *Journal of Clean Production, 266*, 1–10. https://doi.org/10.1016/j.jclepro.2020.122015

Grillo, N., Tokarczyk, J., & Hansen, E. (2008). Green advertising developments in the U.S. forest sector: A follow-up. *Forest Products Journal, 58*(5), 40–46. ISSN:0015-7473

Hofstede, G. (2001). *Culture's consequences: Comparing values, behaviors, institutions, and organizations across nations*. Thousand Oaks, CA: Sage. ISBN:0–8039–7323–3

Hofstede, G. (2011). Dimensionalizing cultures: The Hofstede model in context. *Online Readings in Psychology and Culture, 2*(1), 3–25. https://doi.org/10.9707/2307-0919.1014

Hofstede, G. & Minkov, M. (2010). Long- versus short-term orientation: New perspectives. *Asia Pacific Business Review, 16*(4), 493–504. https://doi.org/10.1080/13602381003637609

Hsu, A., Levy, M. A., & De Sherbinin, A. (2016). *Environmental Performance Index (EPI).* New Haven, CT: Yale University. https://doi.org/10.13140/RG.2.2.19868.90249

Iyer, E., & Banerjee, B. (1993). Anatomy of green advertising. *Advances in Consumer Research, 20*, 494–501. Retrieved from http://openaccess.city.ac.uk/id/eprint/22325/1/acrwebsite.org-Anatomy%20of%20Green%20Advertising.pdf

Iyer, E., Banerjee, B., & Gulas, C. (1994). An expose on green television ads. *Advances in Consumers Research, 21*, 292–298. ISSN:0098–9258

Kangun, N., Carlson, L., & Grove, S. J. (1991). Environmental advertising claims: A preliminary investigation. *Journal of Public Policy & Marketing, 10*(2), 47–58. https://doi.org/10.1177/074391569101000203

Kärnä, J., Juslin, H., Ahonen, V., & Hansen, E. (2001). Green advertising, greenwash or a true reflection of marketing strategies. *Greener Management International, 33*, 59–70. https://doi.org/10.9774/GLEAF.3062.2001.sp.00007

Kim, M.-J., & Han, S. (2016). A content analysis of green advertising claims in Korea. *Indian Journal of Science and Technology, 9*(29), 426–79. https://doi.org/10.17485/ijst/2016/v9i29/94763

Kim, Y., & Choi, S. M. (2005). Antecedent of green purchase behavior: An examination of collectivism, environmental concern, and PCE. *Advances in Consumer Research, 32*, 592–599. Retrieved from https://www.acrwebsite.org/volumes/9156/volumes/v32/NA-32

Leonidou, L. C., Leonidou, C. N., Hadjimarcou, J. S., & Lytovchenko, I. (2014). Assessing the greenness of environmental advertising claims made by multinational industrial firms. *Industrial Marketing Management, 43*(4), 671–684. https://doi.org/10.1016/j.indmarman.2014.02.003

Leonidou, L. C., Leonidou, C. N., Palihawadana, D., & Hultman, M. (2011). Evaluating the green advertising practices of international firms: A trend analysis. *International Marketing Review, 28*(1), 6–33. https://doi.org/10.1108/02651331111107080

Liberman, N., & Trope, Y. (2008). The psychology of transcending the here and now. *Science, 322*(5905), 1201–1205. https://doi.org/10.1126/science.1161958

Maslow, A. H. (1943). A theory of human motivation. *Psychological Review, 50*(4), 370–396. https://doi.org/10.1037/h0054346

Matthes, J. (2019). Uncharted territory in research on environmental advertising: Toward an organizing framework. *Journal of Advertising, 48*(1), 91–101. https://doi.org/10.1080/00913367.2019.1579687

Matthes, J., Hayes, A. F., Rojas, H., Shen, F., Min, S.-J., & Dylko, I. B. (2012). Exemplifying a dispositional approach to cross-cultural spiral of silence research: Fear of social isolation and the inclination to self-censor. *International Journal of Public Opinion Research, 24*(3), 287–305. https://doi.org/10.1093/ijpor/eds015

McCarty, J. A., & Shrum, L. J. (1994). The recycling of solid wastes: Personal and cultural values and attitudes about recycling as antecedents of recycling behavior. *Journal of Business Research, 30*(1), 53–62. https://doi.org/10.1016/0148-2963(94)90068-X

McCarty, J. A. & Shrum, L. J. (2001). The influence of individualism, collectivism, and locus of control on environmental beliefs and behavior. *Journal of Public Policy & Marketing, 20*(1), 93–104. https://doi.org/10.1509/jppm.20.1.93.17291

Minton, E., Lee, C., Orth, U., Kim, C. H., & Kahle, L. (2012). Sustainable marketing and social media: A cross-country analysis of motives for sustainable behaviors. *Journal of Advertising, 41*(4), 69–84. https://doi.org/10.2307/23410034

Muralidharan, S., La Ferle, C., & Sung, Y. (2017). Are we a product of our environment? Assessing culturally congruent green advertising appeals, novelty, and environmental concern in India and the U.S.A. *Asian Journal of Communication, 27*(4), 396–414. https://doi.org/10.1080/01292986.2017.1280063

Oltra, C., Sala, R., Boso, À., & Asensio, S. L. (2017). Public engagement on urban air pollution: An exploratory study of two interventions. *Environ. Monit. Assess., 189*(296), 1–12. https://doi.org/10.1007/s10661-017-6011-6

Ottman, J., & Miller, E. (1991). *Environmental consumerism: What every marketer needs to know: An essential guide to the foremost trend of our time*. New York: J. Ottman Consulting.

Peter, J.P. & Olson, J. C. (1996). *Consumer Behavior and Marketing Strategy.* International 2 Revised Edition. McGraw-Hill Education (ISE Editions). ISBN:0071146229

Prasad, M., Mishra, T., Kalro, A. D., & Bapat, V. (2017). Environmental claims in Indian print advertising: An empirical study and policy recommendation. *Social Responsibility Journal, 13*(3), 473–490. https://doi.org/10.1108/SRJ-05-2016-0091

Reynolds, T. J., & Rochon, J. P. (1991). Means-end based advertising research: Copy testing is not strategy assessment. *Journal of Business Research, 22*(2), 131–142. https://doi.org/10.1016/0148-2963(91)90047-2

Reynolds, T. J., & Craddock, A. B. (2001). The application of the MECCAS Model to the development and assessment of advertising strategy: A Case Study. In T. J. Reynolds & J. C. Olson (Eds.), *Understanding consumer decision making. The means-end approach to marketing and advertising strategy*, 163–184. Lawrence Erlbaum Associates, Inc., Publishers. ISBN:1–4106–0084-X

Saether, E. A., Eide, A. E., & Bjorgum, O. (2021). Sustainability among Norwegian maritime firms: Green strategy and innovation as mediators of long-term orientation and emission reduction. *Business Strategy and the Environment, 30*(5), 2382–2395. https://doi.org/10.1002/bse.2752

Schmidt, A. & Donsbach, W. (2012). „Grüne“ Werbung als Instrument für „schwarze“ Zahlen. *Publizistik, 57*, 75–93. https://doi.org/10.1007/s11616-012-0140-2

Schmuck, D., Matthes, J., & Naderer, B. (2018). Misleading consumers with green advertising? An affect-reason-involvement account of greenwashing effects in environmental advertising. *Journal of Advertising, 47*(2), 127–145. doi:10.1080/00913367.2018.1452652

Screen, N., Purbey, S., & Sadarangani, P. (2018). Impact of culture, behavior and gender on green purchase intention. *Journal of Retailing and Consumer Services, 41*, 177–189. https://doi.org/10.1016/j.jretconser.2017.12.002

Segev, S., Fernandes, J., & Hong, C. (2016). Is your product really green? A content analysis to reassess green advertising. *Journal of Advertising, 45*(1), 85–93. https://doi.org/10.1080/00913367.2015.1083918

Segev, S. & Liu, Y. (2021). The effect of temporal orientation on green purchase behavior: Comparing U.S. and Chinese consumers. *Journal of International Consumer Marketing, 34*(1), 1–15. https://doi.org/10.1080/08961530.2021.1917034

Sharma, A. P. (2021). Consumers' purchase behaviour and green marketing: A synthesis, review and agenda. *International Journal of Consumer Studies, 45*(6), 1217–1238. https://doi.org/10.1111/ijcs.12722

Sheng, G., Dai, J., & Pan, H. (2020). Influence of air quality on pro-environmental behavior of Chinese residents: From the perspective of spatial distance. *Front. Psychol. 11*(566046). https://doi.org/10.3389/fpsyg.2020.566046

Spence, A., Poortinga, W., & Pidgeon, N. (2012). The psychological distance of climate change. *Risk Analysis, 32*(6), 957–972. https://doi.org/10.1111/j.1539-6924.2011.01695.x

Stoddart, M. C., Ramos, H., Foster, K., & Ylä-Anttila, T. (2021). Competing crises? Media coverage and framing of climate change during the COVID-19 pandemic. *Environmental Communication*, 1–17. https://doi.org/10.1080/17524032.2021.1969978

Testa, F., Iraldo, F., Tessitore, S., & Frey, M. (2011). Strategies and approaches green advertising: An empirical analysis of the Italian context. *International Journal of Environment and Sustainable Development, 10*, 375–395. https://doi.org/10.1504/IJESD.2011.047772

Wagner, E. R. & Hansen, E. N. (2002). Methodology for evaluating green advertising of forest products in the United States: A content analysis. *Forest Products Journal, 52*(4), 17–23. Retrieved from https://europepmc.org/article/agr/ind23281635

Zhang, M., Guo, S., Bai, C., & Wang, W. (2019). Study on the impact of haze pollution on residents' green consumption behavior: The case of Shandong Province. *Journal of Cleaner Production, 219*, 11–19. https://doi.org/10.1016/j.jclepro.2019.02.077

Nachhaltigkeit und die Nutzung und Wirkung von Virtual Reality

Felix Reer

Abstract:
Globale Herausforderungen wie der Klimawandel und eine zunehmende Überlastung der Ökosysteme machen weitreichende gesellschaftliche Transformationsprozesse erforderlich, die in den Nachhaltigkeitszielen der Vereinten Nationen gebündelt wurden. Das Thema Nachhaltigkeit ist in den letzten Jahren auch immer mehr in der Kommunikations- und Medienwissenschaft aufgegriffen worden. Im Bereich der Rezeptions- und Wirkungsforschung stellt sich dabei vor allem die Frage, welche Rolle die Mediennutzung bei der Förderung von nachhaltigem Denken und Handeln einnehmen kann. Der Beitrag stellt mit Virtual Reality (VR) eine Medientechnologie in den Fokus, die ein besonders intensives und involvierendes Rezeptionserlebnis ermöglicht. Nach einer kurzen Einführung zentraler theoretischer Konzepte wie Immersion, Präsenzerleben und Embodiment, werden anhand von aktuellen empirischen Studienergebnissen Anknüpfungspunkte zwischen der Nutzung von VR und dem Thema Nachhaltigkeit dargelegt. Ein Fokus liegt dabei auf der Klima- und Umweltkommunikation; aber auch darüberhinausgehende soziale, kulturelle und ökonomische Aspekte werden angesprochen. Ein abschließendes Fazit fasst den Erkenntnisstand zusammen und weist auf Limitationen der existierenden Forschung hin.

1. *Einleitung*

Jüngst hat ein Urteil des Bundesverfassungsgerichtes für Aufsehen gesorgt: Im April 2021 wurden Teile des deutschen Klimaschutzgesetzes für verfassungswidrig erklärt. Aktivist*innen-Gruppen wie *Fridays for Future* hatten geklagt, weil ihnen die Klimaschutzbemühungen der Bundesregierung nicht weit genug gingen. Das Bundesverfassungsgericht stellte fest, dass die bisherigen gesetzlichen Regelungen in der Tat nicht ausreichend waren, um unzumutbare Belastungen und Einschränkungen der Freiheit für zukünftige Generationen auszuschließen (z.B. Spiegel Online, 2021).

Der Fall ist ein gutes Beispiel für Fragen der *Nachhaltigkeit*, wie sich derzeit in vielen gesellschaftlichen Bereichen stellen. Angesichts einer stetig steigenden Weltbevölkerung und einer damit einhergehenden Ressourcenverknappung und Überlastung der Ökosysteme müssen generationengerechte Konzepte entwickelt werden, wie der Schutz der Natur und menschenwürdige Lebensverhältnisse dauerhaft sichergestellt und dabei wirtschaftliche, soziale und ökologische Aspekte in Einklang gebracht werden können (z.B. Pufé, 2017).

Das Thema Nachhaltigkeit ist in den letzten Jahren auch in der Kommunikations- und Medienwissenschaft aufgegriffen worden (z.B. Hoppe & Wolling, 2017; Kannengießer, 2020). Das Forschungsfeld der *Nachhaltigkeitskommunikation* befasst sich damit, „wie die Idee der Nachhaltigkeit in Kommunikation aufgegriffen und ausgedeutet wird und dadurch gesellschaftliches Problembewusstsein und soziales Handeln beeinflusst." (Fischer, 2019, S. 51). Im Bereich der Rezeptions- und Wirkungsforschung stellen sich hier vor allem Fragen nach den Effekten, die die Kommunikation über unterschiedliche Nachhaltigkeitsaspekte hat – z.B. hinsichtlich der Förderung von Umweltbewusstsein und klimafreundlichem Verhalten (Kannengießer, 2020).

Im Folgenden soll der Fokus auf einer Medientechnologie liegen, der in der deutschsprachigen Kommunikations- und Medienwissenschaft im Zusammenhang mit dem Thema Nachhaltigkeit bisher wenig Beachtung geschenkt wurde – *Virtual Reality* (VR). VR-Technologien werden derzeit z.B. im Bereich der Unterhaltungsforschung thematisiert (z.B. Hartmann & Fox, 2021; Reer et al., 2022). Wobei VR-Technologien längst nicht mehr nur im Kontext von Computerspielen genutzt werden, sondern mittlerweile in unterschiedlichsten Gebieten Anwendung finden, wie dem Journalismus, der Medizin oder in der Bildung und Wissensvermittlung (im Überblick: Slater & Sanchez-Vives, 2016).

Das spezifische Rezeptionserlebnis, dass VR-Technologien bieten, lassen sie aus mehreren Gründen auch für das Thema Nachhaltigkeit bzw. für die Nachhaltigkeitskommunikation relevant werden. So ist die Vermittlung von Umweltwissen und Umweltkompetenzen mit besonderen Herausforderungen verbunden (Fauville et al., 2020). Dazu gehört, dass viele umweltschutzrelevante Zusammenhänge sehr komplex sind und die Folgen von umweltschädlichem Verhalten die Handelnden häufig zunächst nicht selbst betreffen, sondern erst für zukünftige Generationen oder an geographisch weit entfernten Orten sichtbar werden. Viele Orte, an denen sich z.B. die Folgen des Klimawandels besonders gut beobachten lassen, sind außerdem nur mit großem Aufwand erreichbar oder gänzlich unzugänglich (Fauville et al., 2020). Mit VR-Technologien lassen sich aufwendige interaktive Szenarien in beeindruckender visueller Qualität erstellen, die dann sehr direkt und unmittelbar erlebt werden und deren Nutzung mit entsprechend starken Wirkungen einhergehen dürfte. Neben der Förderung von ökologischem Verhalten könnten VR-Technologien aber auch für soziale und ökonomische Aspekte der Nachhaltigkeit eine Rolle spielen. So wurde z.B. untersucht, ob VR-Technologien Empathie fördern und so zu einem harmonischen sozialen Miteinander beitragen können (z.B. Ventura et al., 2020). Auch im Bereich der Gesundheitsförderung (als Teil der ökonomischen Dimension von Nachhaltigkeit) kommen VR-Technologien bereits zum Einsatz (z.B. Freitas et al., 2021).

Das Kapitel zielt darauf ab, die Relevanz der Nutzung und Wirkung von VR-Technologie in Bezug auf das Thema Nachhaltigkeit darzulegen. In einem ersten Schritt werden zunächst einige zentrale Grundlagen zu VR-Technologien und ihrer Nutzung erörtert. Es folgt eine Definition und Ausdifferenzierung des Konstruktes Nachhaltigkeit. Sodann erfolgt ein ausführlicher Überblick über Anknüpfungspunkte zwischen der Nutzung von VR-Technologien und unterschiedlichen Aspekten von Nachhaltigkeit, wobei ein Schwerpunkt auf den Bereich der Umwelt- und Klimakommunikation gelegt wird. In einem abschließenden Fazit werden die Ergebnisse zusammengefasst und auf Limitationen der existierenden Studien hingewiesen.

2. *Virtual Reality*

Aus technischer Perspektive ist für VR kennzeichnend, dass durch eine VR-Brille (auch *Head-Mounted-Display*; HMD) eine 360°-Umsicht der dargestellten medialen Welt verwirklicht wird, wobei die Blickrichtung durch die natürliche Kopfbewegung gesteuert werden kann. Zu unterscheiden ist zwischen 360°-Filmen, die mit einer VR-Brille betrachtet werden können und komplexeren virtuellen Welten, in denen sich die Rezipient*innen frei bewegen und aktiv mit der Umgebung interagieren können. Bei Letzteren wird die Nutzung von VR-Brillen typischerweise mit Datenhandschuhen oder sogenannten *Motion-Controllern* kombiniert, die dann durch Übertragung der Hand- bzw. Armbewegungen eine intuitive Steuerung interaktiver Elemente ermöglichen. Grundsätzliche Zielsetzung von VR-Technologien ist es, den Rezipient*innen eine besonders realitätsnahe Wahrnehmung der virtuellen Umgebung zu erlauben, die dem realweltlichen Erleben möglichst nahekommt (Bente et al., 2002; Slater & Sanchez-Vives, 2016).

Neben technischen Komponenten von VR werden in der Literatur spezifische psychologische Prozesse beschrieben, die das Rezeptionserleben bei der Nutzung dieser Technologien ausmachen (Bente et al., 2002; Hartmann & Fox, 2021; Slater & Sanchez-Vives, 2016). Besonders zentrale Konzepte sind hierbei *Immersion*, *Präsenzerleben* und *Embodiment*.

Als *Immersion* bezeichnet man das Eintauchen in die virtuelle Welt, was dadurch gekennzeichnet ist, dass die Wahrnehmung der realen Umgebung in den Hintergrund tritt und sich die Aufmerksamkeit voll auf die in der virtuellen Welt generierten Inhalte verlagert (Bente et al., 2002). Immersion wird dabei oft als *Systemmerkmal* verstanden: Die technischen Besonderheiten von VR-Systemen (wie HMD und Motion-Controller) schaffen die Voraussetzung, dass die virtuelle Welt als besonders realistisch wahrgenommen wird und *erzwingen* so förmlich ein immersives Erleben (Bente et al., 2002, S. 16). Dementsprechend können VR-Systeme anhand des Grades ihrer Immersionsfähigkeit klassifiziert werden (Slater & Sanchez-Vives, 2016).

Eng verknüpft mit dem Grad der durch ein VR-System ermöglichten Immersion ist das Erleben von *Präsenz*. Damit ist gemeint, dass durch die Nutzung immersiver Medientechnik (wie VR) bei den Rezipient*innen das Gefühl entsteht, tatsächlich in der dargestellten virtuellen Welt zugegen zu sein (Bente et al., 2002; Hartmann & Fox, 2021). Räumliches Präsenzerleben geht mit dem Empfinden einher, in der virtuellen Welt agieren und Einfluss auf das Geschehen nehmen zu können. Die Rolle des Zuschauenden eines Medienangebotes wandelt sich zu der eines aktiv Teilnehmenden (Hartmann & Fox, 2021). *Soziale Präsenz* entsteht, wenn man die Anwesenheit anderer Personen oder Charaktere wahrnimmt und von *Co-Präsenz* spricht man, wenn bei den Rezipient*innen das Gefühl entsteht, sich mit in der virtuellen Welt dargestellten Personen am selben Ort zu befinden und mit ihnen interagieren zu können (Hartmann & Fox, 2021).

Wenn VR-Nutzer*innen das Gefühl entwickeln, körperlich in der virtuellen Welt anwesend zu sein und dort agieren zu können, spricht man auch von *Embodiment*. Dabei wird die in der virtuellen Welt gesteuerte Figur wie eine Erweiterung des eigenen Körpers erlebt und es entsteht die Illusion, dass einem die dargestellten Ereignisse selbst widerfahren (Hartmann & Fox, 2021).

3. *Nachhaltigkeit*

Als bekannteste allgemeine Definition des Nachhaltigkeitskonzeptes gilt die Leitbildbeschreibung aus dem sogenannten *Brundtland-Bericht*, der auf die 1983 von den Vereinten Nationen gegründete *World Commission on Environment and Development* zurückgeht: „Nachhaltige Entwicklung ist eine Entwicklung, die gewährleistet, dass künftige Generationen nicht schlechter gestellt sind, ihre Bedürfnisse zu befriedigen, als gegenwärtig lebende" (Pufé, 2017, S. 42).

In Laufe der Jahre ist der Nachhaltigkeitsbegriff immer weiter ausdifferenziert worden. Eine anerkannte Konzeptualisierung ist das sogenannte *Drei-Säulen-Modell*. Demnach umfasst Nachhaltigkeit neben einer ökologischen (z.B. Umweltschutz und nachhaltige Ressourcennutzung) auch eine ökonomische (z.B. Existenzsicherung und Schutz der Gesundheit) und eine soziale (z.B. Chancengleichheit und Schutz des kulturellen Erbes) Dimension (Pufé, 2017, S. 104). Im Jahr 2015 haben die Vereinten Nationen 17 Nachhaltigkeitsziele definiert, denen sich auch die Bundesregierung verpflichtet hat (Kannengießer, 2020). Dazu gehören z.B. die globale Bekämpfung von Armut und Hunger, Bildungsgerechtigkeit, nachhaltiges Wachstum und menschenwürdige Arbeitsverhältnisse, die Bekämpfung des Klimawandels, die nachhaltige Nutzung natürlicher Ressourcen und der Ozeane, sowie die Förderung von inklusiven, friedlichen und gleichberechtigten Gesellschaften (Pufé, 2017, S. 57).

Angesichts der Breite des Konstruktes herrscht innerhalb der Kommunikations- und Medienwissenschaft Uneinigkeit darüber, welche Aspekte von Nachhaltigkeit der Forschungsbereich der Nachhaltigkeitskommunikation sinnvollerweise fokussieren sollte. Hoppe und Wolling (2017) stellen bei ihren Überlegungen das Thema Umweltkommunikation ins Zentrum. Kannengießer (2020) kritisiert, dass dabei die ebenfalls relevanten sozialen und ökonomischen Dimensionen von Nachhaltigkeit zu kurz kommen. Sie definiert Nachhaltigkeitskommunikation „als medienvermittelte oder Vis-à-vis-Kommunikation, der ökologische, ökonomische, soziale und/oder kulturelle Inhalte inhärent sind, die sich mit Fragen nach dem ‚guten Leben' heutiger und zukünftiger Generationen beschäftigen" (Kannengießer, 2020, S. 13).

Im für diesen Beitrag besonders relevanten Bereich der Rezeptions- und Wirkungsforschung liegen bisher vor allem Studien zur Umwelt- und Klimakommunikation vor, wobei sich der Forschungsstand hinsichtlich der Auswirkungen der Nutzung gängiger Informationsmedien wie Hörfunk, Print, Fernsehen und Internet auf das Verhalten der Rezipient*innen uneindeutig gestaltet (Kannengießer, 2020).

4. *Virtual Reality und Nachhaltigkeit*

Hoppe und Wolling (2017) sehen in dem Umweltaspekt die Kerndimension des Nachhaltigkeitskonstrukts und schlagen vor, diesen auch ins Zentrum kommunikationswissenschaftlicher Analysen zu stellen. Dementsprechend wird in der folgenden Betrachtung ein besonderer Fokus auf die ökologische Dimension von Nachhaltigkeit gelegt. Um jedoch auch der

Kritik Rechnung zu tragen, dass bei einem zu engen Verständnis von Nachhaltigkeit z. B. wichtige kulturelle, soziale und ökonomische Aspekte vernachlässigt werden (Kannengießer, 2020), werden in einem separaten Abschnitt auch mögliche Anknüpfungspunkte der Nutzung von VR-Technologien zu weiteren Nachhaltigkeitsdimensionen dargelegt.

4.1 Klimawandel und Umweltschutz: die ökologische Dimension von Nachhaltigkeit

Die ökologische Dimension von Nachhaltigkeit befasst sich damit, wie natürliche Ressourcen und die Flora und Fauna geschützt und für kommende Generationen erhalten werden können. Zentrale Themen sind dabei der Klimaschutz und die Förderung von umweltbewussten Verhalten. Der medialen Kommunikation kommt hier eine zentrale Rolle zu, denn eine effektive Nachhaltigkeitskommunikation ist von entscheidender Bedeutung, um das Problembewusstsein innerhalb der Gesellschaft zu schärfen und die nötigen Willensbildungs- und Verständigungsprozesse im Hinblick auf die erforderlichen Maßnahmen anzuregen (Fischer, 2019).

Erste Studienergebnisse sprechen dafür, das VR-Technologien zu einer effektiven Umwelt- und Klimakommunikation beitragen könnten (Fauville et al., 2020; Markowitz & Bailenson, 2021). Im Folgenden soll anhand aktueller empirischer Studien ein Einblick in dieses relativ neue Forschungsfeld gegeben werden.

Zur Literaturrecherche wurden zunächst existierende Überblicksarbeiten konsultiert (Fauville et al., 2020; Markowitz & Bailenson, 2021) und relevante Suchbegriffe identifiziert. Zur Ermittlung einschlägiger Studien kam die Suchmaschine *Scopus* zum Einsatz[1]. Der Fokus der Literatursuche lag auf englischsprachigen quantitativen Labor- oder Feldexperimenten zum Thema Nachhaltigkeits- bzw. Umweltschutz- und Klimakommunikation, bei denen eine VR-Brille zur Stimulusrezeption verwendet wurde. Da ältere VR-Systeme vom Immersionsgrad her nur noch bedingt mit aktuellen Systemen vergleichbar sind, wurde die Recherche auf Arbeiten eingegrenzt, die seit dem Jahr 2013 (dem Jahr des Erscheinens der Developer-Version der *Oculus Rfit*) veröffentlicht wurden. Die Suchabfrage ergab 474 Treffer. Es erfolgte eine sukzessive Sichtung der Titel, Abstracts und Volltexte. Insgesamt wurden 30 den Kriterien entsprechende Studien identifiziert. Weitere zwei Studien wurden im Schneeballverfahren ermittelt.

1 Der genaue Suchterm ist dem Online-Anhang zu entnehmen.

Nachstehend soll anhand ausgewählter Arbeiten ein kompakter Überblick zu relevanten Themenfeldern und Erkenntnissen gegeben werden.[2] In Anlehnung an Fauville et al. (2020) erfolgt die Darstellung entlang der folgenden drei Kategorien: (1) Studien, die sich mit den Potentialen von VR-Stimuli für eine Wissensverbesserung beschäftigen, (2) Studien, die sich mit der Beeinflussung von Ansichten und Meinungen zu Umweltschutz- und Klimawandel befassen und (3) Studien, die sich mit den Möglichkeiten einer Verhaltensänderung durch die Rezeption von VR-Stimuli auseinandersetzen.

Mit der Vermittlung von Wissen zum Thema Umweltschutz und Klimawandel befassten sich z.B. Markowitz et al. (2018), die mehrere Studien in Form von VR-Exkursionen (*Virtual Reality Field Trips*) durchgeführt haben. Dazu wurde in modifizierten Varianten jeweils ein eigens erstellter Stimulus verwendet, der den Proband*innen die Folgen der Übersäuerung der Ozeane vor Augen führte. So konnten die Studienteilnehmer*innen z.B. in die Rolle einer tauchenden Person oder einer Koralle schlüpfen und dann die negativen Einflüsse des Klimawandels im Zeitraffer beobachten. Unabhängig von der Form der Durchführung der jeweiligen Studie (Laborexperiment oder Feldexperiment) und unabhängig von der Zusammensetzung der Teilnehmer*innengruppe (Schüler*innen, Studierende, Besucher*innen eines Filmfestivals) konnten durch den VR-Stimulus das Wissen über die Folgen des Klimawandels für die Ozeane und das Interesse an der Thematik signifikant gesteigert werden (Markowitz et al., 2018). Ähnlich positive Effekte hinsichtlich Lernerfolg und Interessensteigerung berichten auch Petersen et al. (2020) basierend auf einer Studie unter 102 Siebt- und Achtklässler*innen, denen negative Auswirkungen des Klimawandels durch einen Lernworkshop in Verbindung mit einer VR-Video-Exkursion nach Grönland nähergebracht wurden.

Nicht im Fokus der Studien von Markowitz et al. (2018) und Petersen et al. (2020) stand die Frage, ob VR bei der Wissensvermittlung besser abschneidet als ein weniger immersiver Stimulus (wie z.B. ein Buch oder ein Film). Barnidge et al. (2022) haben hierzu ein Laborexperiment durchgeführt, bei dem ein journalistischer Inhalt zum Thema Klimaschutz in drei unterschiedlichen Varianten (VR-Video, 360°-Desktop-Video, bebilderte Textversion) hinschlich der jeweiligen Wissensvermittlung getestet wurde. Dabei konnte kein signifikanter Unterschied zwischen den drei Versionen festgestellt werden, wobei die Studie allerdings nur bedingt mit den Un-

2 Für eine vollständige Liste aller 32 identifizierten Arbeiten sei auf den Online-Anhang verwiesen.

tersuchungen von Markowitz et al. (2018) und Petersen et al. (2020) vergleichbar ist, da es sich um einen journalistischen Stimulus handelte, der keinen explizit didaktischen Ansatz verfolgte und auch keine interaktiven Elemente enthielt. Ou et al. (2021) haben eine interaktive Lernumgebung entwickelt, mit der am Beispiel einer heimischen Froschart das Umweltwissen der Nutzer*innen gefördert werden sollte. In einer Studie mit 40 Schülern*innen zeigte sich, dass sich sowohl mit einer Desktop- als auch mit einer VR-Version das Wissen signifikant steigern ließ, wobei die VR-Version insgesamt etwas besser abschnitt.

Mehrere Studien haben darüber hinaus untersucht, ob sich mithilfe eines VR-Stimulus Ansichten und Meinungen zu Umweltthemen bzw. zum Thema Klimaschutz beeinflussen lassen (Fauville et al., 2020; Markowitz & Bailenson, 2021). Zum Beispiel zeigen Pimentel und Kalyanaraman (2021) im Rahmen eines Feldexperimentes mit 99 amerikanischen Schüler*innen, dass sich mit einer VR-Simulation, die die Arbeit von Klimaforschenden in der Antarktis zeigt, eine positive Einstellung gegenüber Wissenschaft und Wissenschaftler*innen evozieren ließ. Ahn et al. (2014) haben in einer Reihe von Laborexperimenten einen VR-Stimulus genutzt, um Proband*innen mit einer Kettensäge Bäume in einem Wald fällen zu lassen und dann Einflüsse auf die Einstellungen der Teilnehmer*innen zu untersuchen. Es zeigte sich, dass die *interne Kontrollüberzeugung* (als das Gefühl, durch eigenes Verhalten Einfluss auf eine Verbesserung der Umwelt nehmen zu können) bei Proband*innen, die der VR-Bedingung zugeordnet waren, im Anschluss an die Rezeption des Stimulus signifikant stärker ausgeprägt war als bei Proband*innen, die einer vergleichbaren Video-Bedingung zugeordnet waren und zumindest etwas stärker als bei Proband*innen, die einer Text-Bedingung zugeordnet waren.

Eine Reihe weiterer Studien untersucht die Einflüsse einer VR-Exposition auf das Gefühl der Verbundenheit mit der Natur (z.B. Ahn et al., 2016; Breves & Heber, 2020; Chan et al., 2021; Markowitz et al., 2018; Soliman et al., 2017; Yeo et al., 2020), wobei Naturverbundenheit als wichtiger Faktor für umweltbewusstes Verhalten gilt (Sneed et al., 2021). Zum Beispiel konnten Ahn et al. (2016) zeigen, dass ein VR-Stimulus (im Vergleich zu einem Video-Stimulus) zu einem stärkeren Hineinversetzen (*Embodiment*) in die Figur einer Kuh bzw. einer Koralle und – darüber vermittelt – einem stärkeren Gefühl der Naturverbundenheit führte. Proband*innen, die sich stärker mit der Natur verbunden fühlten, nahmen außerdem Umweltprobleme als dringlicher und bedeutsamer wahr. Ähnliche Ergebnisse berichten auch Breves und Heber (2020), die Proband*innen eine Dokumentation über die Folgen der Abholzung des Regenwaldes anschauen ließen und feststellen konnten, dass eine VR-Version des Films im Vergleich zu einer normalen Version ein stärkeres Gefühl der Umweltverbundenheit bewirkte. Sneed et al. (2021) verglichen das Erleben eines echten Ausflugs in die Natur mit einer VR-Video-Aufzeichnung des Ausflugs sowie mit einem neutralen VR-Video. Es konnte festgestellt werden, dass die virtuelle Naturerfahrung im Vergleich zu dem neutralen VR-Video zu einer zumindest kurzfristigen Stärkung des Gefühls der Naturverbundenheit führte, wenngleich die realweltliche Naturerfahrung einen noch stärkeren positiven Einfluss hatte. Blythe et al. (2021) zeigen, dass sich mit einem VR-Stimulus ein Gefühl von Empathie für die Ozeane und Meerestiere erzeugen lässt, wobei ein vergleichbarer Textstimulus ähnlich gut abschnitt.

In einigen Studien konnte außerdem gezeigt werden, dass VR-Technologien besonders gut dafür geeignet sind, den Menschen abstrakte und schwer greifbare Umweltprobleme näher zu bringen und in der Folge eine größere Bereitschaft zur Verhaltensänderung zu erzielen. Zum Beispiel wurde VR in einem Experiment von Chirico et al. (2021) genutzt, um den Pro-Kopf-Verbrauch von Plastikflaschen sichtbar zu machen. Proband*innen, die den Plastikflaschenverbrauch in konkreter Form als Abfallberg vor Augen geführt bekamen, zeigten im Anschluss an das Anschauen des VR-Stimulus stärkere affektive Reaktionen, eine umweltfreundlichere Einstellung und eine größere Bereitschaft, sich zukünftig umweltfreundlicher zu verhalten als Proband*innen, die nur eine abstrakte Zahl präsentiert bekamen. In einem Experiment zum Thema Bienen- und Insektensterben demonstrieren Breves und Schramm (2021), dass VR (im Vergleich zu klassischer Display-Technik) besonders gut dafür geeignet ist, die persönliche Relevanz, Dringlichkeit und Handlungsbereitschaft in Bezug auf als weit entfernt wahrgenommene Umweltprobleme zu erhöhen. Hofman et al. (2022) zeigen, dass ein in VR simulierter Tauchgang zum Great Barrier Reef genauso effektiv die Intention steigert, sich zukünftig politisch für den Umweltschutz zu engagieren, Abfall zu reduzieren und nachhaltige Produkte zu kaufen, wie ein tatsächlicher Tauchgang.

Neben Verhaltensintentionen wurde in einigen Studien auch konkretes Verhalten im Anschluss an eine VR-Exposition als abhängige Variable untersucht (Fauville et al., 2020). Beispielsweise konnten Ahn et al. (2014) feststellen, dass Proband*innen, die im Rahmen einer VR-Simulation Bäume gefällt hatten, anschließend signifikant weniger Papiertaschentücher zum Aufwischen eines verschütteten Wasserglases verwendeten als Studienteilnehmer*innen, die eine schriftliche Beschreibung des Holzfällens gelesen hatten (wobei ein niedriger Taschentuchverbrauch hierbei als Indikator für umweltfreundliches Verhalten verstanden wurde). Ähnlich positive Effekte der Rezeption entsprechend gestalteter VR-Inhalte berichten Meijers et al. (2022) für die Auswahl nachhaltiger Lebensmittel, Fonseca und

Kraus (2016) für die Reduktion von Fleischkonsum, Bailey et al. (2015) für die Reduktion des Energiebedarfs beim Händewaschen und Nelson et al. (2020) für die Spendenbereitschaft von Tourist*innen für Umweltschutzbelange. Pimentel et al. (2021) präsentierten Probanden*innen ein 360-Grad VR-Video über die negativen Auswirkungen des Klimawandels auf den Lebensraum einer indigenen Gemeinde in Alaska und belegen, dass sich durch die Manipulation *sozialer Präsenz* das Empathie-Erleben und darüber vermittelt die Spendenbereitschaft und das tatsächliche Spendenverhalten positiv beeinflussen ließen. Deringer und Hanley (2021) zeigen, dass sich durch die Rezeption eines VR-Inhaltes, der einen Ausflug zu einem See zeigte, ähnlich effektiv die Unterstützungsbereitschaft für eine Naturschutzpetition steigern ließ, wie durch die Teilnahme an einer echten Wanderung. Keinen positiven Einfluss der Darstellung in VR auf das postexperimentelle Umweltschutzverhalten konnten Soliman et al. (2017) feststellen, die Proband*innen einen Naturfilm (bzw. einen Film über Stadtleben) mit einem HMD oder über einen Flachbildschirm anschauen ließen.

4.2 Die soziale und die ökonomische Dimension von Nachhaltigkeit

Legt man ein breiteres Verständnis von Nachhaltigkeit zugrunde, wie es z.B. Kannengießer (2020) vorschlägt, rücken weitere Aspekte der Nutzung von VR-Technologien in den Fokus.

Die soziale Dimension von Nachhaltigkeit widmet sich der Frage, wie das Zusammenleben zwischen Menschen der aktuellen und auch zukünftigen Generationen angesichts globaler Herausforderungen gerecht und zum Wohle aller gestaltet werden kann. In der Literatur werden VR-Technologien oft auch als *Empathie-Maschinen* (vgl. z.B. Bujić et al., 2020; Herrera et al., 2018; Kalyanaraman & Bailenson, 2020) bezeichnet, die ein besonders realistisches, intensives und nachdrückliches Hineinversetzen in die Situation Anderer ermöglichen. Durch ihr hohes Immersionspotential und der damit verbundenen Fähigkeit, Präsenzerleben und Embodiment zu fördern, könnten VR-Technologien einen Beitrag zur Sensibilisierung für soziale Ungerechtigkeiten und zur Förderung empathischen Denken und Handelns leisten. In der Tat gibt es erste Forschungsergebnisse, die dafürsprechen, dass VR-Technologien im Hinblick auf die Lösung sozialer und gesellschaftlicher Herausforderungen positive Effekte entfalten können (vgl. z.B. Kalyanaraman & Bailenson, 2020; Ventura et al., 2020). Zum Beispiel deutet sich in einigen Studien an, dass VR-Expositionen dazu beitragen können, Vorurteile gegenüber Personen mit anderer Hauptfarbe abzubauen (Banakou et al., 2016; Peck et al., 2013). In mehreren Studien konnte außerdem demonstriert werden, dass sich mit entsprechend gestalteten VR-Stimuli die Bereitschaft für pro-soziales Verhalten steigern lässt (z.B. Ahn et al., 2013; Herrera et al., 2018). Eine aktuelle Studie von Bujić et al. (2020) zeigt, dass sich durch das Anschauen eines VR-Videos zur Situation von syrischen Flüchtlingen die Zustimmung zur Wichtigkeit der Wahrung von Meinungsfreiheit, Gleichberechtigung und sozialer Sicherheit erhöhen lässt — alles grundlegende Rechte, wie sie in sehr ähnlicher Form auch in den Nachhaltigkeitszielen der Vereinten Nationen formuliert wurden (vgl. z.B. Pufé, 2017, S. 57).

Als Teil der sozialen Dimension wird in gängigen Konzeptionen von Nachhaltigkeit oft auch eine kulturelle Komponente postuliert (vgl. z.B. Pufé, 2017, S. 104). Dabei geht es um die Frage, wie sich angesichts des Klimawandels, militärischer Konflikte und anderer Probleme das kulturelle Erbe für zukünftige Generationen wahren lässt. Auch in diesem Bereich könnte die Nutzung von VR-Technologien einen Beitrag leisten. Slater und Sanchez-Vives (2016) nennen vier Anwendungsszenarien von VR-Technologien im Kontext der Wahrung des Weltkulturerbes: (1) die Möglichkeit, VR-Technologien in Museen zu nutzen und durch entsprechend gestaltete Applikationen kulturelle Sehenswürdigkeiten weltweit einem breiten Publikum zugänglich zu machen; (2) die Möglichkeit, insbesondere in ihrem Bestand gefährdete Kulturstätten zu digitalisieren und so für zukünftige Generationen zu erhalten; (3) die Möglichkeit, nicht mehr existierende kulturelle Monumente digital zu rekonstruieren und somit wieder zugänglich zu machen; und (4) die Möglichkeit, das zukünftige Aussehen von Kulturdenkmälern zu simulieren, um z.B. den Einfluss des Klimawandels zu illustrieren. In den letzten Jahren sind zahlreiche VR-Umsetzungen und Prototypen bekannter kultureller Sehenswürdigkeiten entstanden, wie z.B. des Kaiserdoms in Königslutter (Walmsley & Kersten, 2020) oder der Zitadelle von Machu Picchu (Mandors et al., 2020). Damit verbunden sind Überlegungen, inwieweit VR-Exkursionen als Substitut für einen tatsächlichen touristischen Besuch von schützenswerten Kulturstätten dienen könnten (Guttentag, 2010). Auf diese Weise könnte die Nutzung von VR-Technologien durch eine Verringerung von Reiseaktivitäten zu einer Reduktion von CO_2-Emmissionen beitragen und gleichzeitig ließen sich besonders überlaufene Kultur- und Naturdenkmäler in ihrem Bestand schützen. Einige Studien zeigen durchaus positive Ergebnisse hinsichtlich des Erlebnisses, das VR-Simulationen von Sehenswürdigkeiten bieten können. Beispielsweise haben Wagler und Hanus (2018) Proband*innen in drei Gruppen unterteilt und an unterschiedlichen Varianten (physische Exkursion, VR-Exkursion, Videofilm) einer Tour durch das

Parlamentsgebäude eines amerikanischen Bundestaates teilnehmen lassen. Dabei konnte gezeigt werden, dass die Videoversion der Tour am schlechtesten abschnitt, während die VR-Exkursion und die physische Exkursion sich im Erleben nicht signifikant unterschieden.

Die Förderung der Gesundheit und des Wohlbefindens sind ebenso wie die Sicherstellung von Bildung und lebenslangem Lernen Bestandteil eines erweiterten Verständnisses von Nachhaltigkeit (vgl. Pufé, 2017, S. 104) und finden sich auch in den Nachhaltigkeitszielen der Vereinten Nationen wider (vgl. Pufé, 2017, S. 57). Auch hier lassen sich Anknüpfungspunkte zur Nutzung und Wirkung von VR-Technologien herstellen. So gibt es bereits einige Ansätze, VR für sportliche Aktivitäten (Neumann et al., 2018) oder zur Entspannung und Stressreduktion (Riches et al., 2021) zu nutzen. Auch im psychologischen und psychiatrischen Bereich kommen VR-Technologien bereits zum Einsatz, z.B. bei der Behandlung von Depressionen und Angststörungen (Fodor et al., 2018) oder als Konfrontationsmethode im Rahmen der Therapie von Phobien (Freitas et al., 2021). Weitere gesundheitsbezogene Anwendungsbereiche von VR-Technologien sind die Schmerz- und Traumatherapie (Ahern et al., 2020) oder die Ausbildung von medizinischem Personal, z.B. beim Erlernen von Operationsmethoden (Taba et al., 2021). Ein Einsatz von VR im Ausbildungskontext wird nicht nur in der beruflichen Praxis erprobt, sondern zunehmend auch im schulischen und universitären Bereich (Di Natale et al., 2020). Speziell auch für Ältere eröffnen sich durch VR-Technologien neue Möglichkeiten, kognitive und motorische Fähigkeiten zu trainieren (Bauer & Andringa, 2020).

Der Schutz der menschlichen Gesundheit wird oft als Teil der ökonomischen Dimension von Nachhaltigkeit verstanden (z.B. Pufé, 2017, S. 104). Es lassen sich aber auch durchaus noch weitere Anknüpfungspunkte zwischen der Nutzung von VR-Technologien und ökonomischen Nachhaltigkeitsaspekten ausmachen. Wie oben im Zusammenhang mit der kulturellen Komponente von Nachhaltigkeit bereits angedeutet, gibt es insbesondere in der Reisebranche Überlegungen, inwieweit eine Nutzung von VR-Technologien zu einem nachhaltigeren Tourismus beitragen könnte (z.B. Caciora et al., 2021; Guttentag, 2010). Slater und Snachez-Vives (2016) argumentieren, dass die kollaborative Nutzung von VR-Technologien zumindest einen Teil der enorm umweltbelastenden Geschäftsreisen und arbeitsbezogenen Präsenztreffen zukünftig ersetzen könnte. Gerade auch vor dem Hintergrund der COVID-19-Pandemie lässt sich derzeit ein gesteigertes Interesse an der Erforschung und Nutzung von sozialen VR-Anwendungen („Social-VR‘) für Konferenzen und wissenschaftliche Tagungen beobachten (z.B. Forsberg & Kirchner, 2021; Zender & Mulders, 2021).

5. Fazit

Wir leben in einer Zeit größter globaler Herausforderungen, die tiefgreifende Transformationsprozesse im Denken und Handeln in allen Gesellschaftsbereichen nötig machen. Die Rezeptions- und Wirkungsforschung kann hier einen wichtigen Beitrag leisten, indem sie ergründet, wie nachhaltigkeitsrelevantes Wissen, Denken und Handeln effektiv vermittelt und gefördert werden können. VR stellt eine hochimmersive Medientechnologie dar, die ein besonders involvierendes und nachdrückliches Rezeptionserlebnis ermöglicht und deren Nutzung sich aus unterschiedlichen Perspektiven mit dem Thema Nachhaltigkeit in Verbindung bringen lässt.

Ökologische Aspekte werden oft als die Kerndimension des Konstruktes Nachhaltigkeit verstanden (z.B. Hoppe & Wolling, 2017). Eine ganze Reihe von internationalen Studien aus unterschiedlichen Fachbereichen offenbart ein aussichtsreiches Potential der Nutzung von VR-Technologien für die Umwelt- und Klimakommunikation (Fauville et al., 2020; Markowitz & Bailenson, 2021). Als Schlüsselmechanismen können dabei das besonders hohe Maß an Embodiment und Präsenzerleben gelten, die VR-Technologien im Vergleich zu klassischen Medientechnologien evozieren. So können schwer zugängliche Bereiche wie die Tiefsee in VR simuliert und z.B. bei der Übernahme der Rolle einer Koralle die Folgen des Klimawandels quasi am eigenen virtuellen Körper vor Augen geführt werden (Markowitz et al., 2018). Aber nicht nur komplexe Simulationen, sondern auch relativ einfach zu produzierende 360° VR-Videos zeigten in mehreren Studien eine höhere Effizienz bei der Förderung umweltfreundlichen Denkens und Verhaltens als klassische Medientechnologien (z.B. Breves & Heber, 2020; Fonseca & Kraus, 2016; Nelson et al., 2020) und waren im Erleben teilweise sogar gleichwertig zu realweltlichen Erfahrungen (z.B. Deringer & Hanley, 2021; Hofman et al., 2022).

Insgesamt zeigt die Literaturdurchsicht, dass VR-Inhalte bereits in vielen verschiedenen Studienkontexten zum Einsatz kamen und dabei unterschiedlichste positive Effekte im Hinblick auf eine Förderung ökologischen Denkens und Handelns zeigten – angefangen von einer Erhöhung des umweltschutzbezogenen Wissens und Interesses (z.B. Markowitz et al., 2018), über eine Stärkung der Naturverbundenheit und der Intention zu umweltfreundlichem Handeln (z.B. Ahn et al., 2016; Breves & Heber, 2020; Hofman et al., 2022), bis zu einer Forcierung konkreter nachhaltiger Verhaltensweisen, wie z.B. der Reduktion von Papier- und Energieverbrauch (Ahn et al., 2014; Bailey et al., 2015) oder der Unterstützung von Naturschutzmaßnahmen (z.B. Deringer & Hanley, 2021; Nelson et al., 2020).

Kannengießer (2020) schlägt ein breites Verständnis von Nachhaltigkeit vor, das sich allgemeiner mit dem ‚guten Leben' heutiger und zukünftiger Generationen befasst und dabei neben ökologischen auch kulturelle, soziale und ökonomische Aspekte berücksichtigt. Bei einer solch weiter gefassten Lesart von Nachhaltigkeit rücken zahlreiche weitere Einsatzgebiete von VR in den Fokus. So gelten VR-Technologien auch als *Empathie-Maschinen*, die dazu beitragen könnten, Vorurteile gegenüber anderen abzubauen oder pro-soziales Verhalten anzuregen (z.B. Banakou et al., 2016; Herrera et al., 2018). Darüber hinaus wird diskutiert und untersucht, inwiefern VR-Technologien beim Erhalt des kulturellen Erbes hilfreich sein können (z.B. Slater & Sanchez-Vivies, 2016) oder zu einem nachhaltigeren Tourismus beitragen können (z.B. Caciora et al., 2021). Auch in der medizinischen Ausbildung (z.B. Taba et al., 2021), zu therapeutischen Zwecken (z.B. Aherm et al., 2020; Freitas et al., 2021) oder im Bereich Erziehung und Wissenschaft (z.B. Di Natale et al., 2020) ist der Einsatz von VR-Anwendungen bereits erprobt worden.

Trotz dieser recht vielversprechenden Ergebnisse und Ansätze sollte man bei der Bewertung des Forschungsstandes nicht außer Acht lassen, dass es sich insgesamt um einen noch neuen Forschungsbereich handelt und viele der vorliegenden Studien einen eher explorativen Charakter haben und einigen Limitationen unterliegen. Probleme, auf die in einschlägigen Meta-Analysen zur VR-Forschung immer wieder hingewiesen wurde, betreffen z.B. die Stichprobengrößen und die Zusammensetzung der Teilnehmer*innengruppen (z.B. Freitas et al., 2021; Lanier et al., 2019; Neumann et al., 2018; Riches et al., 2021). Teilweise werden auch methodische Schwächen und eine mangelnde Transparenz im Hinblick auf die verwendeten Analysefahren und Datensätze kritisiert (z.B. Lanier et al., 2019; Neumann et al., 2018; Riches et al., 2021). Die Nutzung sehr unterschiedlicher Stimuli und unterschiedlicher VR-Hardware sowie eine fehlende Einheitlichkeit bei den verwendeten Messinstrumenten schränken außerdem die Vergleichbarkeit und Generalisierbarkeit von Studienergebnissen ein (Neumann et al., 2018; Riches et al., 2021; Ventura et al., 2020). Im Hinterkopf behalten sollte man zudem, dass viele der gezeigten Effekte möglicherweise nur einen kurzfristigen Charakter haben und langfristige positive Wirkungen einer weiteren Prüfung bedürfen (Fauville et al., 2020; Riches et al., 2021; Ventura et al., 2020). Auffällig ist die große disziplinäre Diversität, mit der man es in der VR-Forschung zu tun hat. Einige interessante VR-Stimuli zu nachhaltigkeitsbezogenen Themen, die in den letzten Jahren in den technischen Fächern produziert wurden, sind bisher nur deskriptiv beschrieben, aber ihre Nützlichkeit noch nicht systematisch in empirischen Studien geprüft worden (Fauville et al., 2020).

Die VR-Forschung zum Thema Nachhaltigkeit scheint prädestiniert für größere interdisziplinäre Forschungsprojekte, an denen sich insbesondere auch die Kommunikations- und Medienwissenschaft mit ihrer langjährigen Tradition in der Rezeptions- und Wirkungsforschung beteiligen sollte. Denn trotz aller Probleme rechtfertigt der bisherige Forschungsstand die Hoffnung, dass VR-Technologien eine nützliche Funktion in der Nachhaltigkeitskommunikation und -forschung einnehmen könnten. Zukünftige Studien sollten gezielt die Limitationen existierender Arbeiten aufgreifen, um so das Potential von VR für die Förderung von Nachhaltigkeit weiter auszuloten.

Literaturverzeichnis

Ahern, M. M., Dean, L. V., Stoddard, C. C., Agrawal, A., Kim, K., Cook, C. E., & Narciso Garcia, A. (2020). The effectiveness of virtual reality in patients with spinal pain: A systematic review and meta-analysis. *Pain Practice*, *20*(6), 656–675.

Ahn, S. J. G., Bailenson, J. N., & Park, D. (2014). Short-and long-term effects of embodied experiences in immersive virtual environments on environmental locus of control and behavior. *Computers in Human Behavior*, *39*, 235–245.

Ahn, S. J., Bostick, J., Ogle, E., Nowak, K. L., McGillicuddy, K. T., & Bailenson, J. N. (2016). Experiencing nature: Embodying animals in immersive virtual environments increases inclusion of nature in self and involvement with nature. *Journal of Computer-Mediated Communication*, *21*(6), 399–419.

Ahn, S. J., Le, A. M. T., & Bailenson, J. N. (2013). The effect of embodied experiences on self-other merging, attitude, and helping behavior. *Media Psychology*, *16*(1), 7–38.

Bailey, J. O., Bailenson, J. N., Flora, J., Armel, K. C., Voelker, D., & Reeves, B. (2015). The impact of vivid messages on reducing energy consumption related to hot water use. *Environment and Behavior*, *47*(5), 570–592.

Banakou, D., Hanumanthu, P. D., & Slater, M. (2016). Virtual embodiment of white people in a black virtual body leads to a sustained reduction in their implicit racial bias. *Frontiers in Human Neuroscience*, *10*, Artikel Nr. 601.

Barnidge, M., Sherrill, L. A., Kim, B., Cooks, E., Deavours, D., Viehouser, M., ... & Zhang, J. (2022). The effects of virtual reality news on learning about climate change. *Mass Communication and Society*, *25*(1), 1-24 .

Bauer, A. C. M., & Andringa, G. (2020). The potential of immersive virtual reality for cognitive training in elderly. *Gerontology*, *66*(6), 614–623.

Bente, G., Krämer, N. C., & Petersen, A. (2002). Virtuelle Realität als Gegenstand und Methode in der Psychologie. In G. Bente, N. C. Krämer, A. Petersen (Hrsg.), *Virtuelle Realitäten* (S. 1–31). Hogrefe, Göttingen.

Blythe, J., Baird, J., Bennett, N., Dale, G., Nash, K. L., Pickering, G., & Wabnitz, C. C. (2021). Fostering ocean empathy through future scenarios. *People and Nature, 3(6), 1284–1296.*

Breves, P., & Heber, V. (2020). Into the wild: The effects of 360 immersive nature videos on feelings of commitment to the environment. *Environmental Communication, 14*(3), 332–346.

Breves, P., & Schramm, H. (2021). Bridging psychological distance: The impact of immersive media on distant and proximal environmental issues. *Computers in Human Behavior, 115*, Artikel Nr. 106606.

Bujić, M., Salminen, M., Macey, J., & Hamari, J. (2020). "Empathy machine": how virtual reality affects human rights attitudes. *Internet Research, 35(5),* 1407–1425.

Caciora, T., Herman, G. V., Ilieş, A., Baias, Ş., Ilieş, D. C., Josan, I., & Hodor, N. (2021). The use of virtual reality to promote sustainable tourism: A case study of wooden churches historical monuments from Romania. *Remote Sensing, 13*(9), Artikel Nr. 1758.

Chan, S. H. M., Qiu, L., Esposito, G., Mai, K. P., Tam, K. P., & Cui, J. (2021). Nature in virtual reality improves mood and reduces stress: evidence from young adults and senior citizens. *Virtual Reality* (online first).

Chirico, A., Scurati, G. W., Maffi, C., Huang, S., Graziosi, S., Ferrise, F., & Gaggioli, A. (2021). Designing virtual environments for attitudes and behavioral change in plastic consumption: A comparison between concrete and numerical information. *Virtual Reality, 25*, 107–121.

Deringer, S. A., & Hanley, A. (2021). Virtual reality of nature can be as effective as actual nature in promoting ecological behavior. *Ecopsychology, 13*(3), 219-226.

Di Natale, A. F., Repetto, C., Riva, G., & Villani, D. (2020). Immersive virtual reality in K-12 and higher education: A 10-year systematic review of empirical research. *British Journal of Educational Technology, 51*(6), 2006–2033.

Fauville, G., Queiroz, A. C. M., & Bailenson, J. N. (2020). Virtual reality as a promising tool to promote climate change awareness. In J. Kim & H. Song (Hrsg.), *Technology and Health. Promoting Attitude and Behavior Change* (S. 91–108). Elsevier, London.

Fischer, D. (2019). Nachhaltigkeitskommunikation. In E. Zemanek & U. Kluwick (Hrsg.) *Nachhaltigkeit interdisziplinär. Konzepte, Diskurse, Praktiken* (S. 51–69). UTB, Stuttgart.

Fodor, L. A., Coteţ, C. D., Cuijpers, P., Szamoskozi, Ş., David, D., & Cristea, I. A. (2018). The effectiveness of virtual reality based interventions for symptoms of anxiety and depression: A meta-analysis. *Scientific Reports, 8*(1), Artikel Nr. 10323.

Fonseca, D., & Kraus, M. (2016). A comparison of head-mounted and hand-held displays for 360° videos with focus on attitude and behavior change. In *Proceedings of the 20th International Academic Mindtrek Conference* (S. 287–296). ACM, New York.

Forsberg, B. N., & Kirchner, K. (2021). The perception of avatars in virtual reality during professional meetings. In C. Stephanidis, M. Antona, & S. Ntoa (Hrsg.), *International Conference on Human-Computer Interaction, HCI 2021 – Posters* (S. 290–294). Springer, Cham.

Freitas, J. R. S., Velosa, V. H. S., Abreu, L. T. N., Jardim, R. L., Santos, J. A. V., Peres, B., & Campos, P. F. (2021). Virtual reality exposure treatment in phobias: a systematic review. *Psychiatric Quarterly, 92,* 1685-1710 .

Guttentag, D. A. (2010). Virtual reality: Applications and implications for tourism. *Tourism Management, 31*(5), 637–651.

Hartmann, T. & Fox, J. (2021). Entertainment in virtual reality and beyond: The influence of embodiment, co-location, and cognitive distancing on users' entertainment experience. In P. Vorderer, & C. Klimmt (Hrsg.), *The Oxford Handbook of Entertainment Theory* (S. 717–732). Oxford University Press.

Herrera, F., Bailenson, J., Weisz, E., Ogle, E., & Zaki, J. (2018). Building long-term empathy: A large-scale comparison of traditional and virtual reality perspective-taking. *PloS One, 13*(10), Artikel Nr. e0204494.

Hofman, K., Walters, G., & Hughes, K. (2022). The effectiveness of virtual vs real-life marine tourism experiences in encouraging conservation behaviour. *Journal of Sustainable Tourism, 30*(4), 742-766..

Hoppe, I., & Wolling, J. (2017). Nachhaltigkeitskommunikation. In H. Bonfadelli, B. Fähnrich, C. Lüthje, J. Milde, M. Rhomberg, & M. S. Schäfer (Hrsg.), *Forschungsfeld Wissenschaftskommunikation* (S. 339–354). Springer VS, Wiesbaden.

Kalyanaraman, S., & Bailenson, J. (2020). Virtual Reality in media effects. In M.B. Oliver, A. A. Raney, & J. Bryant (Hrsg.). *Media Effects: Advances in Theory and Research* (S. 455–470). Routledge, New York.

Kannengießer, S. (2020). Nachhaltigkeit und das „gute Leben". *Publizistik, 65*(1), 7–20.

Lanier, M., Waddell, T. F., Elson, M., Tamul, D. J., Ivory, J. D., & Przybylski, A. (2019). Virtual reality check: Statistical power, reported results, and the validity of research on the psychology of virtual reality and immersive environments. *Computers in Human Behavior, 100,* 70–78.

Mandros, J. D., Mercado, R. G., & Bayona-Oré, S. (2020). Virtual reality and tourism: visiting Machu Picchu. In J. Mejia, M. Muñoz, Á. Rocha, & Y. Quiñonez (Hrsg.). *New Perspectives in Software Engineering. Proceedings of the 9th International Conference on Software Process Improvement* (S. 269–279). Cham, Springer.

Markowitz, D. M., & Bailenson, J. N. (2021). Virtual Reality and the psychology of climate change. *Current Opinion in Psychology,* 42, 60–65.

Markowitz, D. M., Laha, R., Perone, B. P., Pea, R. D., & Bailenson, J. N. (2018). Immersive virtual reality field trips facilitate learning about climate change. *Frontiers in Psychology, 9,* Artikel Nr. 2364.

Meijers, M. H., Smit, E. S., de Wildt, K., Karvonen, S. G., van der Plas, D., & van der Laan, L. N. (2022). Stimulating sustainable food choices using virtual reality: Taking an environmental vs health communication perspective on enhancing response efficacy beliefs. *Environmental Communication, 16*(1), 1-22.

Nelson, K. M., Anggraini, E., & Schlüter, A. (2020). Virtual reality as a tool for environmental conservation and fundraising. *Plos One, 15*(4), Artikel Nr. e0223631.

Neumann, D. L., Moffitt, R. L., Thomas, P. R., Loveday, K., Watling, D. P., Lombard, C. L., ... & Tremeer, M. A. (2018). A systematic review of the application of interactive virtual reality to sport. *Virtual Reality, 22*(3), 183–198.

Ou, K. L., Liu, Y. H., & Tarng, W. (2021). Development of a virtual ecological environment for learning the Taipei Tree Frog. *Sustainability, 13*(11), Artikel Nr. 5911.

Peck, T. C., Seinfeld, S., Aglioti, S. M., & Slater, M. (2013). Putting yourself in the skin of a black avatar reduces implicit racial bias. *Consciousness and Cognition, 22*(3), 779–787.

Petersen, G. B., Klingenberg, S., Mayer, R. E., & Makransky, G. (2020). The virtual field trip: Investigating how to optimize immersive virtual learning in climate change education. *British Journal of Educational Technology, 51*(6), 2099–2115.

Pimentel, D., & Kalyanaraman, S. (2021). Virtual climate scientist: A VR learning experience about paleoclimatology for underrepresented students. *Interactive Learning Environments* (online first).

Pimentel, D., Kalyanaraman, S., Lee, Y. H., & Halan, S. (2021). Voices of the unsung: The role of social presence and interactivity in building empathy in 360 video. *New Media & Society, 23*(8), 2230–2254.

Pufé, I. (2017). *Nachhaltigkeit* (3. Auflage). UTB, Konstanz.

Reer, F., Wehden, L. O., Janzik, R., Tang, W. Y., & Quandt, T. (2022). Virtual reality technology and game enjoyment: The contributions of natural mapping and need satisfaction. *Computers in Human Behavior, 132*, Artikel Nr. 107242.

Riches, S., Azevedo, L., Bird, L., Pisani, S., & Valmaggia, L. (2021). Virtual reality relaxation for the general population: a systematic review. *Social Psychiatry and Psychiatric Epidemiology, 56*(10), 1707-1727.

Slater, M., & Sanchez-Vives, M. V. (2016). Enhancing our lives with immersive virtual reality. *Frontiers in Robotics and AI, 3*, Artikel Nr. 74.

Sneed, J. C., Deringer, S. A., & Hanley, A. (2021). Nature connection and 360-degree video: An exploratory study with immersive technology. *Journal of Experiential Education, 44*(4), 378-394.

Soliman, M., Peetz, J., & Davydenko, M. (2017). The impact of immersive technology on nature relatedness and pro-environmental behavior. *Journal of Media Psychology, 29*(1), 8–17.

Spiegel Online (2021). Deutsches Klimaschutzgesetz ist in Teilen verfassungswidrig. https://www.spiegel.de/politik/deutschland/bundesverfassungsgericht-deutsches-klimaschutzgesetz-in-teilen-verfassungswidrig-a-141ff3a9-da38-4d46-b9ce-eda97b9dc4bb [zuletzt abgerufen: 10.12.2021].

Taba, J. V., Cortez, V. S., Moraes, W. A., Iuamoto, L. R., Hsing, W. T., Suzuki, M. O., ... & Andraus, W. (2021). The development of laparoscopic skills using virtual reality simulations: A systematic review. *Plos One*, *16*(6), Artikel Nr. e0252609.

Ventura, S., Badenes-Ribera, L., Herrero, R., Cebolla, A., Galiana, L., & Baños, R. (2020). Virtual reality as a medium to elicit empathy: A meta-analysis. *Cyberpsychology, Behavior, and Social Networking*, *23*(10), 667–676.

Wagler, A., & Hanus, M. D. (2018). Comparing virtual reality tourism to real-life experience: Effects of presence and engagement on attitude and enjoyment. *Communication Research Reports*, *35*(5), 456–464.

Walmsley, A. P., & Kersten, T. P. (2020). The Imperial Cathedral in Königslutter (Germany) as an immersive experience in virtual reality with integrated 360 panoramic photography. *Applied Sciences*, *10*(4), Artikel Nr. 1517.

Yeo, N. L., White, M. P., Alcock, I., Garside, R., Dean, S. G., Smalley, A. J., & Gatersleben, B. (2020). What is the best way of delivering virtual nature for improving mood? An experimental comparison of high definition TV, 360 video, and computer generated virtual reality. *Journal of Environmental Psychology*, *72*, Artikel Nr. 101500.

Zender, R., & Mulders, M. (2021). Social Virtual Reality als Medium für wissenschaftliche Online-Tagungen? SocialVR-Tagung zur Verankerung von VR/AR in der beruflichen Bildung. In *Die 19. Fachtagung Bildungstechnologien (DELFI), Lecture Notes in Informatics (LNI), Gesellschaft für Informatik* (S. 15–26). https://learninglab.uni-due.de/sites/default/files/DELFI_SocialVR-Tagung.pdf [zuletzt abgerufen: 10.12.2021].

FSC
www.fsc.org
MIX
Papier | Fördert gute Waldnutzung
FSC® C083411

Kolibri 360 GmbH
Ferdinand-Jühlke-Straße 7
99095 Erfurt, Deutschland
produktsicherheit@kolibri360.de